《应用型本科院校人才培养实验系列教材》
编委会

主　任：李丽清

副主任：刘雪静　徐　伟　刘春丽

委　员：周峰岩　任崇桂　黄　薇　伊文涛

　　　　鞠彩霞　王　峰　王　文　赵玉亮

　　　　董　凯

《化工专业实验与实训》编写组

主　编：董　凯

副主编：肖瑞瑞　丛兴顺

编　者：董　凯　马　杰　肖瑞瑞　李凤刚　丛兴顺　任崇桂

应用型本科院校人才培养实验系列教材

高等学校"十三五"规划教材

化工专业实验与实训

董 凯 主编

肖瑞瑞 丛兴顺 副主编

化学工业出版社

·北京·

内 容 简 介

《化工专业实验与实训》介绍了典型的化工专业实验实训的基础知识和实验实训的内容，注重培养学生综合素质，通过实验实训的操作使学生掌握化工生产的基本操作技能。具体章节包括绪论、化工热力学实验、化学反应工程实验、化工分离技术实验、化工专业综合实训、化工仿真实习实训等内容。

《化工专业实验与实训》可作为高等院校化学工程与工艺及相关专业的实验实训教材，并可供从事化工生产、管理、科研和设计的工程技术人员参考使用。

图书在版编目（CIP）数据

化工专业实验与实训/董凯主编. —北京：化学工业
出版社，2020.11（2023.7 重印）
应用型本科院校人才培养实验系列教材 高等学校
"十三五"规划教材
ISBN 978-7-122-37681-7

Ⅰ.①化… Ⅱ.①董… Ⅲ.①化学工程-化学实验-
高等学校-教学参考资料 Ⅳ.①TQ016

中国版本图书馆 CIP 数据核字（2020）第 167841 号

责任编辑：李 琰 宋林青　　　　　　装帧设计：刘丽华
责任校对：王素芹

出版发行：化学工业出版社（北京市东城区青年湖南街 13 号　邮政编码 100011）
印　　装：北京科印技术咨询服务有限公司数码印刷分部
787mm×1092mm　1/16　印张 13　字数 326 千字　　2023 年 7 月北京第 1 版第 2 次印刷

购书咨询：010-64518888　　　　　　售后服务：010-64518899
网　　址：http://www.cip.com.cn
凡购买本书，如有缺损质量问题，本社销售中心负责调换。

定　　价：35.00 元

前言

实施科教兴国战略，建设创新型国家，实践"卓越工程师教育培训计划"和"普通本科高校应用型人才培养专业发展支持计划"，高等院校应当把创新能力的教育和培养贯穿于各门课程教学及实践性教学环节中。化工专业实验与实训是在学生学习化工原理、化工热力学、化学反应工程、分离工程、化工设备机械基础、化工仪表及自动化、化工工艺学等专业课程之后所开设的一门专业实验及实训课，是化学工程与工艺专业的重要实践环节之一。通过本课程的学习和实践，一方面巩固学生对本专业基础和专业理论知识的认识和理解，另一方面培养工科学生的基本实验技能及对实验现象进行分析、归纳和总结的能力，较为直观地树立起工程思想和观念，塑造工程素养，为今后从事相关领域工作打下良好的基础。

《化工专业实验与实训》在编写过程中注意吸收其他兄弟院校的实验教学经验，也是我院化工及相关专业长期办学经验的积累，力求概念清晰、层次分明、阐述简洁易懂，使本教材具有较强的实用性和可读性。对于实验过程中的知识点、难点，本教材插入了二维码，通过扫描可实现与网络互动。实训内容结合现代煤化工最新的发展成果，利用现代虚拟实景技术，真实再现了工厂实景，解决了学生实习只能观看不能动手的问题。

《化工专业实验与实训》面向化工及相关专业的学生，内容选材上体现了依托我院化工专业实验与实训教学平台的特点，以综合实验技能、化工前沿与学科交叉及课程交叉的知识为主线，加大了综合性实验与实训的比重，强调理论联系实际，注重科学研究方法和创新意识的培养，构成了一个循序渐进、层次清晰、具有特色的完整的化工专业实验与实训体系。

《化工专业实验与实训》由枣庄学院化学化工与材料科学学院组织编写，董凯任主编，肖瑞瑞、丛兴顺任副主编。参加本书编写工作的有任崇桂（第1章）、丛兴顺（第2章）、董凯（第3章）、马杰（第4章）、肖瑞瑞（第5章）、李凤刚（第6章）。

本书由枣庄学院化学化工与材料科学学院获批的山东省"普通本科高校应用型人才培养专业发展支持计划"项目提供资金支持。

由于编者水平有限，加之编写时间仓促，本书的欠缺之处，欢迎广大读者和同行批评指正。

编者
2020 年 6 月

目录

第1章

绪　论

1.1　实验目的与基本要求

1.1.1　实验目的与任务

为了更好地适应 21 世纪知识经济的挑战，培养学生的动手能力和创新精神，同时根据该门学科基础课、专业课程的教学内容，开设了本专业的实验技术课程。该课程是技术实践课。要求学生根据 3 年来所掌握的专业知识，结合每门专业课程的内容，由学生独立完成专业实验。其目的是：通过实验教学巩固和加深学生对课堂教学知识的理解，通过实验技能的训练培养提高学生从事实验研究的能力。

本实验课程是化学工程与工艺专业必修的实践性课程。它是从工程与工艺两个角度出发的，既以化工生产为背景，又以解决工艺或过程开发中所遇到的共性工程问题为目的，选择典型的工艺与工程要素组成系列的工艺与工程实验。它是进行（化工类）工程师基本训练的重要环节之一，在专业教学计划中占有重要的地位。

化工专业实验与实训是在学生已经接受了基础理论与专业知识教育，又经过初步工程实验训练的基础上进行的。在本实验教学中，将使学生了解与熟悉有关化工工艺过程、化学反应工程、传质与分离工程等学科的实验技术和方法，掌握与学会过程开发的基本研究方法和常用的实验基本技能，通过计算机仿真技术拓宽与发展工程实验的内容和可操作性，培养学生的创造性思维方法、理论联系实际的学风与严谨的科学实验态度，提高实践动手能力，为毕业环节乃至今后工作打下较扎实的基础。

1.1.2　实验教学的基本要求

工程实践能力的培养是本专业教学计划的重要内容和主要任务。作为一门重要的专业实践性课程，本课程应达到以下教学目标：

（1）使学生掌握专业实验的基本技术和操作技能；

（2）使学生学会专业实验主要仪器和装备的使用；

（3）使学生了解本专业实验研究的基本方法；

（4）培养学生分析问题和解决问题的能力；

（5）培养学生理论联系实际、实事求是的学风；

(6) 提高学生的自学能力、独立思考能力。

1.1.3 考核方式

实验课程评分标准（共 100 分）：

(1) 实验态度，10 分；

(2) 实验报告完成质量，30 分；

(3) 实验目标完成情况，60 分。

其中，实验态度成绩由实验指导老师根据学生实验预习情况、实验中的实际操作能力和处理、解决问题的能力而给出分数。实验报告成绩由老师根据其报告内容、对实验过程和实验数据的分析和处理方法、实验结果及讨论等各方面给出分数，并将学生的各个实验报告成绩取平均值。

1.2 化工专业实验的组织与实施

化工专业实验与实训是了解、学习和掌握化学工程与工艺科学实验研究方法的一个重要实践性环节。专业实验不同于基础实验，其实验目的不仅仅是为了验证一个原理、观察一种现象或是寻求一个普遍适用的规律，而应当是有针对性地解决一个具有明确工业背景的化学工程与工艺问题，因此，在实验的组织与实施方法上与科研工作有相似之处，也是从查阅文献、收集资料入手，在尽可能掌握与实验项目有关的研究方法、检测手段和基础数据的基础上，通过对项目技术路线的优选、实验方案的设计、实验设备的选配、实验流程的组织与实施来完成实验工作，并通过对实验结果的分析与评价获取最有价值的结论。

化工专业实验的组织与实施大致可分为三个阶段：一是方案的拟定；二是方案的实施；三是实验数据的分析与评价。

1.2.1 实验方案的拟定

实验方案是指导实验工作有序开展的一个纲要。实验方案的科学性、合理性、严密性与有效性往往直接决定了实验工作的效率与成败，因此，在着手开始实验前，应围绕实验目的、针对研究对象的特征对实验工作的开展进行全面的规划和构想，拟定一个切实可行的实验方案。

实验方案的主要内容包括实验技术路线与方法的选择、实验内容的确定和实施方案的设计。

1.2.1.1 实验技术路线与方法的选择

化工专业实验所涉及的内容十分广泛。由于实验目的不同、研究对象的特征不同、系统复杂程度不同，实验者要想高起点、高效率地着手实验，必须对实验技术路线与方法进行选择。

技术路线与方法的正确选择应建立在对实验项目进行系统周密的调查研究基础之上，认真总结和借鉴前人的研究成果，紧紧依靠化学工程理论的指导和科学的实验方法论，以寻求最合理的技术路线、最有效的实验方法。选择和确定实验的技术路线与方法应遵循如下四个原则。

1. 技术与经济相结合的原则

在化工过程开发的实验研究中,由于技术的积累,针对一个课题,往往会有多种可供选择的研究方案。研究者必须根据研究对象的特征,以技术和经济相结合的原则对方案进行评价和筛选,以确定实验研究工作的最佳切入点。

以 CO_2 分离回收技术的开发研究为例。在实验开始前,由文献查阅得知,可供参考的 CO_2 分离技术主要如下所述。

(1) 变压吸附,其技术特征是 CO_2 在固体吸附剂上被加压吸附,减压再生。

(2) 物理吸收,其技术特征是 CO_2 在吸附剂中被加压溶解吸收,减压再生。

(3) 化学吸收,其技术特征是 CO_2 在吸附剂中反应吸收,加热再生。

使用的吸附剂主要有两大系列,一是有机胺水溶液系列,二是碳酸钾水溶液系列。

究竟应该从哪条技术路线入手呢?这就要结合被分离对象的特征,从技术和经济两个方面加以考虑。假设被分离对象是来自于石灰窑尾气中的 CO_2,那么,对象的特征是:气源压力为常压,组成为 CO_2 占 $20\%\sim35\%$,其余为 N_2、O_2 和少量硫化物。

据此特征,从经济角度分析,可见变压吸附和物理吸收的方法是不可取的,因为这两种方法都必须对气源加压才能保证 CO_2 的回收率,而气体加压所消耗的能量 $60\%\sim80\%$ 被用于非 CO_2 气体的压缩,这部分能量随着吸收后尾气的排放而损耗,其能量损失是相当大的。而化学吸收则无此顾忌,由于化学反应的存在,溶液的吸收能力大,平衡分压低,即使在常压下操作,也能维持足够的传质推动力,确保气体的回收。但是,选择哪一种化学吸收剂更合理,需要认真考虑。如果选用有机胺水溶液,从技术上分析,存在潜在的隐患,因为气源中含氧,有机胺长期与氧接触会氧化降解,使吸收剂性能恶化甚至失效。所以,也是不可取的。现在,唯一可以考虑的就是采用碳酸钾水溶液吸收 CO_2 的方案。虽然这个方案从技术和经济的角度考虑都可以接受,但并不理想,因为碳酸钾溶液存在着吸收速率慢、再生能耗高的问题,这个问题可以通过添加合适的催化剂来解决。因此,实验研究工作应从筛选化学添加剂、改进碳酸钾溶液的吸收和解吸性能入手,开发性能更加优良的复合吸收剂。这样,研究者既确定了合理的技术路线,又找到了实验研究的最佳切入点。

2. 过程分解与系统简化相结合的原则

在化工过程开发中所遇到的研究对象和系统往往是十分复杂的,反应因素、设备因素和操作因素交织在一起,给实验结果的正确判断造成困难。对这种错综复杂的过程,要认识其内在的本质和规律,必须采用过程分解与系统简化相结合的实验研究方法,即在化学工程理论的指导下,将研究对象分解为不同层次,然后,在不同层次上对实验系统进行合理简化,并借助科学的实验手段逐一开展研究。在这种实验研究方法中,过程的分解是否合理,是否真正地揭示了过程的内在关系,是研究工作成败的关键。因此,过程的分解不能仅凭经验和感觉,必须遵循化学工程理论的正确指导。

由化学反应工程的理论可知,任何一个实际的工业反应过程,其影响因素均可分解为两类,即化学因素和工程因素。化学因素体现了反应本身的特性,其影响通过本征动力学规律来表达。工程因素体现了实现反应的环境,即反应器的特性,其影响通过各种传递规律来表达。反应本征动力学的规律与传递规律两者是相互独立的。基于这一认识,在研究一个具体的反应过程时,应对整个过程依化学因素和工程因素进行不同层次的分解,在每个层次上抓住其关键问题,通过合理简化,开展有效的实验研究。比如,在研究固定床内的气固相反应过程时,对整个过程可进行两个层次的分解,第一层次将过程分解为反应和传递两个部分,第二层次将反应部分进一步分解成本征动力学和宏观动力学，将传递过程进一步分解成传热、传质、流体流动与流体均布等。随着过程的分解，实验工作也被确定为两大类，即热模实验和冷模实验。热模实验用于研究反应的动力学规律，冷模实验用于研究反应器内的传递规律。接下来的工作，就是调动实验设备和实验手段来简化实验对象，达到实验目的。

在研究本征动力学的热模实验中，消除传递过程的影响是简化实验对象的关键。为此，设计了等温积分和微分反应器，采取减小催化剂粒度的方法消除粒内扩散；采用提高气体流速的方法消除粒外扩散与轴向返混；设计合理的反应器直径，辅以精确的控温技术，保证器内温度均匀等措施，使传递过程的干扰不复存在，从而测得准确可靠的动力学模型。

在冷模实验中，实验的目的是考察反应器内的传递规律，以便调动反应器结构设计这个工程手段来满足反应的要求。由于传递规律与反应规律无关，不必采用真实的反应物系和反应条件，因此，可以用廉价的空气、砂石和水来代替真实物系，在比较温和的温度、压力条件下组织实验，使实验得以简化。冷模实验成功的关键是必须确保实验装置与反应器原形的相似性。

过程分解与系统简化相结合是化工过程开发中一种行之有效的实验研究方法。过程的分解源于正确的理论的指导，系统简化依靠科学的实验手段。正是因为这种方法的广泛运用，才形成了化学工程与工艺专业实验的现有框架。

3. 工艺与工程相结合的原则

工艺与工程相结合的开发思想极大地推进了现代化工新技术的发展，反应精馏技术、膜反应器技术、超临界技术、三相床技术等，都是将反应器的工程特性与反应过程的工艺特性有机结合在一起而形成的新技术。因此，如同过程分解可以帮助研究者找到行之有效的实验方法一样，通过工艺与工程相结合的综合思维，也会在实验技术路线和方法的选择上得到有益的启发。

以甲缩醛制备工艺过程的开发为例。从工艺角度分析甲醇和甲醛在酸催化下合成甲缩醛的反应，其主要特征是：(1) 主反应为可逆放热反应，并伴有串联副反应；(2) 主产物甲缩醛在系统中相对挥发度最大。特征 (1) 表明，为提高反应物甲醛的平衡转化率和产物甲缩醛的收率，抑制串联副反应，工艺上希望及时将反应热和产物甲缩醛从系统中移走。那么，从工程的角度如何来满足工艺的要求呢？如果我们结合对象的工艺特征 (2) 和精馏操作的工程特性，从工艺与工程相结合的角度去考虑，就会发现反应精馏是最佳方案。因为它不仅可以利用精馏塔的分离作用不断移走和提纯主产物，提高反应的平衡转化率和产品收率，而且可以利用反应热作为精馏的能源，既降低了精馏的能耗，又带走了反应热，一举两得。同时，精馏还对反应物甲醛具有提浓作用，可降低工艺上对原料甲醛溶液的浓度要求，从而降低原料成本。可见，工艺与工程相结合在技术路线的选择上具有巨大优越性。

又如乙苯脱氢制苯乙烯过程，工艺研究表明：(1) 主反应是一个分子数增加的气固相催化反应，因此，降低系统的操作压力有利于反应正向进行，采取的措施是用水蒸气稀释原料气和负压操作；(2) 由于产物苯乙烯的扩散系数较小，在催化剂内的扩散比原料乙苯和稀释剂水分子困难得多，所以，减小催化剂粒度可有效地降低粒内苯乙烯的浓度，抑制串联副反应，提高选择性，适宜的催化剂粒度为 0.5～1.0mm。那么，从工程角度分析，应该选用何种反应器来满足工艺要求呢？如果选用轴向固定床反应器，要满足工艺要求 (2)，势必造成很大的床层阻力降，而工艺要求 (1) 希望系统在低压或负压下操作，因此，即使不考虑流动阻力造成的动力消耗，严重的床层阻力也会导致转化率下降。显然，轴向固定床反应器是不理想的。那么，如何解决催化剂粒度与床层阻力的矛盾呢？如果从工艺与工程相结合的角度去思考，调动反应器结构设计这个工程手段来解决矛盾，显然，径向床反应器是最佳选择。在这种反应器中，物流沿反应器径向流动通过催化床层，由于床层较薄，即使采用细小的催化剂，也不会导致明显的压力降，使问题迎刃而解。实际上，解决催化剂粒度与床层阻力的矛盾也正是开发径向床这种新型的气固相反应器的动力。此例说明，工艺与工程相结合不仅会产生新的生产工艺，而且会推进新设备的开发。

工艺与工程相结合是制定化工过程开发的实验研究方案的一个重要方法，从工艺与工程相结合的角度思考问题，有助于开拓思路，创造新技术新方法。

4. 资源利用与环境保护相结合的原则

进入21世纪，为使人类社会可持续发展，保护地球的生态平衡，开发资源、节约能源、保护环境将成为国民经济发展的重要课题。尤其对化学工业，如何有效地利用自然资源，避免高污染、高毒性化学品的使用，保护环境，实现清洁生产，是化工新技术、新产品开发中必须认真考虑的问题。

现以近年来颇受化工界关注的有机新产品碳酸二甲酯生产技术的开发为例，说明资源利用与环境保护在过程开发中的导向作用。碳酸二甲酯（Dimethyl Carbonate, DMC）是一种高效低毒、用途广泛的有机合成中间体，分子式为 $CH_3OCOOCH_3$，因其含有甲基、羰基和甲酯基三种功能团，能与醇、酚、胺、酯及氨基醇等多种物质进行甲基化、羰基化和甲酯基化反应，生产苯甲醚、酚醚、氨基甲酸酯、碳酸酯等有机产品，以及高级树脂、医药和农药中间体、食品添加剂、染料等材料化工和精细化工产品，是取代目前使用广泛且剧毒的甲基化剂硫酸二甲酯和羰基化剂光气的理想物质，被称为未来有机合成的"新基石"。

到目前为止，已相继开发了多种DMC合成的方法，其中，有代表性的四种方法如下。

（1）光气甲醇法

这是20世纪80年代工业规模生产DMC的主要方法，其反应原理是：首先由光气和甲醇反应，生成氯甲酸甲酯。

$$ClCOCl+CH_3OH \longrightarrow ClCOOCH_3+HCl$$

然后，氯甲酸甲酯与甲醇反应，得到DMC：

$$ClCOOCH_3+CH_3OH \longrightarrow CH_3OCOOCH_3+HCl$$

（2）醇钠法

该法以甲醇钠为主要原料，将其与光气或 CO_2 反应生产DMC，反应原理如下：

与光气反应时，其反应式为：

$$ClCOCl+2CH_3ONa \longrightarrow CH_3OCOOCH_3+2NaCl$$

与 CO_2 反应时，其反应式为：

$$CO_2 + CH_3ONa \xrightarrow{100℃, 1h} NaOCOOCH_3$$

$$NaOCOOCH_3 + CH_3Cl \xrightarrow{CHOH,150℃,2h} CH_3OCOOCH_3 + NaCl$$

（3）酯交换法

该法是将碳酸丙烯酯（PC）或碳酸乙烯酯（EC）在碱催化作用下，与甲醇进行酯交换反应合成DMC，并副产丙二醇或乙二醇。其反应原理如下：

以PC和甲醇为原料时，反应为：

$$\begin{matrix} H_3C-HC-O \\ \quad \\ H_2C-O \end{matrix} CO + CH_3OH \longrightarrow CH_3OCOOCH_3 + CH_2OHCHOHCH_3$$

以EC和甲醇为原料时，反应式为：

$$H_2C-O \atop H_2C-O \bigg\rangle CO + 2CH_3OH \longrightarrow CH_3OCOOCH_3 + CH_2OHCH_2OH$$

（4）甲醇氧化羰基化法

该法是以甲醇、CO 和氧气为原料，在钯系、硒系、铜系催化剂的作用下，直接合成 DMC。反应式为：

$$2CH_3OH + CO + \frac{1}{2}O_2 \xrightarrow{催化剂} CH_3OCOOCH_3 + H_2O$$

比较上述四种方法可见，光气甲醇法虽能得到 DMC 产品，但有两个致命的缺点，一是使用了威胁环境和健康的剧毒原料光气，二是产生了对设备腐蚀严重的盐酸，应设法淘汰。醇钠法虽解决了盐酸的腐蚀问题，但仍未摆脱光气或氯甲烷对环境的污染，因此，也不可取。显然，要解决污染问题，必须从源头着手，开发新的原料路线，酯交换法和甲醇氧化羰基化法应运而生。

酯交换法所用的原料 PC 或 EC 可由大宗石油化工产品环氧丙烷和环氧乙烷与 CO_2 反应制得，这不仅为 DMC 的生产找到一条丰富的原料来源，而且为大宗石化产品的深加工找到一条新的出路。该法反应过程简单易行，对环境无污染，副产物也是有价值的化工产品。其技术关键是产品的分离与精制。虽然该法已实现工业化，但仍有许多制约经济效益的技术问题值得深入研究。

甲醇氧化羰基化法开发了更加价廉易得的原料——C_1 化工产品，因为甲醇和 CO 可由天然气、煤和石油等多种自然资源转化合成，使 DMC 的原料路线大大拓展，尤其在我国天然气资源丰富，可显著降低 DMC 生产中的原料成本。因此，该法是一种很有发展前途的生产方法，也是目前 DMC 生产技术的研究热点。其技术关键之一是催化剂的选择。

由于酯交换法和甲醇氧化羰基化法开辟了新的有吸引力的原料路线，同时解决了污染问题，所以，引起了各国研究者的普遍关注，形成目前 DMC 生产技术的研究热点。世界各大化学公司几乎无一不涉足其间。由此可见资源利用与环境保护意识对技术进步的强大推进作用。

1.2.1.2 实验内容的确定

实验的技术路线与方法确定以后，接下来要考虑实验研究的具体内容。实验内容的确定不能盲目地追求面面俱到，应抓住课题的主要矛盾，有的放矢地开展实验。比如，同样是研究固定床反应器中的流体力学，对轴向床研究的重点是流体返混合阻力问题，而径向床研究的重点则是流体的均布问题。因此，在确定实验内容前，要对研究对象进行认真的分析，以便抓住其要害。实验内容的确定主要包括如下三个环节。

1. 实验指标的确定

实验指标是指为达到实验目的而必须通过实验来获取的一些表征实验研究对象特性的参数。如，动力学研究中测定的反应速率和工艺实验测取的转化率、收率等。

实验指标的确定必须紧紧围绕实验目的。实验目的不同，研究的着眼点就不同，实验指标也就不一样。比如，同样是研究气液反应，实验目的可能有两种，一种是利用气液反应强化气体吸收，另一种是利用气液反应生产化工产品。前者的着眼点是分离气体，实验指标应确定为：气体的平衡分压（表征气体净化度）、气体的溶解度（表征溶液的吸收能力）、传质速率（表征吸收和解吸速率）。后者的着眼点是生产产品，实验指标应确定为：液相反应物的转化率（表征反应速率）、产品收率（表征原料的有效利用率）、产品纯度（表征产品质量）。

2. 实验因子的确定

实验因子是指那些可能对实验指标产生影响，必须在实验中直接考察和测定的工艺参数或操作条件，常称为自变量。如温度、压力、流量、原料组成、催化剂粒度、搅拌强度等。

确定实验因子必须注意两个问题：第一，实验因子必须具有可检测性，即可采用现有的分析方法或检测仪器直接测得，并具有足够的准确度；第二，实验因子与实验指标应具有明确的相关性。在相关性不明的情况下，应通过简单的预实验加以判断。

3. 因子水平的确定

因子水平是指各实验因子在实验中所取的具体状态，一个状态代表一个水平。如温度分别取 100℃ 和 200℃，便称温度有二水平。

选取变量水平时，应注意变量水平变化的可行域。所谓可行域，就是指因子水平的变化在工艺、工程及实验技术上所受到的限制。如在气-固相反应本征动力学的测定实验中，为消除内扩散阻力，催化剂粒度的选择有个上限。为消除外扩散阻力，操作气速的变化有个下限。温度水平的变化则应限制在催化剂的活性温度范围内，以确保实验在催化剂活性相对稳定期内进行。又如在产品制备的工艺实验中，原料浓度水平的确定应考虑原料的来源及生产前后工序的限制。操作压力的水平则受到工艺要求、生产安全、设备材质强度的限制，从系统优化的角度，压力水平还应尽可能与前后工序的压力保持一致，以减少不必要的能耗。因此，在专业实验中，确定各变量的水平前，应充分考虑实验项目的工业背景及实验本身的技术要求，合理地确定其可行域。

1.2.1.3　实施方案的设计

根据已确定的实验内容，拟定一个具体的实验安排表，以指导实验的进程，这项工作称为实施方案的设计，也称为实验设计。化工专业实验通常涉及多变量多水平的实验设计，由于不同变量、不同水平所构成的实验点在操作可行域中的位置不同，对实验结果的影响程度也不一样。因此，如何安排和组织实验，用最少的实验获取最有价值的实验结果，成为实验设计的核心内容。

伴随着科学研究和实验技术的发展，实验设计方法的研究也经历了由经验向科学的发展过程。其中有代表性的是析因设计法、正交设计法和序贯设计法。现简介如下。

1. 析因设计法

析因设计法又称网格法，该法的特点是以各因子各水平的全面搭配来组织实验，逐一考察各因子的影响规律。通常采用的实验方法是单因子变更法，即每次实验只改变一个因子的水平，其他因子保持不变，以考察该因子的影响。如在产品制备的工艺实验中，常采取固定原料浓度、配比、搅拌强度或进料速度，考察温度的影响。或固定温度等其他条件，考察浓度的影响。据此，要完成所有因子的考察，实验次数 n、因子数 N 和因子水平数 K 之间的关系为：$n = K^N$。一个 4 因子 3 水平的实验，实验次数为 $3^4 = 81$。可见，对多因子多水平的系统，该法的实验工作量非常大，在对多因子多水平的系统进行工艺条件寻优或动力学测试的实验中应谨慎使用。

2. 正交设计法

正交设计法是为了避免网格法在实验点设计上的盲目性而提出的一种比较科学的实验设计方法，也称正交实验设计法。它根据正交配置的原则，从各因子各水平的可行域空间中选择最有代表性的搭配来组织实验，综合考察各因子的影响。

正交实验设计所采取的方法是制定一系列规格化的实验安排表供实验者选用，这种表称为正交表。正交表的表示方法为：$L_n(K^N)$，符号意义为：

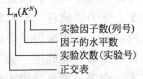

如 $L_8(2^7)$ 表示此表最多可容纳 7 个因子，每个因子有 2 个水平，实验次数为 8。表的形式如表 1-1 所示，表中，列号代表不同的因子，实验号代表第几次实验，列号下面的数字代表该因子的不同水平。由此表可见，用正交表安排实验具有两个特点。

（1）每个因子的各个水平在表中出现的次数相等。即每个因子在其各个水平上都具有相同次数的重复实验。如表 1-1 中，每列对应的水平"1"与水平"2"均出现 4 次。

（2）每两个因子之间，不同水平的搭配次数相等。即任意两个因子间的水平搭配是均衡的。如表中第 1 列和第 2 列的水平搭配为（1,1）、（1,2）、（2,2）、（2,2）各二次。

表 1-1　正交表 $L_8(2^7)$

实验号	1	2	3	4	5	6	7
1	1	1	1	1	1	1	1
2	1	1	1	2	2	2	2
3	1	2	2	1	1	2	2
4	1	2	2	2	2	1	1
5	2	1	2	1	2	1	2
6	2	1	2	2	1	2	1
7	2	2	1	1	2	2	1
8	2	2	1	2	1	1	2

由于正交表的设计有严格的数学理论为依据，从统计学的角度充分考虑了实验点的代表性、因子水平搭配的均衡性以及实验结果的精度等问题，所以，用正交表安排实验具有实验次数少、数据准确、结果可信度高等优点，在多因子多水平工艺实验的操作条件寻优、反应动力学方程的研究中经常采用。

在实验指标、实验因子和因子水平确定后，正交实验设计依如下步骤进行。

（1）列出实验条件表，即以表格的形式列出影响实验指标的主要因子及其对应的水平。

（2）选用正交表：因子水平一定时，选用正交表应从实验的精度要求、实验工作量及实验数据处理三方面加以考虑。

一般的选表原则是：正交表的自由度≥（各因子自由度之和＋因子交互作用自由度之和）。

其中，正交表的自由度＝实验次数－1

因子自由度＝因子水平数－1

交互作用自由度＝A因子自由度×B因子自由度

（3）表头设计，将各因子正确地安排到正交表的相应列中。安排因子的秩序是，先排定有交互作用的单因子列，再排两者的交互作用列，最后排独立因子列。交互作用列的位置可根据两个作用因子本身所在的列数，由同水平的交互作用表查得，交互作用所占的列数等于单因子水平数减1。

（4）制定实验安排表。根据正交表的安排将各因子的相应水平填入表中，形成一个具体的实施计划表。交互作用列和空白列不列入实验安排表，仅供数据处理和结果分析用。

3. 序贯设计法

序贯设计法是一种更加科学的实验方法。它将最优化的设计思想融入实验设计之中，采取边设计、边实施、边总结、边调整的循环运作模式。根据前期实验提供的信息，通过数据处理和寻优，搜索出最灵敏、最可靠、最有价值的实验点作为后续实验的内容，周而复始，直至得到最理想的结果。这种方法既考虑了实验点因子水平组合的代表性，又考虑了实验点的最佳位置，使实验始终在效率最高的状态下运行，实验结果的精度提高，研究周期缩短。在化工过程开发的实验研究中，该法尤其适用于模型鉴别与参数估计类实验。

1.2.2 实验方案的实施

实验方案的实施主要包括：实验设备的设计与选用；实验流程的组织；实验流程的安装与调试；实验数据的分析与评价。实施工作通常分三步进行，首先根据实验的内容和要求，设计、选用和制作实验所需的主体设备及辅助设备。然后，围绕主体设备构想和组织实验流程，解决原料的配置、净化、计量和输送问题，以及产物的采样、收集、分析和后处理问题。最后，根据实验流程，进行设备、仪表、管线的安装和调试，完成全流程的贯通，进入正式实验阶段。现将主要内容分述如下。

1.2.2.1 实验设备的设计和选择

实验设备的合理设计和正确选用是实验工作得以顺利实施的关键。化工专业实验所涉及的实验设备主要分为两大类，一是主体设备，二是辅助设备。主体设备是实验工作的重要载体，辅助设备则是主体设备正常运行及实验流程畅通的保障。

1. 实验主体设备

化工专业实验的主体设备主要分为反应设备、分离设备、物性测试设备等几大类。多年来，随着化工实验技术的不断积累与完善，已形成了多种结构合理、性能可靠、各具特色的专用实验设备，可供实验者参考与选用。现将不同实验系统所用主要反应、分离设备归纳如下。

（1）气-固系统：直管式等温积分或微分反应器、回转筐式内循环无梯度反应器、涡轮式内循环无梯度反应器、流化床反应器、吸附分离装置、单板式气体膜分离器等。

（2）气（汽）-液系统：双磁力驱动搅拌反应器、湿壁塔、串盘塔或串球塔、鼓泡反应器、板式精馏塔、各种填料精馏塔等。

（3）液-液系统：各种搅拌釜、高压釜、混合澄清槽、转盘萃取塔、中空管式膜分离器等。

（4）气-液-固三相系统：机械搅拌釜、涡轮转框反应器、外循环微分湍流床反应器等。

实验的主体设备设计与选择应从实验项目的技术要求、实验对象的特征以及实验本身的特点三方面加以考虑，力求做到结构简单多用，拆装灵活方便，易于观察测控，便于操作调节，数据准确可靠。

根据研究对象的特征合理地设计和选择实验设备，使实验设备在结构和功能上满足实验的技术要求，是实验设备设计和选择中首先应该遵循的原则。

比如在气液反应传质系数的测定实验中，当系统的特征为气膜控制时，为考察气膜传质系数与气速的关系，要求实验设备中气速可大幅度调节。这时选用湿壁塔比较合适。因为该塔可在较大的气液比（G/L）下操作，气速的调节余地较大，有利于气膜传质系数的测定。同理，当系统为液膜控制时，宜选用串球塔。因为该塔液体流量的调节余地大，且塔构件可促成液体的湍动，有利于液膜传质系数的测定。当系统为双膜控制或控制步骤不明时，可选用双磁力驱动搅拌反应器。在此设备中，两相的运动状态可通过各相搅拌桨的转速来分别调节，不受流量限制，可分别测定两相的传质系数。

又如在测定气-固相催化反应动力学数据的实验中，如果实验的目的是要获取反应的本征动力学方程，过程的特征是反应必须在不受传递过程影响的条件下进行。这时，选用等温直流式积分反应器比较合理。因为在这种反应器中，可以选用细小粒度的催化剂来消除内扩散；采用较大的气体流速来克服外扩散；采用惰性物料稀释催化剂和精密的控温措施来消除轴、径向温度梯度；通过反应器尺寸的合理设计（即保证反应管的内径 D 与催化剂粒径 d_p 之比 $D/d_p > 8 \sim 10$，催化剂床层高度 L 与催化剂粒径 d_p 之比 $L/d_p > 100$）来消除壁流、返混等非理想流动，以满足平推流的理想流况，使器内的反应过程完全处于本征动力学控制。而内循环无梯度反应器由于涡轮或回转筐所产生的压头较小，不易克服细小颗粒催化剂床层的阻力，使器内气体的实际循环量降低，无法满足无梯度的要求，因而不适宜本征动力学的测定实验。

如果实验的目的是测定工业颗粒催化剂包括内扩散影响在内的宏观动力学，这时，由于催化剂粒度较大，在实验室所用的小型直流等温积分反应器中，很难达到平推流的理想流况，不宜选用。而内循环无梯度反应器中，由于气体被强制循环，处于全混状态，可有效地消除气相主体与催化剂外表面间的浓度差和温度差，而且由实验数据可直接获得瞬间反应速率，数据处理简单，是测定工业催化剂宏观反应速率的理想装置。当然，在进行内循环无梯度反应器的设计时，为保证反应器内处于全混流的理想流，消除催化床层内轴、径向的温度梯度和浓度梯度，应通过预实验，确定反应器内转动部件的转速和配套的电机功率，以确保催化剂与流体间有足够大的相对线速度。

对考察设备性能的冷模实验，由于实验目的是有针对性地研究各类工业反应器内传递过程的规律，实验设备的结构设计应尽可能与工业反应器相似，以获取对设备放大有价值的实验数据。

如果实验的性质属于探索性的，实验者对所研究的对象知之甚少，希望通过实验来初步了解对象时，设备的设计应以测定快速简便、结果灵敏可信为原则，而不必苛求数据的精确度。比如在化学吸收剂的筛选实验中，实验的目的只是对各种待选的吸收剂或配方进行初步的筛选。这时，不必准确地测定吸收剂的相平衡关系和传质速率，只需在相同的条件下，对不同吸收剂的吸收速率、解吸速率和吸收能力进行对比实验即可。为此，可设计一套采用如图 1-1 所示的简易实验装置，快速有效地进行对比实验。图 1-1 中，吸收速率的测定装置是个简易的间歇吸收器，操作时，将玻璃烧瓶内充满原料气后，加入定量的吸收液，恒定液相磁力搅拌速度，在密闭的条件下吸收，由压差计观察并记录器内压力随时间的变化，比较曲线 $\ln(p_{A_0}/p_A) \sim t$ 的斜率便知吸收速率的大小。用如图 1-2 所示的饱和吸收器在常压下，用不同的吸收剂对纯气体进行吸收直至饱和，分析气体在溶液中的溶解度，便可比较吸收能力。图 1-3 所示的解吸装置，其实验方法是在相同的解吸温度下，对定量的饱和吸收液进行加热再生，用量气管收集解吸出来的气体量，记录解吸气量 V_t 随时间的变化，比较曲线 $\ln[(V_\infty - V_t)/V_\infty] \sim t$ 的斜率便知解吸速率的大小。用这套简易的装置进行测定时，吸收和解吸速率的测定每次实验 $10 \sim 20$min 即可完成，快速简便有效。

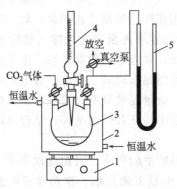

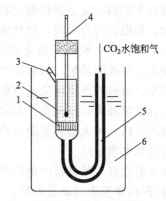

图 1-1 测定吸收速率的间歇吸收器
1—磁力搅拌器；2—恒温水槽；
3—反应器；4—量液管；5—压差

图 1-2 饱和吸收器
1—多孔板；2—鼓泡吸收器；3—取样口；
4—温度计；5—玻璃毛细管；6—恒温槽

除了满足实验项目的技术要求外，实验设备的设计和选择还应充分考虑实验工作本身灵活多变的特点。在设备的结构设计上，力求做到拆装方便、尺寸可调、一体多用。在材质选择上，力求做到使用安全、便于观察、易于加工。在调控手段上，力求便于操作和自动控制。如设计实验室常用的精馏塔时，在材质选择上，只要操作压力允许，优先选择玻璃，因为玻璃既便于观察实验现象又便于加工成型。在结构设计上，通常采用可拆卸的分段组装式设计，将精馏塔分为塔釜、塔身、塔头、加料装置等若干部分。其中，塔身又分为若干段，以便根据需要调整其长短，塔头、塔釜和加料装置则根据需要设计成各种形式。各部分之间用标准磨口连接，只要保持磨口尺寸一致，即可灵活搭配，使精馏塔可以一塔多用。在回流比的调控手段上，采用可自动控制的电磁摆针式控制方法，通过控制导流摆针在出料口和塔中心停留时间的比值来控制回流比。

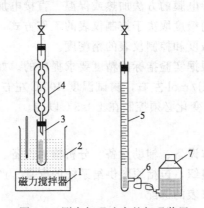

图 1-3 测定解吸速率的解吸装置
1—磁力搅拌器；2—恒温油浴槽；3—反应器；4—冷凝管；5—量气管；6—橡皮管；7—水准瓶

2. 辅助设备的选用

专业实验所用的辅助设备主要包括动力设备和换热设备。动力设备主要用于物流的输送和系统压力的调控，如离心泵、计量泵、真空泵、气体压缩机、鼓风机等。换热设备主要用于温度的调控和物料的干燥，如管式电阻炉、超级恒温槽、电热烘箱、马弗炉等。辅助设备通常为定型产品，可根据主体设备的操作控制要求及实验物系的特性来选择。选择时，一般是先定设备类型，再定设备规格。

动力设备类型的确定主要根据被输送介质的物性和系统的工艺要求。如果工艺要求的输送流量不大，但输出压力较高，对液体介质，应选用高压计量泵或比例泵；对气体介质，应选用气体压缩机。如果被输送的介质温度不高，工艺要求流量稳定，输入和输出的压差较小，可选用离心泵或鼓风机。如果输送腐蚀性的介质，则应选择耐腐蚀泵。由于实验室的装置一般比较小，原料和产物的流量较低，对流量的控制要求较高。因此，近年来有许多微型或超微型的计量泵和离心泵问世，如超微量平流泵、微量蠕动泵等，可根据需要选用。动力设备的类型确定后，再根据各类动力设备的性能、技术特征及使用条件，结合具体的工艺要求确定设备的规格与型号。

换热设备的选择主要根据对象的温度水平和控温精度的要求。对温度水平不太高（$T<$ 250℃）但控温精度要求较高的系统，一般采用液体恒温浴来控温。换热设备可选用具有调温和控温双重功能的定型产品，如超级恒温槽、低温恒温槽等。换热介质可根据温度水平来选用。常用的换热介质及其使用温度列于表 1-2。

表 1-2　常用的换热介质及其使用温度

介　质	适用温度/℃
导热油	100～300
甘油	80～180
水	5～80
20%盐水	－5～－3
乙醇	－25～－10

对温度水平要求较高的系统，通常采用直接电加热的方式换热，常用的定型设备有：不同型号的电热锅、管式电阻炉（温度可高达 950℃）等，实验室中，也常采取在设备上直接缠绕电热丝、电热带或涂敷导电膜的方法加热或保温。直接电加热系统的温度控制是通过温度控制仪表来实现的，控制的精度取决于控制仪表的工作方式（位式、PID 式、AI 式）、控制点的位置、测温元件的灵敏度和控制仪表的精密度。

控温的精度要求一般是根据实验指标的精度要求提出的。如在反应速率常数的测定实验中，如果反应的活化能在 90kJ/mol 左右，测试温度 400℃左右，要保持速率常数的相对误差小于 2%，则催化床内温度变化必须控制在±0.5℃以内。

1.2.2.2　实验流程的组织

实验流程是由实验的主体设备、辅助设备、分析检测设备、控制仪表、管线和阀门等构成的一个整体。实验流程的组织，包括原料供给系统的配置、产品收集和采样分析方法的选择、物流路线的设计、仪器仪表的选配。

1. 原料供给系统的配置

原料供给系统的配置包括原料制备、净化、计量以及原料加料方式的选择，分述如下。

（1）原料的制备

在实验室中，液体原料一般直接选用化学试剂配制。气体原料有两种来源，一是直接选用气体钢瓶，如 CO、CO_2、H_2、N_2、SO_2 等，二是用化学药品制备气体，如用硫酸和硫化钠制备 H_2S 气体、用甲酸在硫酸中热分解制备 CO 等。气体混合物的制备是将各种气体分别计量后混合而成。为减小原料配比变化对系统的影响，如能精确控制和计量各种气体的流量，则应将气体分别输送，仅在反应器入口处才相互混合。若不能精确控制流量，则应预先将气体配制成所需的组成，贮于原料罐备用。气体与溶剂蒸气的混合物的制备可采用两种方法：一是将定量的溶剂注入汽化器中完全汽化后，再与气体混合；二是让气体通过特制的溶剂饱和器，被溶剂蒸汽饱和。混合气体中蒸汽的含量可通过饱和器的温度来调节。

（2）原料的净化

气体净化通常采用吸附和吸收的方法。如用活性炭脱硫、用硅胶或分子筛脱水、用酸碱液脱除碱雾或酸雾等。有时也利用反应来除杂，如用铜屑脱氧。当找不到合适的净化剂时，可直接选用反应的催化剂来净化原料气，即在反应器前预置一段催化剂，使之在活性温度以下操作，对毒物产生吸附作用而无催化活性。

液体净化通常采用精馏、吸附、沉淀的方法，如用活性炭脱色、用重蒸法提纯溶剂、用硫化物沉淀法脱重金属离子等。

（3）原料的计量

计量是原料组成配制和流量调控的重要手段。准确的计量必须在流量稳定的状况下进行，因此，计量是由稳压稳流装置和计量仪表两部分构成的。实验室中，气体稳压常用水位稳压管或稳压器，前者用于常压系统，后者用于加压或高压系统。液体稳压常用高位槽。气体流量的计量可根据不同情况选用转子流量计、质量流量计、毛细管流量计、皂膜流量计或湿式流量计。液体计量一般选用转子流量计和计量泵。

（4）加料方式

原料加料方式可分为连续式、半连续式和间歇式，加料方式的选择一般是从实验项目的技术要求、实验设备的特点、实验操作的稳定性和灵活性等方面加以考虑。比如，测定反应动力学时，无论是管式等温反应器还是无梯度反应器都必须在连续状态下操作。而用双磁力驱动搅拌反应器测定气液传质系数时，由于设备的特点是传质界面小、液相容积大，故用于化学吸收时，液相组成随时间变化不大，可采用气相连续、液相间歇的半连续加料方式。用于溶解度较小的物理吸收时，溶液组成容易接近平衡，气、液相均应连续操作。

在反应器的操作中，加料方式常用来满足两方面的要求：其一，反应选择性的要求，即通过加料方式调节反应器内反应物的浓度，抑制副反应；其二，操作控制的要求，即通过加料量来控制反应速度，以缓解操作控制上的困难。如对强放热的快反应，为了抑制放热强度，使温度得以控制，常采用分批加料的方法控制反应速度。

2. 产品的收集和采样分析

（1）产物的收集

产物的正确收集与处理不仅是为了分析的需要，也是实验室安全与环保的要求。在实验室中，气体产品的收集和处理一般采用冷凝、吸收或直接排放的方法。对常温下可以液化的气体采用冷凝法收集，如由 CO、CO_2 和 H_2 合成的甲醇，乙苯脱氢制取的苯乙烯，以及各种精馏产品。对不凝性气体则采用吸收或吸附的方法收集，如用水吸收 HCl、NH_3、EO 等气体，用碱液吸收或 $NaOH$ 固体吸附的方法固定 CO_2、H_2S、SO_2 等酸性气体等。对固体产品一般通过固液分离、干燥等方法收集，实验室常用的固液分离方法如下：一是过滤，即用布式漏斗或玻璃砂芯漏斗真空抽滤或用小型板框压滤，玻璃砂芯漏斗有多种型号可供选用；二是高速离心沉降。具体选用哪种方法应根据情况，若溶剂极易挥发，晶体又比较细小，应采用压滤。若晶体极细且易黏结，过滤十分困难，可采用高速离心沉降。

（2）产品的采样分析

产品的采样分析应注意三个问题，一是采样点的代表性，二是采样方法的准确性，三是采样对系统的干扰性。

对连续操作的系统应正确选择采样位置，使之最具代表性。对间歇操作的系统应合理分配采样时间，在反应结果变化大的区域，采样应密集一些，在反应平缓区可稀疏一些。

在实验中，对采样方法应予以足够的重视。尤其对气体和易挥发的液体产品，采样时应设法防止其逃逸。对气体样品通常采用吸收或吸附的方法进行固定，然后进行化学分析。色谱分析时，一般直接在线采样或橡皮球采样。对固体样品应预先干燥并充分混合均匀后再采样。

由于实验装置通常较小，可容纳的物料十分有限，所以，分析用的采样量对系统的干扰不可忽视。尤其对间歇操作的系统，采样不当，不仅会影响系统的稳定，有时还会导致实验的失败。比如，在密闭系统进行气液平衡数据的测定时，气相采样不当，会对器内压力产生明显的干扰，破坏系统的平衡。

1.2.2.3 实验流程的安装与调试

实验流程的正确安装与调试是确保实验数据的准确性、实验操作的安全性和实验布局的合理性的重要环节。流程的安装与调试涉及设备、管道、阀门和仪器仪表等几方面。在化工专业实验中，由于化工专业实验所涉及的研究对象性质十分复杂（易燃、易爆、腐蚀、有毒、易挥发等），实验的内容范围较广（涉及反应、分离、工艺、设备性能、热力学参数的测定），实验的操作条件也各不一样（高温、高压、真空、低温等），因此，实验流程的布局和设备仪表的安装与调试，应根据实验过程的特点、实验设备的多寡以及实验场地的大小来合理安排。在满足实验要求的前提下，力争做到布局合理美观，操作安全方便，检修拆卸自如。

流程的安装与调试大致分为四步：①搭建设备安装架，安装架一般由设备支架和仪表屏组成；②在安装架上依流程顺序布置和安装主要设备及仪器仪表；③围绕主要设备，按照运行要求布置动力设备和管道；④依实验要求调试仪表及设备，标定有关设备及操作参数。

1. 实验设备的布置与安装

（1）静止设备

此类设备原则上依流程的顺序，按工艺要求的相对位置和高度，并考虑安全、检修和安装的方便，依次固定在安装架上。设备的平面布置应前后呼应、连续贯通，立面布置应错落有致、紧凑美观。设备之间应保持一定距离，以便设备的安装与检修，并尽可能利用设备的位差或压差促成流体的流动。

设备安装架应尽可能靠墙安放，并靠近电源和水源。设备的安装应先主后辅，主体设备定位后，再安装辅助设备。安装时，应注意设备管口的方位以及设备的垂直度和水平度。管口方位应根据管道的排列、设备的相对位置及操作的方便程度来灵活安排，取样口的位置要便于观察和取样。对塔设备的安装应特别注意塔体的垂直，因为塔体的倾斜将导致塔内流体的偏流和壁流，使填料润湿不均，塔效率下降。水平安装的冷凝器应向出口方向适当倾斜，以保证凝液的排放。设备内填充物（如催化剂、填料等）的装填应小心仔细，填充物应分批加入，边加边振动，防止架桥现象。装填完毕，应在填料段上方采取压固措施，即用较大填料或不锈钢丝网等将填充物压紧，以防操作时流体冲翻或带走填充物。

（2）动力设备

由于此类设备（如空压机、真空泵、离心机等）运转时伴有振动和噪声，安装时应尽可能靠近地面并采取适当的隔离措施。离心泵的进口管线不宜过长过细，不宜安装阀门，以减小进口阻力。安装真空泵时，应在进口管线上设置干燥器、缓冲瓶和放空阀。若系统中含有烃类溶剂或操作温度较高时，还应在泵前加设冷阱，用水、干冰或液氮冷凝溶剂蒸汽，防止其被吸入真空泵，造成泵的损坏。但应注意冷阱温度不得低于溶剂的凝固点。实验室常用的旋片式真空泵的进口管线的安装次序为：设备→冷阱→干燥器→放空阀→缓冲瓶→真空泵。放空阀的作用是停泵前让缓冲瓶通大气，防止真空泵中的机油倒灌。

2. 测量元件的安装

正确使用测量仪表或在线分析仪器的关键是测量点、采样点的合理选择及测量元件的正确安装。因为测量点或采样点所采集的数据的代表性和真实性、对操作条件的变化的灵敏性，将直接影响实验结果的准确性和可靠性。

实验室常用的测温手段：①用玻璃温度计直接测量；②用配有指示仪表的热电偶、铂电阻测温。为使用安全，一般温度计和热电偶不是直接与物料接触，而是插在装有导热介质的套管中间接测温。测温点的位置及测温元件的安装方法，应根据测量对象的具体情况来合理选择。如在直流式等温积分反应器中进行气固相反应动力学的测试时，反应温度的测量和控制十分重要。测取反应器温度的方法有三种：①在厚壁电加热套管与反应管之间采温，以夹层温度代替反应温度；②将热电偶插在反应器中心套管内，拉动热电偶测取不同位置的床层温度；③将热电偶直接插在催化床层内测温。三种方法各有利弊，应根据反应热的强弱、反应管尺寸的大小灵活选择。一般对管径较小的微型反应器，不宜采用方法②，因为热电偶套管占用的管截面比例较大，容易造成壁效应，影响器内流型。

压力测量点的选择要充分考虑系统流动阻力的影响，测压点应尽可能靠近希望控制压力的地方。如真空精馏中，为防止釜温过高引起物料的分解，采用减压的方法来降低物料的沸点。这时，釜温与塔内的真空度相对应，操作压力的控制至关重要。测压点设在塔釜的气相空间是最安全、最直接的。若设在塔顶冷凝器上，则所测真空度不能直接反映塔釜状况，还必须加上塔内的流动阻力。如果流动阻力很大，则尽管塔顶的真空度高，釜压仍有可能超标，因此是不安全的。通常的做法是用 U 形管压差计同时测定塔釜的真空度和塔内压力降。

流量计的安装要注意流量计的水平度或垂直度，以及进出流体的流向。

3. 实验流程的调试

实验装置安装完毕后，要进行设备、仪表及流程的调试工作。调试工作主要包括：①系统气密性试验；②仪器仪表的校正；③流程试运行。

（1）系统气密性试验

系统气密性试验包括试漏、查漏和堵漏三项工作。对压力要求不太高的系统，一般采用负压法或正压法进行试漏，即对设备和管路充压或减压后，关闭进出口阀门，观察压力的变化。若发现压力持续降低或升高，说明系统漏气。查漏工作应首先从阀门、管件和设备的连接部位入手，采取分段检查的方式确定漏点。其次，再考虑设备材质中的砂眼的问题。堵漏一般采用更换密封件、紧固阀门或连接部件的方法。对真空系统的堵漏，实验室常采用真空封泥或各种型号的真空脂。

对高压系统（$p \geqslant 10\text{MPa}$），应进行水压试验，以考核设备强度。水压试验一般要求水温大于 5℃，试验压力大于 1.25 倍设计压力。试验时逐级升压，每个压力级别恒压半小时以上，以便查漏。

（2）仪器仪表的校正

待测物料的性质不同、仪器仪表的安装方式不同以及仪表本身的精度等级和新旧程度不一，都会给仪器仪表的测量带来系统误差，因此，仪器仪表在使用前必须进行标定和校正，以确保测量的准确性。

（3）流程试运行

试运行的目的是检验流程是否贯通，所有管件阀门是否灵活好用，仪器仪表是否工作正常，指示值是否灵敏、稳定，开停车是否方便，有无异常现象。试运行前，应仔细检查管道是否连接到位，阀门开闭状态是否合乎运行要求，仪器仪表是否经过标定和校正。试运行一般采取先分段试车、后全程贯通的方法进行。

4. 设备及操作参数的标定

实验设备安装到位、流程贯通后，接下来一项必不可少的工作就是设备及操作参数的标定。标定的目的是防止和消除设备的使用及操作运行中可能引入的各种系统误差，对确保实验数据的准确性至关重要，应予以充分的重视。

（1）设备参数的标定

在化工专业实验中，由于实验所研究的对象和系统十分复杂，为了达到实验的主要目的，必须对系统作适当的简化，因而提出一些假设条件。而这些假设条件往往要通过固定实验设备的某些参数来实现。因此，实验前，必须对这些参数进行标定，以防止引入系统误差。

例如，在湿壁塔、搅拌槽等设备中进行气液传质系数的测定时，通常假定两相的传质界面为已知值，且界面面积的大小一般是按实验设备中两相界面的几何面积来计算的。实际操作中，界面的面积受搅拌、流动等因素的影响会产生波动而偏离几何值。因此，实验前必须对面积进行标定。标定的方法是选择一个传质系数已知的体系（如 $NaOH$-CO_2 体系），在实验涉及的操作条件下，测定其总吸收率（吸收量/时间）与传质推动力之间的关系，然后，由传质速率方程求出界面面积。若发现实际面积与几何面积不符，可采取两个措施：其一，调整操作条件，如降低搅拌速度或液相流量等，使实际面积趋近于几何值；其二，根据测定值计算出不同操作条件下面积的校正系数，以便对几何面积进行校正。标定气-液传质面积最常用的是 $NaOH$-CO_2 系统，因为吸收为拟一级快反应，液相传质系数为：

$$k_L = \sqrt{D_L k_2 c_B} \tag{1-1}$$

总吸收速率为：

$$R_A = NA = \frac{p_g A}{\dfrac{1}{k_g} + \dfrac{1}{H\sqrt{D_L k_2 c_B}}} \tag{1-2}$$

若采用纯气体吸收，气相阻力 $\dfrac{1}{k_g}$ 可忽略，整理上式可得：

$$\frac{p_g}{R_A} = \frac{1}{AH\sqrt{D_L k_2 c_B}} \tag{1-3}$$

式中，R_A 为总吸收率；N 为单位面积的吸收速率；A 为界面面积；k_2 为反应速率常数；c_B 为 $NaOH$ 浓度；p_g 为气体分压；D_L 为液相扩散系数。

当实验的温度、压力一定时，k_2、p_g、D_L 均为常数，标定时，固定 $NaOH$ 浓度，改变搅拌槽的液相搅拌速度或湿壁塔的液体流量，测定 CO_2 的总吸收速率 R_A，便可由式（1-3）求得两相的界面面积 A。这种方法也可用于气液鼓泡反应器气液传质面积的测定。

（2）操作参数的标定

专业实验中，为了满足实验的特殊要求，测得准确可信的实验数据，除了要对设备参数进行标定外，往往还要对操作参数的可行域进行界定，这项工作也必须通过预实验来完成。

比如，用直流等温管式反应器测定本征动力学时，要求消除器内催化剂内、外扩散的影响。采取的措施是增大气体流速、减小催化剂粒度。那么，针对一个具体的反应，究竟多大的气速、多小的催化剂粒度才能满足要求呢？这就需要通过预实验来确定。常用的方法如下。

① 测定消除内扩散允许的最大催化剂粒度

首先在动力学测试的温度范围内，选择一个较高的温度，然后，在相同的空速和进口气体组成的条件下，改变催化剂粒度，考察反应器出口的转化率。如图 1-4 所示，随着催化剂粒度的减小，内扩散影响减弱，出口转化率增加，当粒度减至 d_p^0 时，出口转化率不再变化，说明内扩散已基本消除，d_p^0 即为允许的最大催化剂粒度。动力学实验时选用的催化剂粒度应小于 d_p^0。

② 测定消除外扩散必需的最低气体流率

在同一反应器内，保持催化剂粒度、空时（V_0/V_s）、反应温度及进口气体组成不变，改变反应器内催化剂的装填量（V_s），观察出口转化率。由于空速一定，V_s 增加，气体流率 V_0 也相应增大，如图 1-5 所示，若出口转化率随之增大，说明外扩散影响在减弱，当流速增至 V_0' 时，出口转化率不再变化，说明外扩散已基本消除，V_0' 为操作允许的最低气体流率。

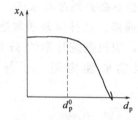
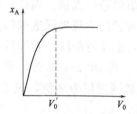

图 1-4　催化剂粒度实验　　图 1-5　气体流率实验

（3）实验调控装置的标定

实验研究中，为了模拟和实现某种操作状态，往往会采取一些特殊的实验手段，而这些手段也有可能引入系统误差，需要通过标定加以消除。如实验室中小型玻璃精馏塔的回流比常采用电磁摆针式控制方法，即通过控制导流摆针在出料口和回流口停留时间的比例来调节回流比。由于采用时间控制，回流是不连续的，在相同的停留时间内，实际回流量与上升蒸汽量、塔头结构、导流摆针的粗细、摆动的距离以及定时器给定的时间间隔之长短等诸多因素有关，所以，时间控制器给出的时间比与实际的回流比并不完全一致。为了避免由此产生的系统误差，精馏塔使用前必须对回流比进行标定。标定的方法是：选择一种标准溶液（如酒精、水、苯），固定塔釜加热量，在全回流下操作稳定后，切换为全采出，并测定全采出时的馏出速度 U_1(mL/h)，然后在不同回流时间比的条件下，测定部分回流时的馏出速度 U_2(mL/h)。据此，可求得实际回流比为：

$$R = \frac{U_1 - U_2}{U_2} \tag{1-4}$$

将实际回流比 R 对回流时间比 R_0 作图，得到校正曲线，以备查用。实际操作时，为避免切换时间间隔太短，摆针来不及达到最佳位置而引入误差，一般以出料时间 3s 左右为基准，改变回流时间来计算回流比。

1.2.3　实验数据的分析与评价

实验研究的目的是期望通过实验数据获得可靠的、有价值的实验结果。而实验结果是否可靠，是否准确，是否真实地反映了对象的本质，不能只凭经验和主观臆断，必须应用科学的、有理论依据的数学方法加以分析、归纳和评价。因此，掌握和应用误差理论，统计理论和科学的数据处理方法是十分必要的。

1.2.3.1　实验数据的误差分析

1. 误差的分类与表达

（1）误差的分类

实验误差根据其性质和来源不同可分为三类：系统误差、随机误差和过失误差。

系统误差是由仪器误差、方法误差和环境误差构成，即仪器性能欠佳、使用不当、操作不规范以及环境条件的变化引起的误差。系统误差是实验中潜在的弊端，若已知其来源，应设法消除。若无法在实验中消除，则应事先测出其数值的大小和规律，以便在数据处理时加以修正。

随机误差是实验中普遍存在的误差，这种误差从统计学的角度看，具有有界性、对称性和抵偿性，即误差仅在一定范围内波动，不会发散，当实验次数足够大时，正负误差将相互抵消，数据的算术均值将趋于真值。因此，不易也不必去刻意消除它。

过失误差是由实验者的主观失误造成的显著误差。这种误差通常造成实验结果的扭曲。在原因清楚的情况下，应及时消除。若原因不明，应根据统计学的 3σ 准则进行判别和取舍（σ 称为标准误差）。所谓 3σ 准则，即如果实验测定量 x_i 与平均值 $\bar{x}$ 的残差 $|x_i - \bar{x}| > 3\sigma$，则该测定值为坏值，应予剔除。

（2）误差的表达

① 数据的真值

实验测量值的误差是相对于数据的真值而言的。严格地讲，真值应是某量的客观实际值。然而，在通常情况下，绝对的真值是未知的。只能用相对的真值来近似。在化工专业实验中，常采用三种相对真值，即标准器真值、统计真值和引用真值。

标准器真值，就是用高精度仪表的测量值作为低精度仪表测量值的真值。要求高精度仪表的测量精度必须是低精度仪表的 5 倍以上。

统计真值，就是用多次重复实验测量值的平均值作为真值。重复实验次数越多，统计真值越趋近实际真值，由于趋近速度是先快后慢，故重复实验的次数取 3～5 次即可。

引用真值，就是引用文献或手册上那些已被前人的实验证实，并得到公认的数据作为真值。

② 绝对误差与相对误差

绝对误差与相对误差在数据处理中被用来表示物理量的某次测定值与其真值之间的误差。

绝对误差的表达式为：

$$d_i = |x_i - X| \tag{1-5}$$

相对误差的表达式为：

$$r_i\% = \frac{d_i}{X}\% = \frac{|x_i - X|}{X}\% \tag{1-6}$$

式中，x_i 为第 i 次测定值；X 为真值。

③ 算术均差和标准误差

算术均差和标准误差在数据处理中被用来表示一组测量值的平均误差。

算术均差的表达式为：

$$\delta = \frac{\sum_{i=1}^{n} |x_i - \bar{X}|}{n} = \frac{\sum_{i=1}^{n} |d_i|}{n} \tag{1-7}$$

式中，n 为测量次数；x_i 为第 i 次测得值；$\bar{X}$ 为 n 次测得值的算术均值。

$$\bar{X} = \frac{\sum_{i=1}^{n} x_i}{n} \tag{1-8}$$

标准误差 σ（又称均方根误差）的表达式为：

在有限次数的实验中，

$$\sigma = \sqrt{\frac{1}{n} \sum_{i=1}^{n} (x_i - \bar{x})^2} \tag{1-9}$$

算术均差和标准误差是实验研究中常用的精度表示方法。两者相比，标准误差能够更好地反映实验数据的离散程度，因为它对一组数据中的较大误差或较小误差比较敏感，因而，在化工专业实验中被广泛采用。

（3）仪器仪表的精度与测量误差

仪器仪表的测量精度常采用仪表的精确度等级来表示，如 0.1、0.2、0.5、1.0、1.5、2.5、5.0 级电流表、电压表等。而所谓的仪表等级实际上是仪表测量值的最大相对误差的一种实用表示方法，称之为引用误差。引用误差的定义为：

$$引用误差 = \frac{仪表指示值的最大绝对误差}{仪表满量值}$$

若以 $p\%$ 表示某仪表的引用误差，则该仪表的精度等级为 p 级。精度等级 p 的数值愈大，说明引用误差愈大，测量的精度等级愈低。这种关系在选用仪表时应注意。从引用误差的表达式可见，它实际上是仪表测量值为满刻度值时相对误差的特定表示方法。

在仪表的实际使用中，由于被测值的大小不同，在仪表上的示值不一样，这时应如何来估算不同测量值的相对误差呢？

假设仪表的精度等级为 p 级，表明引用误差为 $p\%$，若满量程值为 M，测量点的指示值为 m，则测量值的相对误差 E_r 的计算式为：

$$E_r = \frac{Mp\%}{m} \tag{1-10}$$

可见，仪表测量值的相对误差不仅与仪表的精度等级 p 有关，而且与仪表量程 M 和测量值 m 的比值，即 M/m 有关。因此，在选用仪表时应注意如下两点。

① 当待测值一定，选用仪表时，不能盲目追求仪表的精度等级，应兼顾精度等级和仪表量程进行合理选择。量程选择的一般原则是，尽可能使测量值落在仪表满刻度值的三分之二处，即 $M/m = 3/2$ 为宜。

② 选择仪表的一般步骤是：首先根据待测值 m 的大小，依 $M/m = 3/2$ 的原则确定仪表的量程 M，然后，根据实验允许的测量值相对误差 $r\%$，依式（1-10）确定仪表的最低精度等级 p，即：

$$p\% = \frac{mr\%}{M} = \frac{2}{3}E_r\%\tag{1-11}$$

最后，根据上面确定的 M 和 $p\%$，从可供选择的仪表中，选配精度合适的仪表。

例：若待测电压为 100V，要求测量值的相对误差不得大于 2.0%，应选用哪种规格的仪表？

解：依题意已知，$m = 100$，$E_r\% = 2.0\%$ 则：

仪表的适宜量程为：

$$M = \frac{3}{2}m = \frac{3}{2} \times 100 = 150$$

仪表的最低精度等级为：

$$p\% = \frac{2}{3}E_r\% = \frac{2}{3} \times 2.0\% = 1.33\%$$

根据上述计算结果，参照仪表的等级规范，可见，选用 1.0 级 0~150V 的电压表是比较合适的。

---

2. 误差的传递

前述的误差计算方法主要用于实验直接测定量的误差估计。但是，在化工专业实验中，通常希望考察的并非直接测定量而是间接的响应量。如反应动力学方程的测定实验中，速率常数 $k = k_0 e^{-\frac{E}{RT}}$ 就是温度的间接响应值。由于响应值是直接测定值的函数，因此，直接测定值的误差必然会传递给响应值。那么，如何估计这种误差的传递呢？

（1）误差传递的基本关系式

设某响应值 y 是直接测量值 $x_1, x_2, \cdots, x_n$ 的函数，即

$$y = f(x_1, x_2, \cdots, x_n)\tag{1-12}$$

误差相对于测定量而言是较小的量，因此可将上式依泰勒级数展开，略去二阶导数以上的项，可得函数 y 的绝对误差 Δy 表达式：

$$\Delta y = \frac{\partial f}{\partial x_1}\Delta x_1 + \frac{\partial f}{\partial x_2}\Delta x_2 + \cdots + \frac{\partial f}{\partial x_n}\Delta x_n\tag{1-13}$$

此式即为误差的传递公式。式中，$\Delta x_1, \Delta x_2, \cdots, \Delta x_n$ 为直接测量值的绝对误差；$\partial f / \partial x_i$ 为误差传递系数。

（2）函数误差的表达

由式（1-13）可见，函数的误差 Δy 不仅与各测量值的误差 Δx_i 有关，而且与相应的误差传递系数有关。为保险起见，不考虑各测量值的分误差实际上有相互抵消的可能，将各分量误差取绝对值，即得到函数的最大绝对误差为：

$$\Delta y = \sum_{i=1}^{n}\left|\frac{\partial f}{\partial x_i}\Delta x_i\right|\tag{1-14}$$

据此，可求得函数的相对误差为：

$$\frac{\Delta y}{y} = \sum_{i=1}^{n}\left|\frac{\partial f}{\partial x_i}\frac{\Delta x_i}{y}\right|\tag{1-15}$$

当各测定量对响应量的影响相互独立时，响应值的标准误差为：

$$\sigma_y = \sqrt{\sum_{i=1}^{n} \left(\frac{\partial f}{\partial x_i}\right)^2 \sigma_i^2} \tag{1-16}$$

式中，σ_i 为各直接测量值的标准误差；σ_y 为响应值的标准误差。

根据误差传递的基本公式，可求取不同函数形式的实验响应值的误差及其精度，以便对实验结果作出正确的评价。

例：在测定反应动力学速率常数的实验中，若温度测量的绝对误差为 ΔT ，标准误差为 σ_T ，试求速率常数 k 的绝对误差 Δk 和标准误差 σ_k 表达式。又若反应的频率因子为 $k_0 = 10^8$ ，活化能 $E = 90\text{kJ/mol}$ ，当实验温度为 $400℃$ ，$\Delta T = 0.5$ ，$\sigma_T = 1$ 时，求 Δk 和 σ_k 的大小及速率常数的相对误差。

解：已知速率常数与温度的关系为：

$$k_T = k_0 e^{\frac{-E}{RT}}$$

根据误差传递公式，可得：

$$\Delta k_T = \frac{\partial k_T}{\partial T} \Delta T = \frac{E}{RT^2} k_0 e^{\frac{-E}{RT}} \Delta T$$

$$\sigma_{k_T} = \sqrt{\left(\frac{\partial k_T}{\partial T}\right)^2 \sigma_T^2} = \frac{E}{RT^2} k_0 e^{\frac{E}{RT}} \sigma_T$$

当 $T = 400℃$ ，$\Delta T = 0.5$ ，$\sigma_T = 1$ 时，

$$\Delta k_T = \frac{90000}{8.314 \times 673.15^2} \times 10^8 e^{\frac{-90000}{8.314 \times 673.15}} \times 0.5 = 0.123$$

速率常数 k_T 的相对误差为：

$$\frac{\Delta k_T}{k_T}\% = \frac{0.123}{10.5}\% = 1.17\%$$

而此时温度测量值的相对误差仅为：

$$\frac{\Delta T}{T}\% = \frac{0.5}{400} = 0.125\%$$

可见，由于误差传递过程的放大效应，速率常数的相对误差比温度测量值的相对误差大了近 10 倍。

1.2.3.2　实验数据的处理

实验数据的处理是实验研究工作中的一个重要环节。由实验获得的大量数据，必须经过正确的分析、处理和关联，才能清楚地看出各变量间的定量关系，从中获得有价值的信息与规律。实验数据的处理是一项技巧性很强的工作。处理方法得当会使实验结果清晰而准确，否则，将得出模糊不清甚至错误的结论。实验数据处理常用的方法有三种：表列法、图示法和回归分析法，现分述如下。

1. 实验结果的表列

表列法是将实验的原始数据、运算数据和最终结果直接列举在各类数据表中以展示实验成果的一种数据处理方法。根据记录的内容不同，数据表主要分为两种：原始数据记录表和实验结果表。其中，原始数据记录表是在实验前预先制定的，记录的内容是未经任何运算处

理的原始数据。实验结果表记录了经过运算和整理得出的主要实验结果，该表的制定应简明扼要，直接反映实验主要实验指标与操作参数之间的关系。

2. 实验数据的图示

图示法是以曲线的形式简单明了地表达实验结果的常用方法，由于图示法能直观地显示变量间存在的极值点、转折点、周期性及变化趋势，尤其在数学模型不明确或解析计算有困难的情况下，图示求解是数据处理的有效手段。

图示法的关键是坐标的合理选择，包括坐标类型与坐标刻度的确定。坐标选择不当，往往会扭曲和掩盖曲线的本来面目，导致错误的结论。

坐标类型选择的一般原则是尽可能使函数的图形线性化。即线性函数：$y = a + bx$，选用直角坐标纸。指数函数：$y = a^{bx}$，选用半对数坐标纸。幂函数：$y = ax^b$，选用对数坐标。若变量的数值在实验范围内发生了数量级的变化，则该变量应选用对数坐标来标绘。

确定坐标分度标值可参照如下原则。

① 坐标的分度应与实验数据的精度相匹配。即坐标读数的有效数字应与实验数据的有效数字的位数相同。换言之，就是坐标的最小分度值的确定应以实验数据中最小的一位可靠数字为依据。

② 坐标比例的确定应尽可能使曲线主要部分的切线与 X 轴和 Y 轴的夹角成 45°。

③ 坐标分度值的起点不必从零开始，一般取数据最小值的整数为坐标起点，以略高于数据最大值的某一整数为坐标终点，使所标绘的图线位置居中。

3. 实验结果的模型化

实验结果的模型化就是采用数学手段，将离散的实验数据回归成某一特定的函数形式，用以表达变量之间的相互关系，这种数据处理方法又称为回归分析法。

在化工过程开发的实验研究中，涉及的变量较多，这些变量处于同一系统中，既相互联系又相互制约，但是，由于受到各种无法控制的实验因素（如随机误差）的影响，它们之间的关系不能像物理定律那样用确切的数学关系式来表达，只能从统计学的角度来寻求其规律。变量间的这种关系称为相关关系。

回归分析法是研究变量间相关关系的一种数学方法，是数理统计学的一个重要分支。用回归分析法处理实验数据的步骤：第一，选择和确定回归方程的形式（即数学模型）；第二，用实验数据确定回归方程中模型参数；第三，检验回归方程的等效性。

回归方程形式的选择和确定有四种方法。

① 根据理论知识、实践经验或前人的类似工作，选定回归方程的形式。

② 先将实验数据标绘成曲线，观察其接近于哪一种常用的函数的图形，据此选择方程的形式。图 1-6 列出了几种常用函数的图形。

③ 先根据理论和经验确定几种可能的方程形式，然后用实验数据分别拟合，并运用概率论、信息论的原理对模型进行筛选，以确定最佳模型。

④ 模型参数的估计。

当回归方程的形式（即数学模型）确定后，要使模型能够真实地表达实验的结果，必须用实验数据对方程进行拟合，进而确定方程中的模型参数，如对线性方程 $y = a + bx$，其待估参数为 a 和 b。

参数估值的指导思想是：由于实验中各种随机误差的存在，实验响应值 y_i 与数学模型的计算值 $\hat{y}$ 不可能完全吻合。但可以通过调整模型参数，使模型计算值尽可能逼近实验数

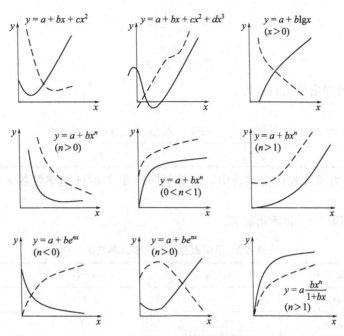

图 1-6　几种常用的函数图形

据，使两者的残差（$y_i - \hat{y}$）趋于最小，从而达到最佳的拟合状态。

根据这个指导思想，同时考虑到不同实验点的正负残差有可能相互抵消，影响拟合的精度，拟合过程采用最小二乘法进行参数估值，即选择残差平方和最小为参数估值的目标函数，其表达式为：

$$Q = \sum_{i=1}^{n} (y_i - \hat{y})^2 \rightarrow \min \tag{1-17}$$

最小二乘法可用于线性或非线性、单参数或多参数数学模型的参数估计，其求解的一般步骤如下。

① 将选定的回归方程线性化。对复杂的非线性函数，应尽可能采取变量转换或分段线性化的方法，使之转化为线性函数。

② 将线性化的回归方程代入目标函数 Q。然后对目标函数求极值，即将目标函数分别对待估参数求偏导数，并令导数为零，得到一组与待估参数个数相等的方程，称为正规方程。

③ 由正规方程组联立求解出待估参数。

如用最小二乘法对二参数一元线性函数 $y = a + bx$ 进行参数估值，其目标函数为：

$$Q = \sum (y_i - \hat{y})^2 = \sum [y_i - (a + bx_i)]^2 \tag{1-18}$$

式中，$\hat{y}$ 为回归方程计算值；a，b 为模型参数。

对目标函数求极值可得正规方程为：

$$na + \left(\sum_{i=1}^{n} x_i\right)b = \sum_{i=1}^{n} y_i \tag{1-19}$$

$$\left(\sum_{i=1}^{n} x_i\right)a + \left(\sum_{i=1}^{n} x_i^2\right)b = \sum_{i=1}^{n} x_i y_i \tag{1-20}$$

令

$$\bar{x} = \frac{1}{n}\sum_{i=1}^{n} x_i$$

$$\bar{y} = \frac{1}{n}\sum_{i=1}^{n} y_i$$

由正规方程可解出模型参数为:

$$a = \bar{y} - b\bar{x} \tag{1-21}$$

$$b = \frac{\sum x_i y_i - n\overline{xy}}{x_i^2 - n\bar{x}^2} = \frac{\sum (x_i - \bar{x})(y_i - \bar{y})}{\sum (x_i - \bar{x})^2} \tag{1-22}$$

例：在某动力学方程测定实验中，测得不同温度 T 时的速率常数 k 的数据如表 1-3 所示。

试估计频率因子 k_0 和活化能 E。

表 1-3　不同温度下的反应速率常数

序号	温度 T/K	$k \times 10^2 / \mathrm{min}^{-1}$	$x \times 10^3 / \mathrm{K}^{-1}$	y
1	363	0.666	2.775	-5.01
2	373	1.376	2.681	-4.29
3	383	2.717	2.611	-3.61
4	393	5.221	2.545	-2.95
5	403	9.668	2.481	-2.34

解：根据反应动力学理论，可知 k 与 T 的关系可表达为：

$$k = k_0 \exp\left(\frac{-E}{RT}\right)$$

将方程线性化，有：

$$\ln k = \ln k_0 - \frac{E}{R}\left(\frac{1}{T}\right)$$

令 $y = \ln k$，$a = \ln k_0$，$x = \frac{1}{T}$，$b = \frac{-E}{R}$，则上式可写为：

$$\hat{y} = a + bx$$

根据实验数据，求出相应的 y 与 x，也列于表 1-3 中，根据最小二乘法对上式进行参数估计，计算结果如下：

$$\bar{x} = \frac{\sum_{i=1}^{n} x_i}{n} = \frac{1}{5} \times 13.073 \times 10^{-3} = 2.615 \times 10^{-3}$$

$$\bar{y} = \frac{\sum_{i=1}^{n} y_i}{n} = \frac{1}{5} \times (-18.20) = -3.640$$

$$n\bar{x} = 5 \times (2.615 \times 1.0^{-3})^2 = 34.191 \times 10^{-6}$$

代入式 (1-21)、式 (1-22) 得：

$$b = \frac{\sum x_i y_i - n\overline{x}\,\overline{y}}{x_i^2 - n\overline{x}^2} = \frac{(-48.042 + 47.593) \times 10^{-3}}{(34.228 - 34.191) \times 10^{-5}} = -12135$$

$$a = \overline{y} - b\overline{x} = -3.640 + 12135 \times 2.615 \times 10^{-3} = 28.093$$

由 $b = \dfrac{-E}{R}$，可求得 $E = 12135 \times 8.314 = 100890 \mathrm{kJ/mol}$。

由 $a = \ln k_0$，可求得 $k_0 = 1.587 \times 10^{12}$。

4. 实验结果的统计检验

无论是采用离散数据的表列法还是采用模型化的回归法表达实验结果，都必须对结果进行科学的统计检验，以考察和评价实验结果的可靠程度，从中获得有价值的实验信息。

统计检验的目的是评价实验指标 y 与变量 x 之间，或模型计算值 $\hat{y}$ 与实验值 y 之间是否存在相关性，以及相关的密切程度如何。检验的方法是：①首先建立一个能够表征实验指标 y 与变量 x 间相关密切程度的数量指标，称为统计量；②假设 y 与 x 不相关的概率为 α，根据假设的 α 从专门的统计检验表中查出统计量的临界值；③将查出的临界统计量与由实验数据算出的统计量进行比较，便可判别 y 与 x 相关的显著性。判别标准见表1-4。通常称 α 为置信度或显著性水平。

表1-4 显著性水平的判别标准

显著性水平	检验判据	相关性
$\alpha = 0.01$	计算统计量＞临界统计量	高度显著
$\alpha = 0.05$	计算统计量＞临界统计量	显著

常用的统计检验方法有相关系数法和方差分析法。现分别简述如下。

（1）方差分析法

方差分析法不仅可用于检验回归方程的线性相关性，而且可用于对离散的实验数据进行统计检验，判别各因子对实验结果的影响程度，分清因子的主次，优选工艺条件。

方差分析构筑的检验统计量为 F 因子，用于模型检验时，其计算式为：

$$F = \frac{\sum(\hat{y_i} - \overline{y})^2 / f_U}{\sum(y_i - \hat{y})^2 / f_Q} = \frac{u / f_U}{Q / f_Q} \tag{1-23}$$

式中，f_U 为回归平方和的自由度，$f_U = N$；f_Q 为残差平方和的自由度，$f_Q = n - N - 1$；n 为实验点数；N 为自变量个数；U 为回归平方和，表示变量水平变化引起的偏差；Q 为残差平方和，表示实验误差引起的偏差。

检验时，首先依式（1-23）算出统计量 F，然后，由指定的显著性水平 α 和自由度 f_U 和 f_Q 从有关手册中查得临界统计量 F_a，依表1-4进行相关显著性检验。

（2）相关系数法

在实验结果的模型化表达方法中，通常利用线性回归将实验结果表示成线性函数。为了检验回归直线与离散的实验数据点之间的符合程度，或者说考察实验指标 y 与自变量 x 之间线性相关的密切程度，提出了相关系数 r 这个检验统计量。相关系数的表达式为：

$$r = \frac{\sum(x_i - \overline{x})(y_i - \overline{y})}{\sqrt{\sum(x_i - \overline{x})^2 \sum(y_i - \overline{y})^2}} \tag{1-24}$$

当 $r = 1$ 时，y 与 x 完全正相关，实验点均落在回归直线 $\hat{y} = a + bx$ 上。当 $r = -1$ 时，

y 与 x 完全负相关，实验点均落在回归直线 $\hat{y} = a - bx$ 上。$r = 0$，则表示 y 与 x 无线性关系。一般情况下，$0 < |r| < 1$。这时要判断 x 与 y 之间的线性相关程度，就必须进行显著性检验。检验时，一般取 α 为 0.01 或 0.05，由 α 和 f_Q 查得 R_α 后，将计算得到的 $|r|$ 值与 r_α 进行比较，判别 x 与 y 线性相关的显著性。

1.2.3.3 实验报告与科技论文的撰写

1. 实验报告的撰写

（1）实验报告的特点

① 原始性：实验报告记录和表达的实验数据一般比较原始，数据处理的结果通常用图或表的形式表示，比较直观。

② 纪实性：实验报告的内容侧重于实验过程、操作方式、分析方法、实验现象、实验结果的详尽描述，一般不进行深入的理论分析。

③ 试验性：实验报告不强求内容的创新，即使实验未能达到预期效果，甚至失败，也可以撰写实验报告，但必须客观真实。

（2）实验报告的写作格式

① 标题：实验名称。

② 作者及单位：署明作者的真实姓名和单位。

③ 摘要：以简洁的文字说明报告的核心内容。

④ 前言：概述实验的目的、内容、要求和依据。

⑤ 正文：主要内容如下。

a. 叙述实验原理和方法，说明实验所依据的基本原理以及实验方案及装置设计的原则。

b. 描述实验流程与设备，说明实验所用设备、器材的名称和数量，图示实验装置及流程。

c. 详述实验步骤和操作、分析方法，指明操作、分析的要点。

d. 记录实验数据与实验现象，列出原始数据表。

e. 数据处理，通过计算和整理，将实验结果以列表、图示或照片等形式反映出来。

f. 结果讨论，从理论上对实验结果和实验现象作出合理的解释，说明自己的观点和见解。

⑥ 参考文献：注明报告中引用的文献出处。

2. 科技论文的撰写

科技论文是以新理论、新技术、新设备、新发现为对象，通过判断、推理、论证等逻辑思维方法和分析、测定、验证等实验手段来表达科学研究中的发明和发现的文章。

（1）科技论文的特点

① 科学性：内容上客观真实，观点正确，论据充分，方法可靠，数据准确。表达方式上用词准确，结构严谨，语言规范，符合思维规律。

② 学术性：注重对研究对象进行合理的简化和抽象，对实验结果进行概括和论证，总结归纳出可推广应用的规律，而不局限于对过程和结果的简单描述。

③ 创造性：研究成果必须有新意，能够表达新的发现、发明和创造，或提出理论上的新见解，以及对现有技术进行创造性的改进，不可重复、模仿或抄袭他人之作。

（2）科技论文的写作格式

① 论文题目：题目应体现论文的主题，题名的用词要注意以下问题。

a. 有助于选定关键词，提供检索信息。

b. 避免使用缩略词、代号或公式。

c.题名不宜过长，一般不超过 20 个字。

② 作者姓名、单位或联系地址：署明作者的真实姓名与单位。

③ 论文摘要：摘要是论文主要内容的简短陈述，应说明研究的对象、目的和方法，研究得到的结果、结论和应用范围。重点要表达论文的创新点及相关的结果和结论。

摘要应具有独立性和自含性，即使不读原文，也能据此获得与论文等同量的主要信息，可供文摘等二次文献直接选用。中文摘要一般 200～300 字，为便于国际交流，应附有相应的外文摘要（约 250 个实词）。摘要中不应出现图表、化学结构式及非共用符号和术语。

④ 关键词（Key words）：为便于文献检索而从论文中选出的，用于表达论文主题内容和信息的单词、术语。每篇论文一般可选 3～5 个关键词。

⑤ 引言（前言，概述）：说明立题的背景和理由、研究的目的和意义、前人的工作积累和本文的创新点，提出拟解决的问题和解决的方法。

⑥ 理论部分：说明课题的理论及实验依据，提出研究的设想和方法，建立合理的数学模型，进行科学的实验设计。

⑦ 实验部分。

a.实验设备及流程：首先说明实验所用设备、装置及主要仪器仪表的名称、型号，对自行设计的非标设备须简要说明其设计原理与依据，并对其测试精度作出检验和标定。然后，简述实验流程。

b.实验材料及操作步骤：说明实验所用原料的名称、来源、规格及产地；简述实验操作步骤，对影响实验精度、操作稳定性和安全性的重要步骤应详细说明。

c.实验方法：说明实验的设计思想、运作方案、分析方法及数据处理方法。对体现创新思想的内容和方法要叙述清楚。

⑧ 结果及讨论。

a.整理实验结果：将观察到的实验现象、测定的实验数据和分析数据以适当的形式表达出来，如列表、图示、照片等，并尽可能选用合适的数学模型对数据进行关联。将准确可靠、有代表性的数据整理表达出来，为实验结果的讨论提供依据。

b.结果讨论：对实验现象及结果进行分析论证，提出自己的观点与见解，总结出具有创新意义的结论。

⑨ 结论：即言简意赅的表达：实验结果说明了什么问题；得出了什么规律；解决了什么理论或实际问题；对前人的研究成果进行了哪些修改、补充、发展、论证或否定；还有哪些有待解决的问题。

⑩ 符号说明：按英文字母的顺序将文中所涉及的各种符号的意义、计量单位注明。

⑪ 参考文献：根据论文引用的参考文献编号，详细注明文献的作者及出处。这一方面体现了对他人著作权的尊重，另一方面有助于读者查阅文献全文。

1.3 实验室安全与环保知识简介

实验室潜藏着各种危害因素，这些潜在的危害因素可能引发各种事故，造成环境污染和人体伤害，甚至可能危及人的生命安全。

实验室安全技术和环境保护对开展科学实验有着重要意义，我们不但要掌握这方面的有关知识，而且应该在实验中加以重视，防患于未然。

本节主要根据化工专业实验中存在的不安全因素，对防火、防爆、防毒、防触电等安全操作知识及防止环境污染等内容进行一些基本介绍。

1.3.1 实验室安全知识

1. 实验室常用危险品的分类

化工专业实验室常有易燃物质、易爆物质及有毒物质，归纳起来主要有以下几类。

（1）爆炸品

在热力学上很不稳定，受到轻微摩擦、撞击、高温等因素的激发而发生激烈的化学变化，在极短时间内放出大量气体和热量，使周围压力急剧上升，发生爆炸，对周围环境造成破坏，同时伴有热和光等效应发生的物质称为爆炸品。也包括无整体爆炸危险，但具有燃烧、抛射及较小爆炸危险的物质。如过氧化物、氮的卤化物、硝基或亚硝基化合物、乙炔类化合物等。

（2）可燃气体

遇火、受热或与氧化剂相接触能引起燃烧或爆炸的气体称为可燃气体。如氢气、甲烷、乙烯、煤气、液化石油气、一氧化碳等。

（3）易燃液体

容易燃烧而在常温下呈液态、具有挥发性、闪点低的物质称为易燃液体。如乙醚、丙酮、汽油、苯、乙醇等。

（4）易燃固体、易于自燃的物质和遇水放出易燃气体的物质

易燃固体指凡遇火、受热、撞击、摩擦或与氧化剂接触能着火的固体，如木材、油漆、石蜡、合成纤维等，化学药品有五硫化磷、三硫化磷等。易于自燃的物质包括发火物质和自热物质，如白磷、三乙基铝等。遇水放出易燃气体的物质是指与水相互作用易变成自燃物或能放出危险数量的易燃气体的物质，如钾、钠、电石等。

（5）氧化性物质和有机过氧化物

氧化性物质指本身不一定可燃，但通常因放出氧或起氧化反应可能引起或促使其他物质燃烧的物质，如过氧化钠、高氯酸钾等。有机过氧化物是指分子组成中含有过氧基（—O—O—）的有机物质，该物质为热不稳定物质，可能发生放热的自加速分解。该类物质还可能具有以下一种或数种性质：①可能发生爆炸性分解；②迅速燃烧；③对碰撞或摩擦敏感；④与其他物质起危险反应；⑤损害眼睛，如过氧化苯甲酰、过氧化甲乙酮等。

（6）毒性物质和感染性物质

毒性物质是指经吞食、吸入或皮肤接触后可能造成死亡或严重受伤或健康损坏的物质。大多数危险化学品均为毒性物质。感染性物质是指含有病原体的物质，包括生物制品、诊断样品、基因突变的微生物、生物体和其他媒介，如病毒蛋白等。

（7）腐蚀性物质

腐蚀性物质是指通过化学作用使生物组织接触时造成严重损伤，或在渗漏时会严重损害甚至毁坏其他货物或运输工具的物质。如硫酸、盐酸、氢氧化钠等。

2. 防火、防爆的措施

（1）有效控制易燃物及助燃物

部分可燃气体和蒸气的爆炸极限见表1-5。化工类实验室防燃防爆，最根本的是对易燃

物和易爆物的用量和蒸气浓度要有效控制。

表 1-5　部分可燃气体和蒸气的爆炸极限

物质名称	化学式	沸点/℃	闪点/℃	自燃点/℃	爆炸极限体积分数	
					上限/%	下限/%
氢	H_2	−252.3		510	75	4.0
一氧化碳	CO	−192.2		651	74	12.5
氨	NH_3	−33			27	16
乙烯	$CH_2{=\!=}CH_2$	−103.9		540	32	3.1
丙烯	C_3H_6	−47		45	10.3	2.4
丙烯腈	$CH_2{=\!=}CHCN$	77	0~25	480	17	3
苯乙烯	$C_6H_9CH{=\!=}CH_2$	145	32	490	6.1	1.1
乙炔	C_2H_2	−84（升华）		335	32	2.3
苯	C_6H_6	81.1	−15	580	7.1	1.4
乙苯	$C_6H_5C_2H_5$	36.2	15	420	3.9	0.9
乙醇	C_2H_5OH	78.8	11	423	20	3.01
异丙醇	$CH_3CHOHCH_3$	82.5	12	400	12	2
甲醇	CH_3OH	64.7	9.5	455		
丙酮	CH_3COCH_3	56.5	−17	500	13	
乙醚	$(C_2H_5)_2O$	34.6	−45	180	48	1
甲醛	CH_3CHO			185	56	4.1

① 控制易燃易爆物的用量。原则上是用多少领多少，不用的要存放在安全地方。

② 加强室内的通风。主要是控制易燃易爆物质在空气中的浓度，一般要小于或等于爆炸下限的 1/4。

③ 加强密闭。在使用和处理易燃易爆物质（气体、液体、粉尘）时，加强容器、设备、管道的密闭性，防止泄漏。

④ 充惰性气体。在爆炸性混合物中充惰性气体，可缩小以至消除爆炸范围和制止火焰的蔓延。

（2）消除点火源

① 管理好明火及高温表面，在有易燃易爆物质的场所，严禁明火（如电热板、开式电炉、电烘箱、马弗炉、煤气灯等）及使用白炽灯照明。

② 严禁在实验室内吸烟。

③ 避免摩擦和冲击，摩擦和冲击过程中产生过热甚至发生火花。

④ 严禁各类电气火花，包括高压电火花放电、弧光放电等。

（3）安装报警装置

在可能发生燃爆危险的场所设置可燃气体浓度检测报警仪器。通常将报警浓度设定在气体爆炸下限的 25%，一旦浓度超标，即可报警，以便采取紧急防范措施。

3. 消防措施

消防的基本方法有如下几种：①隔离法，将火源处或周围的可燃物撤离或隔开，由于燃烧区缺少可燃物，燃烧停止；②冷却法，降低燃烧物的燃点温度是灭火的主要手段，常用冷却剂是水和二氧化碳；③窒息法，冲淡空气使燃烧物质得不到足够的氧而熄灭，如用黄沙、石棉毯、湿麻袋、二氧化碳、惰性气体等。但爆炸物质起火不能用覆盖法，若用了覆盖法会阻止气体的扩散而增加了爆炸的破坏力。

（1）灭火剂的种类和选用

灭火时必须根据火灾的大小、燃烧物的类别及其环境情况选用合适的灭火器材，见表1-6。通常实验室发生火灾时按下述顺序选用灭火器材：二氧化碳灭火器、干粉灭火器、泡沫灭火器。

表1-6 实验室常用的灭火器材

灭火剂			一般火灾	可燃液体火灾	带电设备起火
液体	水	直射	√	×	×
		喷雾	√	√	√
	泡沫		√	√	×
气体	CO_2		√	√	√
固体	干粉（磷酸盐类等）		√	√	√

注：√表示适用，×禁用。

（2）灭火器材的使用方法

① 拿起软管，把喷嘴对着着火点，拔出保险销，用力压下并抓住杠杆压把，灭火剂即喷出。

② 用完后要排出剩余压力，有待重新装入灭火剂后备用。

4. 有毒物质的基本预防措施

实验室中多数化学药品都具有毒性，几种常用的有毒物质的最高允许浓度见表1-7。毒物侵入人体有三个途径：皮肤、消化道、呼吸道。因此只要依据毒物的危害程度的大小，采取相应的预防措施完全能防止对人体的危害。

（1）使用有毒物时要准备好或戴上防毒面具、橡皮手套，有时要穿防毒衣。

（2）实验室内严禁吃东西，离开实验室应洗手，如面部或身体被污染必须进行清洗。

（3）实验装置尽可能密闭，防止冲、溢、泡、冒事故发生。

（4）采用通风、排毒、隔离等安全防范措施。

（5）尽可能用无毒或低毒物质替代高毒物质。

表1-7 几种常用有毒物质的最高允许浓度（mg/m³）

物质名称	最高允许浓度/(mg/m^3)	物质名称	最高允许浓度/(mg/m^3)
一氧化碳	30	酚	5
氯	2	乙醇	1500
氨	30	甲醇	50
氯化氢及盐酸	150	苯乙烯	40
氰化氢及氢酸（HCN）	0.3	甲醛	5
硫酸及硫酐	10	四氯化碳	5
苯	500	溶剂汽油（C）	350
二甲苯	100	汞	0.1
丙酮	400	二硫化碳	10
乙醚	500		

5. 电器对人体的危害及防护

电器事故与一般事故的差异是往往没有某种预兆瞬间就发生，而造成的伤害较大甚至危及生命。电对人的伤害可分为内伤与外伤两种，可单独发生，也可同时发生。因此，掌握一定的电器安全知识是十分必要的。

（1）电伤危险因素

电流通过人体某一部分即为触电，是最直接的电器事故，常常是致命的。其伤害的大小与电流强度的大小、触电作用时间及人体的电阻等因素有关。实验室常用的电器是 $220\sim380V$、频率为 $50Hz$ 的交流电，人体的心脏每跳动一次约有 $0.1\sim0.2s$ 的间歇时间，此时对电流最为敏感，因此当电流经人体脊柱和心脏时其危害极大。电流量和电压大小对人体的影响见表 1-8 和表 1-9。

人体的电阻分为皮肤电阻（潮湿时约为 2000Ω，干燥时为 5000Ω）和体内电阻（$150\sim500\Omega$）。随着电压升高，人体电阻相应降低。触电时则因皮肤破裂而使人体电阻骤然降低，此时通过人体的电流即随之增大而危及人的生命。

表 1-8　电流量对人体的影响（$50\sim60Hz$ 交流电）

电流量	对人体的影响
1mA	略有感觉
5mA	相当痛苦
10mA	难以忍受的痛苦
20mA	肌肉收缩，无法自行脱离触电电源
50mA	呼吸困难，相当危险
100mA	几乎大多数致命

表 1-9　电压对人体影响

电压	接触时对人体的影响	备注
10V	全身在水中，跨步电压界限为 10V/m	
20V	为湿手的安全界限	
30V	为干手的安全界限	
45V	为生命没有危险的界限	
100～200V 以上	危险性极大，危及人的生命	
3000V	被带电体吸引	最小安全距离 15cm
10kV 以上	有被弹开而脱险的可能	最小安全距离 20cm

（2）防止触电注意事项

① 电器设备要有可靠接地线，一般要用三孔插座。

② 一般不带电操作。除非在特殊情况下需带电操作，必须穿上绝缘胶鞋及戴橡胶手套等防护用具。

③ 安装漏电保护装置。一般规定其动作电流不超过 $30mA$，切断电源时间应低于 $0.1s$。

④ 实验室内严禁随意拖拉电线。

⑤ 对使用高电压、大电流的实验，至少要由 $2\sim3$ 人以上进行操作。

6. 高压容器安全技术

高压容器一般可分成两大类：固定式及移动式。实验室常用的固定式压力容器有高压釜、直流管式反应器及压力缓冲器等。移动式压力容器主要是压缩气瓶及液化气瓶等，压力容器的等级分类见表 1-10。

表 1-10　压力容器压力等级分类

类别	工作压力 p/MPa
低压容器	$0.1 \leqslant p < 1.6$
中压容器	$1.6 \leqslant p < 10$
高压容器	$10 \leqslant p < 100$
超高压容器	$p \geqslant 100$

（1）高压气瓶

气瓶是实验室常用的一种移动式压力容器。一般由无缝碳素钢或合金钢制成，适用装介质压力在 15MPa 以下的气体或常温下与饱和蒸气压相平衡的液化气体。由于其流动性大，使用范围广，因此若不加以重视往往容易引发事故。

各类钢瓶按所充气体不同，涂有不同的标记以资识别，有关特征见表 1-11。

表 1-11　常用钢瓶的特征

气体名称	瓶身颜色	标字颜色	装瓶压力/MPa	状态	性质
氧气瓶	天蓝色	黑	15	气	助燃
氢气瓶	深绿色	红	15	气	可燃
氮气瓶	黑色	黄	15	气	不燃
氩气瓶	棕色	白	15	气	不燃
氨钢瓶	黄色	黑	3	液	不燃（高温可燃）
氯钢瓶	黄绿色	白	3	液	不燃（有毒）
二氧化碳瓶	银白色	黑	12.5	液	不燃
二氧化硫瓶	灰色	白	0.6	液	不燃（有毒）
乙炔钢瓶	白色	红	3	液	可燃

（2）高压钢瓶的安全使用

① 氧气瓶、可燃气体瓶应避免日晒，不准靠近热源，离配电源至少 5m，室内严禁明火。钢瓶直立放置并加固。

② 搬运钢瓶应套好防护帽，不得摔倒和撞击，防止撞断阀门引发事故。

③ 氢、氧减压阀由于结构不同，丝扣相反，不准改用。氧气瓶阀门及减压阀严禁黏附油脂。

④ 开启钢瓶时，操作者应侧对气体出口处，在减压阀与钢瓶接口处无漏情况下，应首先打开钢瓶阀，然后调节减压阀。关气应先关闭钢瓶阀，放尽减压阀中余气，再松开减压阀螺杆。

⑤ 钢瓶内气体（液体）不得用尽；低压液化气瓶余压在 0.3～0.5MPa 内，高压气瓶余

压在 0.5MPa 左右，防止其他气体倒灌。

⑥ 领用高压气瓶（尤为可燃、有毒的气体）应先通过感观和异味来检察是否泄漏，对有毒气体可用皂液（氧气瓶不可用此方法）及其他方法检查钢瓶是否泄漏，若有泄漏应拒绝领用。在使用中发生泄漏，应关紧钢瓶阀，注明漏点，并由专业人员处理。

7. 实验事故的应急处理

在实验操作过程中，由于多种原因可能发生危害事故，如火灾、烫伤、中毒、触电等。在紧急情况下必须在现场立即进行应急处理，减小损失，不允许擅自离开而造成更大的危害。

（1）发生火灾时应选用适当的消防器材及时灭火。当电器发生火灾时应立即切断电源，并进行灭火。在特殊情况下不能切断电源时，不能用水来灭火，以防二次事故发生，若火势较大，应立即报告消防队，并说明情况。

（2）由于设备漏、冲、冒等原因使可燃、可爆物质逸散在室内，不可随意切断电源（包括仪器设备上的电源开关），有时因通风设备没打开，一旦发生上述事故，就想加强通风而推上电源开关等，这是非常危险的。某些电器设备是非防爆型的，启动开关瞬间发生的微弱火花，将引发出一场原可避免的重大事故。应该打开门窗进行自然通风，切断相邻室内的火源，及时疏散人员，有条件可用惰性气体冲淡室内气体，同时立即报告消防队进行处理。

（3）中毒事故一般应急处理方法

凡是某种物质侵入人体而引起局部或整个机体发生障碍，即发生中毒事故时，应在现场进行一些必要处理，同时应尽快送医院或请医生来诊治。

① 急性呼吸系统中毒。立即将患者转移到空气新鲜的地方，解开衣服，放松身体。若呼吸能力减弱时，要马上进行人工呼吸。

② 口服中毒时，为降低胃中药品的浓度、延缓毒物侵害速度，可口服牛奶、淀粉糊、橘子汁等。也可用 3%～5% 小苏打溶液或 1:5000 高锰酸钾溶液洗胃，边喝边使之呕吐，可用手指、筷子等压舌根进行催吐。

③ 皮肤、眼、鼻、咽喉受毒物侵害时，应立即用大量水进行冲洗。尤其当眼睛发生毒物侵害时不要使用化学解毒剂以防造成重大的伤害。

（4）烫伤或烧伤现场急救措施有两个原则：①暴露创伤面，但要视实际情况而定，若覆盖物与创伤面紧贴或粘连时，不可随意拉脱覆盖物而造成更大的伤害；②冷却法，冷却水的温度在 10～15℃ 为合适，当不能用水直接进行洗涤冷却时，可用经水润湿的毛巾包上冰片，敷于烧伤面上，但要注意经常移动毛巾以防同一部位过冷，同时立即送医院治疗。

（5）发生触电事故的处理方法

① 迅速切断电源，如不能及时切断电源，应立即用绝缘的东西使触电者脱离电源。

② 将触电者移至适当地方，解开衣服，使全身舒展，并立即找医生进行处理。

③ 如触电者已处于休克状态等危急情况下，要立即实施人工呼吸及心脏按摩，直至救护医生到现场。

1.3.2　实验室环保知识

实验室排放废液、废气、废渣等即使数量不大，也要避免不经处理而直接排放到河流、下水道和大气中去，防止污染，以免危害自身或危及他人的健康。

（1）实验室一切药品及中间产品必须贴上标签，注明为某物质，防止误用及因情况不明处理不当而发生事故。

（2）绝对不允许用嘴去吸移液管液体以获取各种化学试剂和各种溶液，应该用洗耳球等方法吸取。

（3）处理有毒或带有刺激性的物质时，必须在通风橱内进行，防止这些物质逸散在室内。

（4）实验室的废液应根据其物质性质的不同而分别集中在废液桶内，贴明显的标签，便于废液的处理。

（5）在集中废液时要注意，有些废液是不可以混合的，如过氧化物和有机物、盐酸等挥发性酸与不挥发性酸、铵盐及挥发性胺与碱等。

（6）对接触过有毒物质的器皿、滤纸、容器等要分类收集后集中处理。

（7）一般的酸碱处理，必须在进行中和后用水大量稀释，才能排放到地下水槽。

（8）在处理废液、废物等时，一般都要戴上防护眼镜和橡皮手套。对具有刺激性、挥发性的废液进行处理时，要戴上防毒面具，在通风橱内进行。

第2章
化工热力学实验

实验1　二氧化碳 pVT 关系的测定及临界现象观测

【实验目的】

1.学习和掌握纯物质的 p-V-T 关系曲线测定方法和原理；测定纯物质的 pVT 数据，在 p-V 图上绘出纯物质等温线。

2.加深对纯流体热力学状态：汽化、冷凝、饱和态和超临界流体等基本概念的理解；观察纯物质临界现象：乳光现象、整体相变现象、气-液两相模糊不清现象。

3.掌握活塞式压力计的使用。

【实验原理】

纯物质的临界点表示气液二相平衡共存的最高温度（T_C）和最高压力点（p_C）。纯物质所处的温度高于 T_C，无论压力大小，都不存在液相；压力高于 p_C，无论温度高低，都不存在气相；同时高于 T_C 和 p_C，则为超临界区。

本实验测量 $T > T_C$、$T = T_C$、$T < T_C$ 三种温度条件下的等温线。当温度低于临界温度 T_C 时，该二氧化碳实际气体的等温线有气液相变的直线段（见图 2-1）。随着温度的升高，

相变过程的直线段逐渐缩短。当温度增加到临界温度时，饱和液体和饱和气体之间的界限已完全消失，呈现出模糊状态，称为临界状态。二氧化碳的临界压力 p_{cr} 为 7.52MPa，临界温度 T_{cr} 为 31.1℃。$T > T_C$ 时等温线为一光滑曲线。

纯流体处于平衡态时，其状态参数 p、V 和 T 存在以下关系：

$$F(p,V,T) = 0 \quad 或 \quad V = f(p,T)$$

由相律，纯流体在单相区的自由度为 2，当温度一定时，体积随压力而变化；在二相区，自由度为 1，温度一定时，压力一定，仅体积发生变化。本实验就是利用定温的方法测定 CO_2 的 p 和 V 之间的关系，获得 CO_2 的 p-V-T

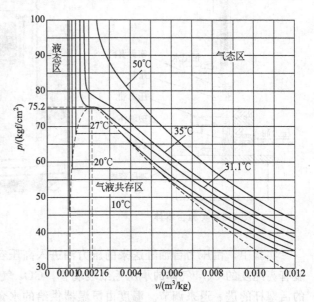

图 2-1　二氧化碳标准试验曲线

数据。

【实验装置】

整个实验装置由压力台、恒温器和实验台本体及其防护罩等三大部分组成（图 2-2～图 2-4）。

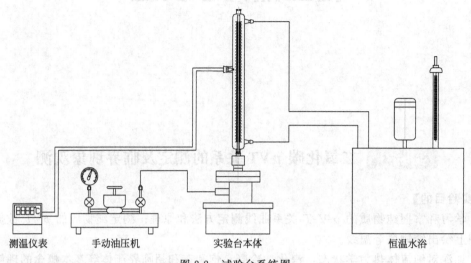

图 2-2　试验台系统图

测温仪表　　手动油压机　　实验台本体　　恒温水浴

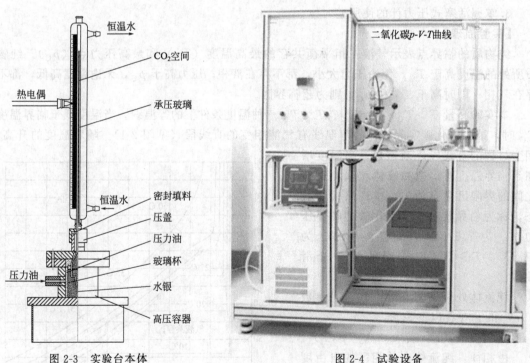

图 2-3　实验台本体

恒温水
CO₂空间
热电偶
承压玻璃
恒温水
密封填料
压盖
压力油
玻璃杯
压力油
水银
高压容器

图 2-4　试验设备

实验中，由压力台油缸送来的压力油进入高压容器和玻璃杯上半部，迫使水银进入预先装有高纯度的 CO_2 气体的承压毛细玻璃管，CO_2 气体被压缩，其压力和容积通过压力台上的活塞杆的进、退来调节。温度由恒温器供给的水套里的水温调节，水套的恒温水由恒温浴供给。

CO_2 的压力由装在压力台上的精密压力表读出（注意：绝对压力＝表压＋大气压），温度由插在恒温水套中的温度传感器读出，比容由 CO_2 柱的高度除以质面比常数计算得到。具体如下。

由于充入承压玻璃管内的 CO_2 质量不便于测定，而玻璃管内径或截面积也不易准确测量，因而实验中采用间接方法来确定比容：认为 CO_2 比容与其在承压玻璃管内的高度之间存在线性关系，二氧化碳液体比容的部分数据见表 2-1，测定该实验台 CO_2 在 25℃、7.8MPa 下的液柱高度，记为 Δh^*（m）。

$$已知\ T=25℃、\ p=7.8MPa\ 时，v=\frac{\Delta h^* A}{m}=0.00124\ (m^3/kg)$$

$$故\ \frac{m}{A}=\frac{\Delta h^*}{0.00124}=k\ (kg/m^2)$$

则任意温度、任意压力下，CO_2 的比容为

$$v=\frac{h-h_0}{m/A}=\frac{\Delta h}{k}\ (m^3/kg)$$

式中，$\Delta h=h-h_0$ 为任意温度、压力下二氧化碳柱的高度；h 为任意温度、压力下水银柱的高度；h_0 为承压玻璃管内径顶端刻度。

表 2-1　二氧化碳液体比容的部分数据　　　　　　　　　　单位：m^3/kg

压力/atm	温度/℃			
	0	10	20	30
40	0.001069	——	——	——
50	0.001059	0.001147	——	——
60	0.001050	0.001129	0.001276	——
80	0.001035	0.001101	0.001212	0.001407
100	0.001022	0.001086	0.001170	0.001290

【实验步骤】

1.启动装置总电源，开启实验台本体上灯。

2.恒温操作。调节恒温水浴水位至离盖 30～50mm，打开恒温水浴开关，按水浴操作说明进行温度调节至所需温度，观测实际水套温度，并调整水套温度至尽可能靠近所需实验温度（可近似认为承压玻璃管内的 CO_2 的温度处于水套的温度）。

3.加压前的准备。因为压力台的油缸容量比容器容量小，需要多次从油缸里抽油，再向主容器管充油，才能在压力表显示压力读数。压力台抽油、充油的操作过程非常重要，若操作失误，不但加不上压力，还会损坏试验设备。所以，务必认真掌握，其步骤如下。

① 关闭压力台至加压油管的阀门，开启压力台油杯上的进油阀。

② 摇退压力台上的活塞螺杆，直至螺杆全部退出。这时，压力台活塞腔体中抽满了油。

③ 先关闭油杯阀门，然后开启压力台和高压油管的连接阀门。

④ 摇进活塞螺杆，使本体充油。如此反复，直至压力表上有压力读数为止。

⑤ 再次检查油杯阀门是否关好，压力表及本体油路阀门是否开启。若均已调定后，即可进行实验。

4.测定承压玻璃管（毛细管）内 CO_2 的质面比常数 k 值。

① 恒温到 25℃，加压到 7.8MPa，此时比容 $v=0.00124$。

② 稳定后记录此时的水银柱高度 h 和毛细管柱顶端高度 h_0，根据公式换算质面比常数。

5. 测定低于临界温度 $t=20℃$ 时的等温线。

① 将恒温器调定在 $t=20℃$，并保持恒温。

② 逐渐增加压力，压力在 2.9MPa 左右（毛细管下部出现水银液面）开始读取相应水银柱上液面刻度，记录第一个数据点。

③ 根据标准曲线结合实际观察毛细管内物质状态，若处于单相区，则按压力 0.3MPa 左右提高压力；当观测到毛细管内出现液柱，则按每提高液柱 5~10mm，记录一次数据；达到稳定时，读取相应水银柱上液面刻度。注意加压时，应足够缓慢地摇进活塞杆，以保证定温条件。

④ 再次处于单相区时，逐次提高压力，按压力间隔 0.3MPa 左右升压，直到压力达到 9.0MPa 左右为止，在操作过程中记录相关压力和刻度。

6. 测定临界等温线和临界参数，并观察临界现象。

① 将恒温水浴调至 31.1℃，按上述方法和步骤测出临界等温线，注意在曲线的拐点（7.5~7.8MPa）附近，应缓慢调节压力（调节间隔可在 5mm 刻度），较准确地确定临界压力和临界比容，较准确地描绘出临界等温线上的拐点。

② 观察临界现象。

a. 临界乳光现象

将水温加热到临界温度（31.1℃）并保持温度不变，摇进压力台上的活塞螺杆使压力上升至 7.8MPa 附近，然后摇退活塞螺杆（注意勿使实验台本体晃动）降压，在此瞬间玻璃管内将出现圆锥状的乳白色的闪光现象，这就是临界乳光现象。这是由二氧化碳分子受重力场作用沿高度分布不均和光的散射所造成的，可以反复几次，来观察这一现象。

b. 整体相变现象

由于在临界点时，汽化潜热等于零，饱和蒸气线和饱和液相线接近合于一点。这时气液的相互转变不是像临界温度以下时那样逐渐积累，需要一定的时间，表现为渐变过程；而这时当压力稍有变化时，气液以突变的形式相互转化。

c. 气液两相模糊不清的现象

处于临界点的 CO_2 具有共同参数 (p, v, t)，因而不能区别此时 CO_2 是气态还是液态。如果说它是气体，那么，这个气体是接近液态的气体；如果说它是液体，那么，这个液体又是接近气态的液体。处于临界温度附近，如果按等温线过程，使 CO_2 压缩或膨胀，则管内是什么也看不到的。现在，按绝热过程来进行。先调节压力等于 7.4MPa（临界压力）附近，突然降压（由于压力很快下降，毛细管内的 CO_2 未能与外界进行充分的热交换，其温度下降），CO_2 状态点不是沿等温线，而是沿绝热线降到二相区，管内 CO_2 出现明显的液面。这就是说，如果这时管内的 CO_2 是气体的话，那么，这种气体离液相区很接近，是接近液态的气体；当膨胀之后，突然压缩 CO_2 时，这个液面又立即消失了。这就告诉我们，这时 CO_2 液体离气相区也很接近，是接近气态的液体。此时 CO_2 既接近气态，又接近液态，所以只能是处于临界点附近。临界状态的流体是一种气液分不清的流体。这就是临界点附近气液模糊不清的现象。

7. 测定高于临界温度（$t=50℃$）时的等温线。

将恒温水浴调至 50℃，按上述方法和步骤测出临界等温线。

【注意事项】

1. 实验压力不能超过 9.8MPa。

2. 应缓慢摇进活塞螺杆，待温度平衡后再读数（读取示数时，要保证视线与液面高度水平），以保证恒温条件。

3. 一般，按压力间隔 0.3MPa 左右升压。但在将要出现液相，存在气液二相和气相将完全消失以及接近临界点的情况下，升压间隔要很小，升压速度要缓慢。严格讲，温度一定时，在气液二相同时存在的情况下，压力应保持不变。

4. 压力表的读数是表压，数据处理时应按绝对压力（绝对压力＝表压＋大气压）。

5. 准确测出 25℃，7.8MPa 时 CO_2 液柱高度 Δh_0。准确测出 25℃下出现第 1 个小液滴时的压力和体积（高度）及最后一个小气泡将消失时的压力和体积（高度）。

【实验数据记录与处理】

1. 质面比常数 k 值计算。

温度/℃	压力/atm	Δh^*/mm	CO_2 比容/(m³/kg)	k/(kg/m³)

由此，则可以求出任意温度、压力下的二氧化碳比容 $v=\Delta h/k$。

2. 记录不同温度下的 p-h 关系。

温度	10℃		20℃		31.1℃		50℃	
编号	水银高/mm	压力/MPa	水银高/mm	压力/MPa	水银高/mm	压力/MPa	水银高/mm	压力/MPa
1								
2								
3								
4								
…								

3. 对记录数据进行处理并列入表格。

温度	10℃		20℃		31.1℃		50℃	
编号	比容	绝对压力/MPa	比容	绝对压力/MPa	比容	绝对压力/MPa	比容	绝对压力/MPa
1								
2								
3								
4								
…								

4. 并根据结果做出 p-v 曲线，对比标准曲线分析其中的异同点。

【实验结果、讨论和思考题】

1. 实验结果

绘出实验数据处理结果，并进行说明。

2. 讨论

① 试分析实验误差和引起误差的原因。

② 指出实验操作应注意的问题。

3. 思考题

① 质面比常数 k 值对实验结果有何影响？为什么？

② 为什么当测量 20℃下的等温线时，出现第一小液滴的压力和最后一个小气泡将消失时的压力应相等（试用相律分析进行分析）？

③ 快速摇进活塞螺杆到一定压力，压力表示数会升高还是降低？快速摇退活塞螺杆到一定压力，压力表示数会升高还是降低？为什么？

④ 绘制 10℃和 20℃下的等温线时，在两相区内应该是一条水平线，但是实验结果往往偏离水平线，是右侧高还是左侧高，分析导致此结果的原因可能有哪些？

附录

1. 二氧化碳的物性数据

$T_C = 304.25K$；$p_C = 7.376MPa$；$V_C = 0.0942m^3/kmol$；$M = 44.01g/mol$。

$$\text{Antoine 方程：} \lg p^S = \frac{A - B}{T + C},$$

式中，p^S 的单位为 kPa；T 的单位为 K；A、B 和 C 为常数，在 273～304K 时，$A = 7.76331$，$B = 1566.08$，$C = 97.87$。

2. 二氧化碳的 p-v 曲线（图 2-5）

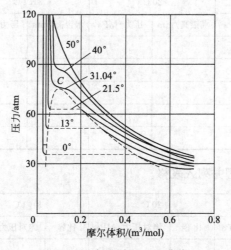

图 2-5　二氧化碳的 p-v 曲线

3. 实验实例

例：① 质面比常数 k 值计算：

温度/℃	压力/atm	Δh^*/mm	CO_2 比/(m³/kg)	k/(kg/m³)
25	78	36	0.00124	29.038

由此，则可以求出任意温度、压力下的二氧化碳比容 $v = \Delta h/k$。

② 记录不同温度下的 p-h 关系：

毛细管顶端刻度 $h_0 = 359mm$，质面比常数 $k = 28.2$。

温度	10℃		20℃		31.1℃		50℃	
编号	水银高/mm	压力/MPa	水银高/mm	压力/MPa	水银高/mm	压力/MPa	水银高/mm	压力/MPa
1	5	2.8						
...								

③ 对记录数据进行处理。

取第一组数据处理如下：

在 10℃，2.8MPa 压力下比容 $v_1 = \Delta h \div k \div 1000 = (359 - 5)/(1000 \times 28.2) = 0.01273$

将处理后的数据计入下面表格：

温度	10℃		20℃		31.1℃		50℃	
编号	比容	绝对压力/MPa	比容	绝对压力/MPa	比容	绝对压力/MPa	比容	绝对压力/MPa
1	0.0127	2.903						
...								

④ 并根据结果做出 v-p 曲线（图 2-6），对比标准曲线分析其中的异同点。

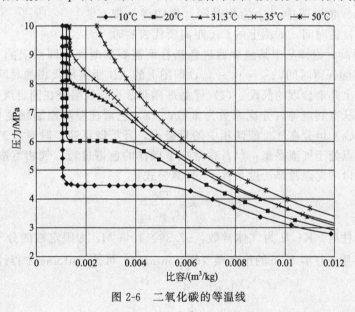

图 2-6　二氧化碳的等温线

实验 2　气相色谱法测定无限稀释溶液的活度系数

用经典方法测定气液平衡数据需消耗较多人力、物力。如果有无限稀释活度系数 γ^∞，则可确定活度系数关联式中的常数，进而推算出全组成范围内的活度系数。Littleweod 等于 1955 年提出用气相色谱（gas chromatography）测定 γ^∞，由溶质的保留时间测定值推算溶质在溶剂中的 γ^∞，进而可计算任意浓度的活度系数和无限稀释偏摩尔溶解热等溶液热力学数据。无限稀释溶液的活度系数 γ^∞ 测定已显示出它在热力学性质研究、气液平衡推算、萃取精馏溶剂评选等多方面的应用。气相色谱法具有高效、快捷、简便和样品用量少等特点。

【实验目的】

1. 掌握色谱法测无限稀释溶液的活度系数 γ^{∞} 的原理，初步掌握测定技能。
2. 熟悉气相色谱仪的构成、工作原理和正确使用方法。
3. 测定给出的两个组分的比保留体积及无限稀释下的活度系数，并计算其相对挥发度。

【实验原理】

色谱是一种物理化学分离和分析方法。一般涉及两个相：固定相和流动相，流动相相对固定相作连续相对运动。被分离样品各组分（溶质）与两相有不同的分子作用力（分子、离子间作用力），因各组分在流动相带动下的差速迁移和分布离散不同、在两个相间进行连续多次的分配的不同而最终实现分离。简而言之，气、液相色谱主要因固定液对样品中各组分的溶解能力差异而使其分离。

试样组分在柱内分离，随流动相洗出色谱柱，形成连续的色谱峰，在记录仪等速移动的记录纸上描绘出色谱图。它是柱流出物通过检测器产生的响应信号对时间（或流动相流出体积）的曲线图，反映组分在柱内运行情况，因载气（H_2 或 N_2、He）带动的样品组分量很少，在吸附等温线的线性范围内，流出曲线（色谱峰）呈对称状 Gaussian 分布。图 2-7 为单组分的色谱图，作为例子说明一些术语。色谱图中，t_0 为死时间，指随样品带入空气通过色谱柱的时间，即图上的 OA 距离所代表的时间。t_R 为保留时间，指样品中某组分通过色谱柱所需要的时间，即图上的 OB 距离所代表的时间。t'_R 为实际保留时间，$t'_R = t_R - t_0$，即图上的 AB 距离所代表的时间。

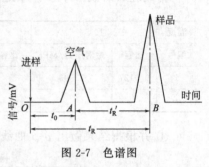

图 2-7 色谱图

对色谱可作出几个合理的假设：（1）样品进样非常小，各组分在固定液中可视为处于无限稀释状态，服从亨利定律，分配系数为常数；（2）色谱柱温度控制精度可达到 ±0.1℃，可视为等温柱；（3）组分在气、液两相中的量极小，且扩散迅速，时时处于瞬间平衡状态，可设全柱内任何点处于气液平衡；（4）在常压下操作的色谱过程，气相可按理想气体处理。由此，可推导出以下无限稀释活度系数 γ^{∞} 计算公式：

$$\gamma^{\infty} = \frac{TR}{M_L p^0 v_g} \tag{1}$$

式中，T 为柱温，K；R 为气体常数，62.36×10^3；M_L 为固定液的分子量，下标 L 指固定液；p^0 为溶质在柱温 T 下的饱和蒸气压，mmHg，可按 Antoine 方程计算

$$\ln p^0 = A - \frac{B}{T+C} \tag{2}$$

式中，A、B、C 为 Antoine 方程中的常数。

v_g 为溶质在柱中的比保留体积，mL/g，即单位质量固定液所显示的保留体积

$$v_g = \frac{V_g}{m_L} = \frac{t'_R \overline{F}}{m_L} = \frac{(t_R - t_0)\overline{F}}{m_L} \tag{3}$$

式中，m_L 为固定液的质量，g；V_g 为保留体积，mL；

在室温 T_0、大气压 p_0 时，用皂沫流量计测的载气流速 F_0[mL/min] 校正到柱温 T 时的平均载气流速 [mL/min] 为

$$\overline{F} = \frac{3}{2} \left[\frac{(p_b/p_0)^2 - 1}{(p_b/p_0)^3 - 1} \right] \left(\frac{p_0 - p_w}{p_0} \right) \left(\frac{T}{T_0} \right) F_0 \tag{4}$$

式中，p_w 为室温 T_0 下的水的饱和蒸气压；p_0 为气压计读数；T_0 为室温，K；p_b 为进色谱柱前压力。

组分 i 对 j 的相对挥发度

$$\alpha_{ij} = \frac{y_i/x_i}{y_j/x_j} = \frac{\gamma_i \phi_i^0 p_i^0 \hat{\phi}_i \cdot \exp\left[\dfrac{V_{iL}(p-p_i^0)}{RT}\right]}{\gamma_j \phi_j^0 p_j^0 \hat{\phi}_j \cdot \exp\left[\dfrac{V_{jL}(p-p_j^0)}{RT}\right]} \tag{5}$$

根据假设可简化为：$\alpha_{ij}^\infty = \dfrac{\gamma_i^\infty \cdot p_i^0}{\gamma_j^\infty \cdot p_j^0} = \dfrac{t'_{Rj}}{t'_{Ri}}$ $\qquad$ (6)

式中，y_i、y_j 是组分 i 和 j 的气相摩尔分数；x_i、x_j 是组分 i 和 j 的液相摩尔分数；γ_i、γ_j 是组分 i 和 j 的活度系数；ϕ_i^0、ϕ_j^0 是组分 i 和 j 在物系温度 T 和饱和蒸气压 p_i^0 和 p_j^0 下的逸度系数；V_{iL}、V_{jL} 是组分 i 和 j 的液相摩尔体积；$\hat{\phi}_i$、$\hat{\phi}_j$ 是气相中组分 i 和 j 的逸度系数。

【实验装置】

1. 装置流程

本实验用改装过的 SP-6800A 气相色谱仪，能补偿因温度变化和高温下固定液流失产生的噪音，数据采集和处理由色谱工作站进行。实验装置实物图见图 2-8，实验装置流程图见图 2-9。

图 2-8 实验装置图

色谱仪由以下几个部分组成：载气供输系统，指气源、载气压力、流速控制装置和显示仪表；进样系统，指汽化室、气体进样阀，通常分析用微量注射器将针头全部插入汽化室；气相色谱柱，有填充柱和毛细管柱两类，为色谱的核心；温控系统，有恒温柱箱、温度测量控制部分，为准确测温，常用水银温度计测柱温；检测系统，常用热导检测器（TCD）或氢火焰离子检测器（FID）；N2000 色谱数据工作站和计算机。

2. 实验仪器

SP-6800A 气相色谱仪，N2000 色谱数据工作站和计算机；U 形水银压力表；气压计；皂膜流量计；氢气钢瓶及减压阀；停表；精密温度计；净化器；微量进样器（5L）；红外灯；真空泵等。

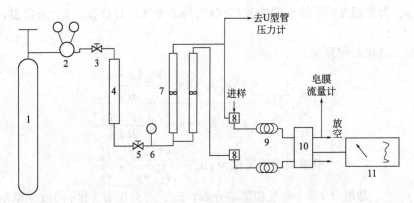

图 2-9　实验装置流程图

1—气瓶；2—减压阀；3—控制阀；4—净化器；5—稳压阀；6—压力表；
7—流量计；8—汽化器；9—色谱柱；10—检测器；11—色谱工作站

3.试剂

固定液：异十三烷（角沙烷，色谱纯），邻苯二甲酸二壬酯（色谱纯）。

载体：101、102 或其他；乙醚（色谱纯）。

氢气（99.9%以上）；变色硅胶；分子筛。

环己烷、正己烷、正庚烷、乙醇、丙酮、辛烷、异丙醇等分析纯试剂。

【实验步骤】

1.色谱柱制备和安装（此步骤可由教师预先准备）

① 根据色谱分离要求，取一段不锈钢盘管（长 1m 左右，内径 3～4mm），用稀酸稀碱液去除内壁可能有的油污，再用水冲洗、蒸馏水洗，最后可用乙醇洗几次，去液滴，放在烘箱干燥。

② 根据需要选择固定液的溶剂，要求溶剂和固定液间不反应、完全互溶、且沸点适当。选取加 60～80 目的载体，并烘干。

用精密天平称一定量（根据色谱柱容积）载体 m_S(g)，按固液比 4～5，准确称量固定液 m'_L(g)。取载体体积两倍的溶剂，先将固定液完全溶解于溶剂中，轻轻摇匀。再将载体倒入固定液-溶剂中，轻轻摇动（不能搅拌）。如溶剂沸点低，可静置过夜自然挥发或在通风橱中红外灯下缓缓蒸发至载体恢复很好的流动性。

$$固定液质量百分数 G = \frac{m'_L}{m'_L + m_S} \times 100\% \tag{7}$$

③ 装柱：用精密天平准确称量空柱管 m_1，将载体装入柱管，装满后再称量为 m_2，用一点玻璃棉将柱管两头堵住再称量得 m_3。

$$柱内的固定液质量 = m_2 - m_1 \tag{8}$$

$$玻璃棉质量 m_4 = m_3 - m_2 \tag{9}$$

④ 老化：将柱管一头与色谱仪螺纹连接，另一头通大气，以 N_2 作载气，在 20mL/min 的流速下，控制柱温接近溶剂沸点，老化 4h，以除去杂质，在载体表面形成一层牢固的膜。老化完毕拆下柱管称质量 m_5，则

$$固定液的实际涂渍量 = m_5 - m_4 - m_1 \tag{10}$$

⑤ 检漏：将色谱柱装好，打开氢气钢瓶总阀，再开减压阀达 2kg/cm²，打开色谱仪上稳压阀，通氢气，注意水银压差计液面，以防水银冲出！将尾气出口堵死，观察柱前流量计

转子是否快速下降至零点，如指示零位则气路不漏，如转子下降缓慢则气路有漏，应用洗洁精水检查各接头，看有无气泡冒出，只有全系统不漏气才能通电实验。氢气易燃易爆，尾气一定要通过橡皮管引导到室外。

2. 数据测定

（1）开启载气钢瓶，调节载气流量。

（2）开启色谱仪电源，调节控制汽化室温度（100～120℃），色谱柱室温度（80～100℃）和检测器温度（100～120℃）。

（3）待温度稳定后，打开热导池电流开关，调节桥流120～150mA。开启N2000色谱数据工作站和计算机，走基线，待基线稳定后可进样测定。

（4）用皂沫流量计和秒表测量载气流速，同时记录U形水银压力表读数、室温、大气压。

（5）用5μL微量注射器抽取样品0.2μL再吸入空气4μL一道进样。按色谱工作站-计算机系统图谱计时，测量空气峰和溶质峰的保留时间；每个样品重复进行2～3次测定，如重复性好，取其平均值，否则需重新测试。

（6）结束工作，先关电源。按上述步骤相反顺序关闭所有电源，并使所有旋钮回到初始位置。当柱温和检测器温度降到接近室温时关闭钢瓶总阀，当压力表显示为零时，关闭钢瓶减压阀和载气稳压阀。

【注意事项】

1. 在进行色谱实验时，必须严格按照操作规程，开机先通载气后开电源，关机先关电源再关载气。实验进行中一旦出现载气断绝，应立即关闭热导池电源开关，以免池内热导丝烧断。有漏气现象应关闭钢瓶总阀，关闭电源，找出原因。

2. 保持室内通风，尾气引出室外，严禁明火，不准吸烟。

3. 微量注射器是精密器件，价高易损坏，使用时轻轻缓拉针芯取样，不能拉出针筒外，用毕放回原处，注意标签不乱用。

【实验数据记录与处理】

实验数据按表2-2列出。

表2-2　保留时间测定实验数据表

日期＿＿＿　室温 20℃　大气压 102.09 kPa
色谱条件：汽化室温度 100℃，热导池温度 100℃，桥电流 100mA
固定液名称：邻苯二甲酸二壬酯，质量 0.6853g，分子量 390.56
室温下水的饱和蒸气压 p_w 17.55mmHg

| 项目 | 柱温 $T/℃$ | 水银差压计压差 /mmHg | 柱前压力绝对压力 /mmHg | 载气流速 F_0 /(mL/min) | 保留时间/min | | | | | 备注 |
					空气	正己烷	正庚烷	苯	环己烷	
1	90			55.56	0.105	0.489	0.950			
2	90			55.56	0.108	0.498	0.909			
3	90			55.56	0.106	0.493	0.929			
4										
5										
平均										

根据表2-2的结果计算出各样品的柱温下蒸气压，比保留体积 v_g、α、γ^∞，并给出计算

实例。结果列于表 2-3。

表 2-3　无限稀释活度系数和相对挥发度

序号	溶质	分子式	沸点/℃	Antoine 常数 A	Antoine 常数 B	Antoine 常数 C	柱温下蒸气压/mmHg	比保留体积 v_g	γ^∞	相对挥发度 α
1	正己烷	C_6H_{14}	68.7	15.8366	2697.55	−48.78	1845.17	35.99	0.8972	2.095
2	正庚烷	C_7H_{16}	98.4	15.8737	2911.32	−56.51	795.77	79.88	0.9373	0.477
3	苯	C_6H_6	80.0	15.9008	2788.5	−52.36				
4	环己烷	C_6H_{12}	78.0	15.7527	2766.63	−50.50				

某次实验关于正己烷和正庚烷的保留时间测定结果列于表 2-2，柱温下蒸气压、比保留体积 v_g、α 和 γ^∞ 在表 2-3 中给出。

【实验结果、讨论和思考题】

1.给出主要实验结果，并进行分析讨论。

2.思考题

(1)无限稀释活度系数的定义是什么？测定这个参数有什么用处？

(2)气相色谱的基本原理是什么？色谱仪由哪几个基本部分组成？各起什么作用？

(3)测 γ^∞ 的计算推导做了哪些合理的假设？

(4)影响测定准确度的因素有哪些？

实验 3　二元体系超额摩尔体积的测定

【实验目的】

1.用倾斜式稀释膨胀仪测定某温度（20～25℃）下，丙酮-环己烷二元溶液的超额摩尔体积。

2.初步掌握测定 V_M^E 的实验原理和方法，用所得实验数据绘制 X-V_M^E 曲线，加深对超额性质的理解。

【实验原理】

由热力学原理得知，理想溶液的摩尔体积 V_M^{id} 为：

$$V_M^{id} = \sum X_i V_i \qquad (1)$$

式中，X_i 为组分 i 的摩尔分数；V_i 为纯组分 i 的摩尔体积。

然而，对于真实溶液的摩尔体积 V_M，不再具有这种简单的线性组合关系，故不能从纯组分的热力学性质来算溶液的热力学性质，需要加校正项，可写为：

$$V_M = \sum X_i Y_i + V_M^E \qquad (2)$$

显然，上式中矫正项目 V_M^E 表示真实溶液摩尔体积超过理想溶液摩尔体积的量，故通常把 V_M^E 称作超摩尔体积。由纯液体组分形成 1mol 真实溶液时，混合过程中摩尔体积变化 V_M^E 和其他热力学性质一样，也是温度、压力和组成的函数。

本实验采用倾斜式稀释膨胀仪（图 2-10），通过对 A 室中

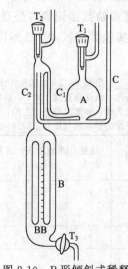

图 2-10　B 形倾斜式稀释膨胀仪示意图
A—混合室；T_1，T_2—PTFE 针形阀；T_3—玻璃活塞；C，C_1，C_2—毛细管；B—刻度量管；BB—水银计量球

的被稀释液逐次稀释时毛细管 C 中水银高度的变化，测量计算值。

【实验装置】

1. 主要仪器有如图 2-10 所示的 B 形倾斜式稀释膨胀仪（仪器常数见表 2-4）、有机玻璃仪器固定框架、玻璃缸恒温水浴、温调仪、电动搅拌机、1/10 分度的精密水银温度计、铁支架、水银加料器以及大小注射器等。

表 2-4　实验用稀释膨胀仪仪器常数

稀释仪编号	V_{BB}/cm^3	d_C/cm	d_{C1}/cm	d_{C2}/cm
01	7.68	0.163	0.163	0.163
02	7.04	0.163	0.163	0.163
03	7.99	0.154	0.160	0.160
04	6.81	0.158	0.160	0.160

备注：BB 球在制作时有形变，所以测量时 V_{BB} 体积要校正到 $V_{BB} = 0.5~cm^3$ 处，即每次 V_{BB} 的读数都要相应减去 $0.5cm^3$。

2. 实验所用的物料有丙酮、环己烷，其物性参数见表 2-5。

表 2-5　实验试剂物性参数

试剂	分子量	沸点 $t_b/℃$	密度/ρ (g/cm^3)，25℃
丙酮	58.08	56.13	0.7886
环己烷	84.16	80.80	0.7739

【实验步骤】

1. 打开恒温水浴（加去离子水）加热电源，将恒温仪的旋钮调到所设定的温度，待水浴内的精密温度计显示温度达到所需温度时，仔细调整温度仪旋钮，使之恒温在实验温度。

2. 将稀释膨胀仪固定到有机玻璃框架上，将水银加料器固定在铁支架上。用水银加料器将水银从 T_1 加到充满 A 球。为防止水银洒落，最好将此操作放在一只大塑料盒子中进行。

3. 小心拿住框架两侧，将仪器置于恒温箱水浴中，恒温数分钟，用皮试注射器补加水银至 T_1 阀旋紧时刚好与水银面相接。

4. 测量毛细管中水银面高度 $c = $ ＿＿＿＿＿mm，$c_1 = $ ＿＿＿＿＿mm，$c_2 = $ ＿＿＿＿＿mm。

5. 用稀释液注射器，将稀释液从 T_2 加入至充满 BB 球。

6. 提起仪器框架，沿逆时针倾倒，使 A 室中水银通过毛细管 C_2 转入 BB 球至充满 BB 球或略高于零刻度，将框架放回水浴。

7. 用稀释液注射器和被稀释液注射器分别将稀释液和被稀释液通过 T_2、T_1 加入，液体满至近 T_2、T_1 的支管处。此时毛细管 C_1、C_2 中如有气柱，可用洗耳球轻轻地从 T_1 处压水银，赶出气泡。

8. 恒温数分钟，观察毛细管 C 中水银高度不变后，将 T_1、T_2 阀分别慢慢旋紧，要确保阀下无气泡，同时 C 管中水银高度不明显上升，若发现阀下有气泡或 C 管中水银高度上升超过 1mm 时，可将 T_1、T_2 阀旋松，将气泡挤出，同时不使液体受压。旋紧并用洗耳球试漏。

9. 测量 B 管中水银体积 $V'_{BB} = $ ＿＿＿＿＿mm，毛细管中水银高度 $c' = $ ＿＿＿＿＿mm，$c'_1 = $ ＿＿＿＿＿mm，$c'_2 = $ ＿＿＿＿＿mm，装料完毕。

10. 稀释开始，将框架提起来，逆时针倾斜，让 A 室中的水银从毛细管 C_2 中转入 B 管，与此同时 B 管中必有等体积的稀释液进入 A 室（每次转入量由以往的实验点分布而定，一般为 1~1.5cm）。用手摇动框架，使 A 室中液体充分融合。将仪器放回水浴，恒温至 C 管中水银高度不再升高。分别测量 B 管中水银体积 V_B、毛细管中水银高度 c、c_1、c_2。

　　11. 重复步骤 10，六至八次。

　　12. 实验完毕，将搅拌马达转速拨回到零，切断电源。将框架取出水浴，放在试验台上，旋松 T_1、T_2 阀，将膨胀仪 B 管中水银从 T_3 放入水银加料器内。若有少量稀释液同时放入加料器中（加料器中水银要定时洗涤清洗）。等加料器中有机液体积得较多时可用注射器抽出装入残液回收瓶。A 室中的混合液用注射器吸去，此时可在 A 室重加水银，这样可用水银将残液挤入 T_1 内，便于用注射器抽去，最后水银面上的少量残液可用滤纸吸干。完成步骤 12，则下次实验时可省去步骤 2 和 5。

【注意事项】

1. 加料尽量避免汞洒落。

2. 保证加料时，仪器内部没有气泡，保证密封。

【实验数据记录与处理】

稀释过程实验数据记录于表 2-6。

室温_____℃，恒温浴温度_____℃，物系_____，稀释仪编号_____。

表 2-6　稀释过程实验数据记录

序号	c /mm	c_1 /mm	c_2 /mm	V_B /
1				
2				
3				
4				
5				
6				
7				
8				
9				
10				

1. 计算公式

$$n_1 = \left[V_{BB} + V'_{BB} + (c'_2 - c^0_2)a_2 + (c'_1 - c^0_1)a_1 + (c' - c^0)a \right] \frac{\rho_1}{M_1} \tag{3}$$

$$n_2 = \left[(V_B - V'_{BB}) + (c'_2 - c^0_2)a_2 + (c'_1 - c^0_1)a_1 \right] \frac{\rho_2}{M_2} \tag{4}$$

$$V^E_M = (c - c')a/(n_1 + n_2) \tag{5}$$

　　式中，a_2、a_1、a 分别为毛细管 C_1、C_2 和 C 的截面积；ρ_1、ρ_2 分别为被稀释液和稀释液的密度；M_1、M_2 分别为被稀释液和稀释液的分子量；n_1 为被稀释液的物质的量；n_2 为稀释液的物质的量。

　　2. 计算 X、V^E_M 值。

　　3. 在毫米方格纸上绘制 X-V^E_M 实验曲线，并与文献值加以比较。

4. 采用 $V_M^E = X(1-X)[A_0 + A_1(1-2X) + A_2(1-2X)^2]$ 方程式，用非线性最小二乘法拟合方程参数 A_0、A_1、A_2。

【实验结果、讨论和思考题】

1. 试论研究溶液超额体积的重要意义，举例说明。

2. 简述 T、p 与 V_M^E 的关系。

3. 实验数据误差分析。

实验 4 蒸汽压缩制冷循环

【实验目的】

1. 了解压缩机性能测定的原理及方法。

2. 了解压缩式制冷的循环流程及各组成设备，加深对制冷循环的感性认识。

3. 掌握制冷参数的测定，进行制冷循环的热力计算。

4. 熟悉提高制冷系数可采用的方法，理解与认识回热循环。

5. 比较单级压缩制冷机在实际循环中有回热与无回热性能上的差异。

6. 加深对节流及各循环的状态变化的认识。

【实验原理】

蒸汽压缩制冷循环是采用低沸点物质作为制冷剂，通过制冷剂在等温等压下液化与汽化的相变过程来实现等温、等压的放热或吸热过程。

制冷机由压缩机、冷凝器、节流阀和蒸发器组成，制冷循环由下列四个基本过程组成。

a. 压缩过程，制冷剂经过压缩机压缩由低温低压的饱和蒸汽或过热蒸汽变成高温高压的过热蒸汽。

b. 冷凝冷却过程，压缩后蒸汽在冷凝器中准等压冷却，冷凝成饱和液体，又进一步冷却成为过冷液体。

c. 节流膨胀过程，冷凝后的制冷剂经节流阀等焓膨胀，压力、温度同时降低，并有部分液体汽化。

d. 制冷剂蒸发产生冷量过程，两相状态的制冷剂在蒸发器中等温、等压汽化，吸收热量，直至完全变成干饱和蒸汽或饱和蒸汽，从而完成循环。

为了使膨胀前液态制冷剂的温度降得更低（即增加再冷度），以便进一步减少节流损失，同时又能保证压缩机吸入具有一定过热度的蒸汽，可以采用蒸汽回热循环。

电量热器法是间接测量压缩机制冷量的一种装置，它的基本原理是利用电加热器发出热量，电量热器装有蒸发器盘管、电加热器，本实验装置采用空气作为转换介质，利用湍流原理，进行热交换。试验时，接通电加热器，加热空气，通过贯流风扇扰动，使空气状态均匀，进而与蒸发器盘管进行热交换。而蒸发器盘管中的低压液态制冷剂被第二制冷剂蒸汽加热而汽化，返回制冷压缩机。实验仪在试验工况下达到稳定运行时，供给电加热器的电功率正好抵消制冷量，从而维持工况不变。

【实验装置】

制冷压缩机的制冷量的测试有几种方法，其中电量热器法是最精确的测量方法之一。电量热器法实验台的原理见图 2-11，实验装置见图 2-12。

整个实验装置由三部分组成：①电量热器；②制冷系统；③风冷系统。

本实验台相关参数：压缩机：1P，220V；冷凝器：7.4m²，换热量1.5P；回热器；节流

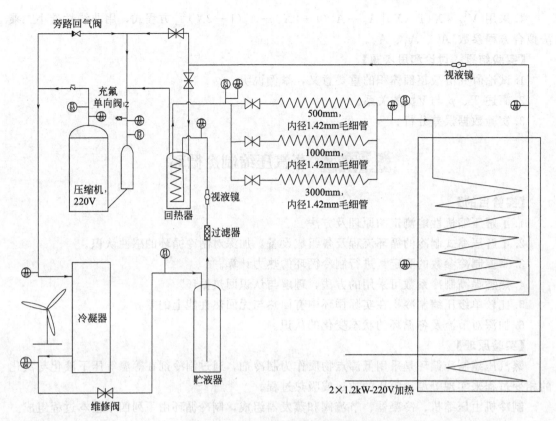

旁路回气阀

充氟
单向阀

压缩机,
220V

回热器

视液镜

过滤器

冷凝器

贮液器

维修阀

视液镜

500mm,
内径1.42mm毛细管

1000mm,
内径1.42mm毛细管

3000mm,
内径1.42mm毛细管

2×1.2kW-220V加热

图 2-11　实验装置示意图

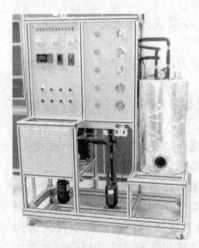

图 2-12　实验装置图

毛细管：0.5m 一组、1m 一组、3m 一组；量热器：2×1.2kW。

实验装置中各部件的作用：

1.压缩机：压缩机是整个制冷系统的心脏，其作用是消耗电能来提高制冷剂的压力和温度。

2.冷凝器：主要作用是把气态制冷剂 F22 变为液态制冷剂 F22，放出热量。

3.贮液罐：稳定整个系统的流动，及时补充或储存系统中的制冷剂，保证在变工况下流出的是液体制冷剂 F22。

4.干燥过滤器：去除系统中的杂质及水分，防止冰堵及脏堵。

5.视镜：通过视镜可以观察制冷剂的状态，判断制冷剂充注量是否合适。同时检查制冷剂是否在规定的范围内。

6.毛细管：毛细管是制冷设备的关键部件。其作用是节流，使常温高压的液态制冷剂变为低温低压的气液两态的制冷剂，从而使工质的温度低于常温，使工质具有制冷能力；本实验装置采用三组工况毛细管，根据毛细管出口压力调节实际制冷工况，分别为 0.5m、1m、3m 三组毛细管，可进行单独使用或并联使用，达到调节不同制冷工况的目的。

7.回热器：起到热交换的作用，可使节流阀前液体过冷，提高热效率；使入口气体过热，防止液击，保护压缩机。

8. 量热器：量热器内装有盘管、电加热管，其中电加热一组可调 0～1200W，一组固定 1200W，一组备用 1200W。

量热器是一个绝热容器，它四周用绝热材料包裹，可以看作与外界绝热（传热量很小）

【实验步骤】

1. 准备工作

（1）实验前准备

预习实验指导书，详细了解实验装置及各部分的作用，检查仪表的安装位置及熟悉各测试参数的作用；了解和掌握制冷系统的操作规程；熟悉制冷工况的调节方法。

（2）在熟悉了实验系统，明确了实验内容和操作步骤以及注意事项，掌握了实验设备和仪表的使用方法之后，依次逐步进行实验。

（3）检查制冷系统各部分有无异常，如有异常，则应首先处理好。包括高低压控制器的具体数值，建议高压控制器控制出口压力不高于 1.6MPa 压力，入口压力不低于 0.1MPa，以保护压缩机。

2. 有回热操作

（1）启动电源，启动控制电源，观察各温度、电压、电流显示是否正常，如果正常，则可进行实验。

（2）使用设备，实验前，先启动压缩机预热 40min（此步骤一般由使用教师提前完成），然后关闭压缩机预热，开始实验，打开有回热阀门。

（3）打开中温工况阀，启动冷凝器风扇和量热器风扇（如果长期未进行使用，此时应注意维修阀和贮液罐出口阀是否已打开），然后，启动压缩机。

（4）在压缩机使用过程中应注意压缩机运行工况的变化过程，掌握制冷剂的流动状态，并通过视镜观察是否与理论相符合；正常运行过程中，当发现压缩机出现出口温度过高（高于 100℃）或压力过大（高于 1.6MPa）和压缩机入口温度过低（低于 −20℃）或压力过小（低于 0MPa）时，应及时关闭压缩机，防止压缩机损坏。

（5）运行一段时间后，观察到量热器内温度约为 15℃ 时，启动量热器可调加热，设定加热功率分别为 600W、900W、1200W，在每个功率运行稳定约 5min 后，记录相关实验数据，包括压缩机电压、电流；压缩机出、入口压力；节流阀前、后压力；以及相关点的温度；说明：稳定运行时量热器 2min 内温度波动不大于 1℃。

（6）根据实验数据，查询相关实验点的焓值，并记录到数据处理表格，画出相关压焓图，并根据压焓图进行数据处理。

（7）低温工况实验：打开低温工况阀，重复步骤（4）～（6）【重复步骤（6）时，此工况下功率调节为 500W、700W、900W】，并观察压缩机运行工况以及相关点的温度状况，分析对比相关现象，并解释相关原因。

（8）冷冻工况实验：打开冷冻工况阀，重复步骤（4）～（6）【重复步骤（6）时，此工况下功率调节为 300W、500W、700W】，并观察压缩机运行工况以及相关点的温度状况，分析对比相关现象，并解释相关原因。

3. 无回热操作

（1）打开无回热阀门，关闭有回热阀门。

（2）打开中温工况阀，启动冷凝器风扇和量热器风扇（如果长期未进行使用，此时应注意维修阀和贮液罐出口阀是否已打开），然后，启动压缩机。

（3）在压缩机使用过程中应注意压缩机运行工况的变化过程，掌握制冷剂的流动状态，并通过视镜观察是否与理论相符合；正常运行过程中，当发现压缩机出现出口温度过高（高于100℃）或压力过大（高于1.6MPa）和压缩机入口温度过低（低于-20℃）或压力过小（低于0MPa）时，应及时关闭压缩机，防止压缩机损坏。

（4）运行一段时间后，观察到量热器内温度约为15℃时，启动量热器可调加热，设定加热功率分别为600W、900W、1200W，在每个功率运行稳定约5min后，记录相关实验数据，包括压缩机电压、电流；压缩机出、入口压力；节流阀前、后压力；以及相关点的温度；（说明：稳定运行时量热器2min内温度波动不大于1℃）。

（5）根据实验数据，查询相关实验点的焓值，并记录到数据处理表格，画出相关压焓图，根据压焓图进行数据处理；并与有回热操作进行相关数据对比，分析有、无回热操作的区别以及它们的优缺点。

4.实验结束

（1）逆序关闭实验装置。

（2）关闭压缩机和加热器，保持冷凝风扇运行大约5min后，断电。

【注意事项】

1.为了观察学习量热器的内部结构（即空调蒸发器），在量热器的下部装有观察玻璃视镜。特别注意：应在量热器内温度15℃左右的状态下，启动量热器加热，以便更快到达平衡。

2.压缩机启动前，先预热40min。

3.实验过程中，应保证中温工况、低温工况和冷冻工况三个阀门至少有一个是打开状态。切换工况时，应先打开欲实验的工况阀门，再关闭已完成的工况阀门，以免循环被切断，导致压力过高，管路崩裂；同理，切换有无回热状态亦如此。

4.高压控制器控制出口压力不高于1.6MPa，入口压力不低于0.1MPa，以保护压缩机。

5.压缩机出口温度不能高于100℃。

【实验数据记录和处理】

1.记录数据

（1）记录吸气压力、排气压力、冷凝压力、节流阀前压力、节流阀后压力、量热器内压力、压缩机吸排气温度、冷凝器出入口温度、膨胀阀前后温度、量热器出口温度、量热器温度、室内环境温度。

（2）测定量热器电流、量热器电压。

（3）测定压缩机输入电流 I_1、输入电压 U_1，计算输入功率。

（4）每间隔10min读取一次数据，并以连续四次读值的算术平均值作为计算依据。

2.制冷剂流量计算（第二制冷剂量热器法）

$$M_1 = \frac{W_1 + 10 + K_1(t_a - t_s)}{(h_{g_2} - h_{f_1})} \ (\text{kg/s}) \tag{1}$$

$$W_1 = U_1 I_1 \tag{2}$$

量热器贯流风扇产热功率记为10W。

式中，W_1 为供给电量热器的功率，W；K_1 为电量热器的漏热系数（4.00W/℃，此漏热系数为测定漏热系数，有兴趣的同学可对漏热系数测定进行了解，由于旋钮调节本身的局限性，本实验装置不建议进行漏热系数测定实验）；t_a 为环境温度，℃；t_s 为第二制冷剂饱和温度（根据其饱和压力查表），℃；h_{g_2} 为制冷剂在蒸发器出口的焓值，kJ/kg；h_{f_1} 为节流阀前液体制冷剂的焓值，kJ/kg。

3.制冷量计算

$$Q_{01} = M_1 (h_{g_1} - h_{f_1}) \frac{v_1}{v_{g_1}} (\text{W}) \tag{3}$$

式中，M_1 为制冷剂质量流量，kg/s；h_{g_1} 为制冷剂在压缩机进口处的焓值，kJ/kg；h_{f_1} 为节流阀前液态制冷剂的焓值，kJ/kg；v_1 为实际进气状态的制冷剂蒸汽比容，m³/kg；v_{g_1} 为标准工况的制冷剂蒸汽比容，m³/kg。

4.压缩机压比、制冷循环压比计算

$$\alpha_1 = \frac{p_2}{p_1} \qquad \alpha_2 = \frac{p_3}{p_4} \tag{4}$$

式中，p_1 为压缩机入口压力；p_2 为压缩机出口压力；p_3 为节流毛细管前压力；p_4 为节流毛细管后压力。

5.压缩机的输入功率测定

$$N_{Ys} = IU \, (\text{W}) \tag{5}$$

式中，I 为输入电流，A；U 为输入电压，V。

6.制冷系数计算

$$\varepsilon = \frac{W_1}{N_{YS}} \tag{6}$$

7.性能系数 COP 的计算

此指标考虑到驱动电机效率对耗能的影响，以单位电动机输入功率的制冷量大小进行评价，该指标多用于全封闭制冷压缩机。计算公式如下：

$$COP = \frac{Q_{01}}{N_{YS}} \tag{7}$$

式中，Q_{01} 为主测制冷量，kW；N_{YS} 为压缩机输入功率，kW。

根据所得的实验数据计算出其算术平均值，计算过程整理到实验指导书上，绘出无回热理论循环的压焓图，再根据实验数据绘出无回热与有回热实际循环的压焓图，并查出相应状态的焓值及吸气比容，计算出各性能指标（参数），填入相应数据表中，并作结果分析！

注：由于实验过程是实际循环，在无回热循环过程中，蒸发器出口及压缩机吸气状态点都不在饱和气线上，有过热；冷凝器出口不在饱和液线上，有过冷。冷凝器出口、蒸发器出口及压缩机吸气状态点一定要找准确。采用回热循环时，冷凝器出口状态点基本不变，但压缩机吸气状态点进一步过热。

【实验结果、讨论和思考题】

1.说明仪器各部位的温度情况。

2.压缩机出口温度和室温差异有多大？冷凝器出口温度和室温的差异有多大？为什么？

3.冷冻工况的节流毛细管的长度和中温工况的毛细管的长度哪个长？

4.流入回热器和流出回热器的各工质（2进，2出）的状态是什么？温差变化有多大？如何提高回热器的换热效果？

5.压缩机入口处有一个小储液罐，该罐的作用是什么？

附录

附1：为了便于比较不同活塞式制冷压缩机的工作性能，我国规定了四个温度工况（表

2-7)，其中标准工况和空调工况可用来比较压缩机的制冷能力，最大功率工况和最大压差工况则为设计和考核压缩机的机械强度、耐磨寿命、阀片的合理性和配用电机的最大功率的指标。

表 2-7　制冷压缩机的温度工况　　　　　　　　　　　　　　　单位：℃

工况	蒸气温度	吸气温度	冷凝温度	再冷温度
标准工况	−15	+15	+30	+25
空调工况	+5	+15	+40	+35
最大功率工况	+10	+15	+50	+50
最大压差工况	−30	±0	+50	+50

附 2：量热器热损失的标定

将量热器与制冷系统的阀门全关闭，接通电加热管电源，供给电能使第二制冷剂蒸发并升压，调节供电量，使第二制冷剂压力稳定于某值，该值所对应的第二制冷剂的饱和温度与环境温度之差不小于 15℃，此时维持供电量，其值波动应在 ±1% 之内，并使第二制冷剂压力相对应的饱和温度的波动不大于 ±0.5℃，读得电加热量 Q_d。

第二制冷剂量热器热损失系数由下式确定：

$$K_F = \frac{Q_d}{t_b - t_a} \tag{8}$$

式中，K_F 为第二制冷剂量热器热损失系数，W/℃；t_b 为第二制冷剂稳定压力所对应的饱和温度，℃；t_a 为环境温度，℃。

从而可利用 K_F 值，求得实验条件下第二制冷剂量热器的热损失；

$$\Delta Q_1 = K_F \times (t_b - t_a) \tag{9}$$

附 3：制冷剂物性参数（表 2-8）

表 2-8　饱和氟利昂 F22 物性表

温度 $t/℃$	绝对压力 p/MPa	密度 $\rho /$ (kg/m^3)		比容 $v /$ (m^3/kg)		比焓 $h/$ (kJ/kg)		比熵 $S/$ $[\text{kJ/(kg·℃)}]$		质量比热 $c_p/$ $[\text{kJ/(kg·℃)}]$	
		液体	气体	液体	气体	液体	气体	液体	气体	液体	气体
−100.0	0.00201	1571.3	8.2660			90.71	358.97	0.5050	2.0543	1.061	0.497
−90.00	0.00481	1544.9	3.6448			101.32	363.85	0.5646	1.9980	1.061	0.512
−80.00	0.01037	1518.2	1.7782			111.94	368.77	0.6210	1.9508	1.062	0.528
−70.00	0.02047	1491.2	0.94342			122.58	373.70	0.6747	1.9108	1.065	0.545
−60.00	0.03750	1463.7	0.53680			133.27	378.59	0.7260	1.8770	1.071	0.564
−50.00	0.06453	1435.6	0.32385			144.03	383.42	0.7752	1.8480	1.079	0.585
−48.00	0.07145	1429.9	0.29453			146.19	384.37	0.7849	1.8428	1.081	0.589
−46.00	0.07894	1424.2	0.26837			148.36	385.32	0.7944	1.8376	1.083	0.594
−44.00	0.08705	1418.4	0.24498			150.53	386.26	0.8039	1.8327	1.086	0.599
−42.00	0.09580	1412.6	0.22402			152.70	387.20	0.8134	1.8278	1.088	0.603
−40.81	0.10132	1409.2	0.21260			154.00	387.75	0.8189	1.8250	1.090	0.606
−40.00	0.10523	1406.8	0.20521			154.89	388.13	0.8227	1.8231	1.091	0.608
−38.00	0.11538	1401.0	0.18829			157.07	389.06	0.8320	1.8186	1.093	0.613
−36.00	0.12628	1395.1	0.17304			159.27	389.97	0.8413	1.8141	1.096	0.619
−34.00	0.13797	1389.1	0.15927			161.47	390.89	0.8505	1.8098	1.099	0.624

温度 t/℃	绝对压力 p/MPa	密度ρ/(kg/m³)		比容v/(m³/kg)		比焓h/(kJ/kg)		比熵S/[kJ/(kg·℃)]		质量比热c_p/[kJ/(kg·℃)]	
		液体	气体	液体	气体	液体	气体	液体	气体	液体	气体
−32.00	0.15050	1383.2		0.14682		163.67	391.79	0.8596	1.8056	1.102	0.629
−30.00	0.16389	1377.2		0.13553		165.88	392.69	0.8687	1.8015	1.105	0.635
−28.00	0.17819	1371.1		0.12528		168.10	393.58	0.8778	1.7975	1.108	0.641
−26.00	0.19344	1365.0		0.11597		170.33	394.47	0.8868	1.7937	1.112	0.646
−24.00	0.20968	1358.9		0.10749		172.56	395.34	0.8957	1.7899	1.115	0.653
−22.00	0.22696	1352.7		0.09975		174.80	396.21	0.9046	1.7862	1.119	0.659
−20.00	0.24531	1346.5		0.09268		177.04	397.06	0.9135	1.7826	1.123	0.665
−18.00	0.26479	1340.3		0.08621		179.30	397.91	0.9223	1.7791	1.127	0.672
−16.00	0.28543	1334.0		0.08029		181.56	398.75	0.9331	1.7757	1.131	0.678
−14.00	0.30728	1327.6		0.07485		183.83	399.57	0.9398	1.7723	1.135	0.685
−12.00	0.33038	1321.2		0.06986		186.11	400.39	0.9485	1.7690	1.139	0.692
−10.00	0.35479	1314.7		0.06527		188.40	401.20	0.9572	1.7658	1.144	0.699
−8.00	0.38054	1308.2		0.06103		190.70	401.99	0.9658	1.7627	1.149	0.707
−6.00	0.40769	1301.6		0.05713		193.01	402.77	0.9744	1.7596	1.154	0.715
−4.00	0.43628	1295.0		0.05352		195.33	403.55	0.9830	1.7566	1.159	0.722
−2.00	0.46626	1288.3		0.05019		197.66	404.30	0.9915	1.7536	1.164	0.731
0.00	0.49799	1281.5		0.04710		200.00	405.05	1.0000	1.7507	1.169	0.739
2.00	0.53120	1274.7		0.04424		202.35	405.78	1.0085	1.7478	1.175	0.748
4.00	0.56605	1267.8		0.04159		204.71	406.50	1.0169	1.7450	1.181	0.757
6.00	0.60259	1260.8		0.03913		207.09	407.20	1.0254	1.7422	1.187	0.766
8.00	0.64088	1253.8		0.03683		209.47	407.89	1.0338	1.7395	1.193	0.775
10.00	0.68095	1246.7		0.03470		211.87	408.56	1.0422	1.7368	1.199	0.785
12.00	0.72286	1239.5		0.03271		214.28	409.21	1.0505	1.7341	1.206	0.795
14.00	0.76668	1232.2		0.03086		216.70	409.85	1.0589	1.7315	1.213	0.806
16.00	0.81244	1224.9		0.02912		219.14	410.47	1.0672	1.7289	1.220	0.817
18.00	0.86020	1217.4		0.02750		221.59	411.07	1.0755	1.7263	1.228	0.828
20.00	0.91002	1209.9		0.02599		224.06	411.66	1.0838	1.7238	1.236	0.840
22.00	0.96195	1202.3		0.02457		226.54	412.22	1.0921	1.7212	1.244	0.853
24.00	1.0160	1194.6		0.02324		229.04	412.77	1.1004	1.7187	1.252	0.866
26.00	1.0724	1186.7		0.02199		231.55	413.29	1.1086	1.7162	1.261	0.879
28.00	1.1309	1178.8		0.02082		234.08	413.79	1.1169	1.7136	1.271	0.893
30.00	1.1919	1170.7		0.01972		236.62	414.26	1.1252	1.7111	1.281	0.908
32.00	1.2552	1162.6		0.01869		239.19	414.71	1.1334	1.7086	1.291	0.924
34.00	1.3210	1154.3		0.01771		241.77	415.14	1.1417	1.7061	1.302	0.940
36.00	1.3892	1145.8		0.01679		244.38	415.54	1.1499	1.7036	1.314	0.957
38.00	1.4601	1137.3		0.01593		247.00	415.91	1.1582	1.7010	1.326	0.967
40.00	1.5336	1128.5		0.01511		249.65	416.25	1.1665	1.6985	1.339	0.995
42.00	1.6098	1119.6		0.01433		252.32	416.55	1.1747	1.6959	1.353	1.015
44.00	1.6887	1110.6		0.01360		255.01	416.83	1.1830	1.6933	1.368	1.037
46.00	1.7704	1101.4		0.01291		257.73	417.07	1.1913	1.6906	1.384	1.061
48.00	1.8551	1091.9		0.01226		260.47	417.27	1.1997	1.6879	1.401	1.086
50.00	1.9427	1082.3		0.01163		263.25	417.44	1.2080	1.6852	1.419	1.113
52.00	2.0333	1072.4		0.01104		266.05	417.56	1.2164	1.6824	1.439	1.142
54.00	2.1270	1062.3		0.01048		268.89	417.63	1.2248	1.6795	1.461	1.173
56.00	2.2239	1052.0		0.00995		271.76	417.66	1.2333	1.6766	1.485	1.208

温度 $t/℃$	绝对压力 p/MPa	密度 $\rho/$ (kg/m^3)		比容 $v/$ (m^3/kg)	比焓 $h/$ (kJ/kg)		比熵 $S/$ $[kJ/(kg\cdot℃)]$		质量比热 $c_p/$ $[kJ/(kg\cdot℃)]$	
		液体	气体		液体	气体	液体	气体	液体	气体
58.00	2.3240	1041.3	0.00944		274.66	417.63	1.2418	1.6736	1.511	1.246
60.00	2.4275	1030.4	0.00896		277.61	417.55	1.2504	1.6705	1.539	1.287
65.00	2.7012	1001.4	0.00785		285.18	417.06	1.2722	1.6622	1.626	1.413
70.00	2.9974	969.7	0.00685		293.10	416.09	1.2945	1.6529	1.743	1.584
75.00	3.3177	934.4	0.00595		301.46	414.49	1.3177	1.6424	1.913	1.832
80.00	3.6638	893.7	0.00512		310.44	412.01	1.3423	1.6299	2.181	2.231
85.00	4.0378	844.8	0.00434		320.28	408.19	1.3690	1.6142	2.682	2.984
90.00	4.4423	780.1	0.00356		332.09	401.87	1.4001	1.5922	3.981	4.975
95.00	4.8824	662.9	0.00262		349.56	387.28	1.4462	1.5486	17.31	25.29
96.15c	4.9900	523.8	0.00191		366.90	366.90	1.4927	1.4927	∞	∞

附 4：F22 制冷剂压焓图

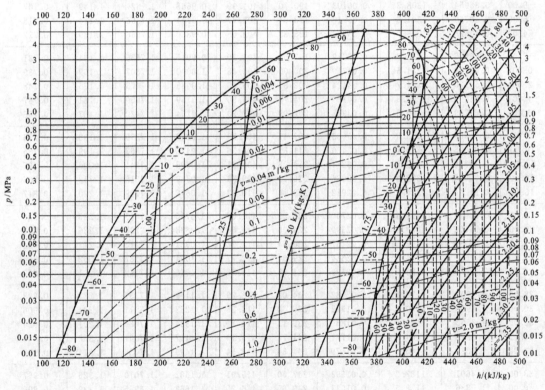

图 2-13　F22 制冷剂压焓图

实验 5　三元体系液液平衡数据测定

【实验目的】

1. 掌握浊点-物性联合法测定乙醇-环己烷-水三元物系的液液平衡双节点曲线和平衡曲线。

2. 熟悉用三角形表示三组分体系组成的方法，学习使用 Origin 绘制三元相图。

3.掌握平衡釜和阿贝折光仪的使用方法。

【实验原理】

液液平衡数据是液液萃取和非均相恒沸精馏过程设计计算及生产操作的重要依据。液液平衡数据的获得，目前主要依靠实验测定。三组分体系液液平衡线常用三元相图表示。

三元液液平衡数据的测定，有不同的方法。一种方法是配制一定的三元混合物，在恒定温度下搅拌，充分接触，以达到两相平衡。然后静止分层，分别取出两相溶液分析其组成，这种方法可直接测出平衡结线数据，但分析常有困难。另一种方法是先用浊点法测出三元物系的溶解度曲线，并确定溶解度曲线上的组成与某一物性（如折射率、密度等）的关系，然后再测定相同温度下平衡结线数据，这时只需根据已确定的曲线来决定各相的组成。

1.三角形相图

设等边三角形三个顶点分别代表纯物质 A、B 和 C ［图 2-14(a)］，AB、BC 和 CA 三条边分别代表（A＋B）、（B＋C）和（C＋A）三个二组分体系，而三角形内部各点相当于三组分体系。将三角形的每一边分成 100 等份，通过三角形内部任何一点 O 引平行于各边的直线 a、b 和 c，根据几何原理，$a+b+c=AB=BC=CA=100\%$，或 $a'+b'+c'=AB=BC=CA=100\%$，因此 O 点的组成可由 a'、b'、c' 表示，即 O 点所代表的三个组分的组成为，$B\%=b'$，$A\%=a'$，$C\%=c'$。如要确定 O 点的 B 组成，只需通过 O 点作出 B 的对边 AC 的平行线，交 AB 边于 D，AD 线段长度即相当于 B%。余可类推。如果已知三组分混合物的任何两个组成，只需作两条平行线，其交点就是被测体系的组成点。

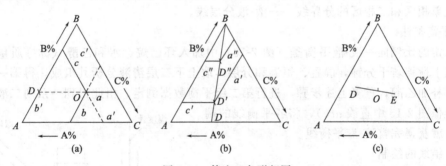

图 2-14　等边三角形相图

等边三角形相图还有以下两个特点。

（1）通过任一顶点 B 向其对边引直线 BD，则 BD 线上的各点所代表的组成中，A、C 两个组分含量的比值保持不变，这可由三角形相似原理得到证明. 即

$$a'/c'=a''/c''=\text{A 的含量}/\text{C 的含量}=\text{常数}\quad［图 2-14(b)］$$

（2）如果有两个三组分体系 D 和 E，将其混合后，其组成点必位于 D、E 两点之间的连线上，例如为 O，根据杠杆规则：

$$\text{E 的含量}/\text{D 的含量}=DO/EO\quad［图 2-14(c)］$$

2.环己烷-水-乙醇三组分体系液-液平衡相图测定方法

环己烷-水-乙醇三组分体系中，环己烷与水是不互溶的，而乙醇与水及乙醇与环己烷都是互溶的。向环己烷与水的混合物中加入乙醇可促使环己烷与水互溶。由于乙醇在环己烷层与水层中非等量分配，代表其在这两种溶质中的浓度的 a、b 点连线并不一定和底边平行（见图 2-15）。设加入乙醇后体系的总组成点为 c，平衡共存的二相叫共轭溶液，其组成由通过 c 的直线上的 a、b 两点表示。图 2-15 中曲线以下的部分为二相共存区，其余部分为单相（均相）区。

(1) 液-液分层线的绘制

① 浊点法

现有一环己烷与水二组分体系，即点 K（图 2-15），于其中逐渐加入乙醇，则体系总组成点沿 $K \rightarrow B$ 方向变化（环己烷与水的比例保持不变），当组成点在曲线以下的区域内，体系为互不混溶的两共轭相，振荡时则出现浑浊状态。继续滴加乙醇直到曲线上的 d 点，体系发生一突变，溶液由二相变为一相，外观由浑浊变清。准确读出溶液刚由浊变清时乙醇的加入量，d 点位置可准确确定，此点为液液平衡线上一个点。补加少量乙醇到 e 点，体系仍为单相。再向溶液中逐渐加入水，体系总组成点将沿 $e \rightarrow c$ 方向变化（环己烷与乙醇的比例保持不变），

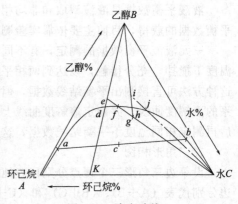

图 2-15　滴定路线

直到曲线上的 f 点，体系又发生一突变，溶液由单相变为二相，外观由清变浑浊。准确读出溶液刚由清变浊时乙醇的加入量，f 点位置可准确确定，此点为液液平衡线上又一个点。补加少量水到 g 点，体系仍为二相。向此体系再加入乙醇，可获得 h 点……如此反复进行。用上述方法可依次得到 d、f、h、j 等位于液-液平衡线上的点，将这些点及 A 和 B 二顶点（由于环己烷和水几乎不互溶）连接即得到一曲线，就是单相区和二相区的分界线——液-液分层线。

② 平衡釜法

按一定的比例向一液-液平衡釜（图 2-16）中加入环己烷、水和乙醇（称好质量）三组分，恒温下搅拌若干分钟，静置、恒温和分层。取上下二层清液分析其组成，得第一组平衡数据；再补加乙醇，重复上述步骤，进行第二组平衡数据测定，由此得到一系列二液相的平衡线（类似图 2-15 中直线 acb），将各平衡线的端点相连，就获得完整液-液平衡线。

(2) 结线的绘制

结线是连接平衡共存二液相组成点的直线，如图 2-15 中直线 acb。

① 浊点法

根据溶液的清浊变换和杠杆规则计算得到。此法误差较大。

② 平衡釜法

由 (1) ②中得到的直线 acb，就是平衡共存二液相组成点的连线——结线。

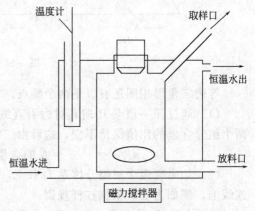

图 2-16　液-液平衡釜

【实验装置】

1.实验装置流程图

如图 2-17 和图 2-18 所示，恒温釜采用夹套加热保温，加热介质为恒温水，三元物系温度测量采用铂电阻温度传感器，数字显示，磁力搅拌。

2.实验仪器

50mL 恒温釜 2 个；磁力搅拌器 2 个；超级恒温槽 1 台；温度传感器 2 个；阿贝折光仪 1 台；电子天平 1 台；10mL 移液管 3 支；取样瓶 5 个；1mL 医用注射器 4 支。

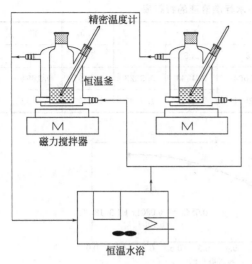

图 2-17 装置流程示意图 　　　　　　图 2-18 实验装置图

3.试剂

环己烷（分析纯）；无水乙醇（分析纯）；去离子水。

【实验步骤】

注意：实验准备步骤 1 是为分析组分浓度而做的准备，若是用气相色谱分析组分浓度，则无须测定标准曲线，直接进入步骤 2。

1.实验准备

（1）按照表 2-9 配制乙醇（1）-环己烷（2）标准溶液，并测量其在 30℃下的折射率，得到 x_1-n_D 标准曲线，见图 2-19。也可由教师在实验开始前准备完毕。

表 2-9　乙醇-环己烷标准溶液的折射率

乙醇体积/mL	1	4	3	2	1	0
环己烷体积/mL	0	1	2	3	4	1
乙醇质量分数	1	0.807321296	0.611083375	0.4111867	0.207528	0
折射率	1.3578	1.3675	1.3794	1.392	1.406	1.421

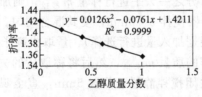

图 2-19　乙醇-环己烷标准溶液乙醇质量浓度标准曲线

将 x_1-n_D 数据关联回归，得到以下方程式：

$$y = 0.0126x^2 - 0.0761x + 1.4211 \qquad (1)$$

通过测定未知液折射率 y，再根据方程（1），便可计算出未知液中乙醇的质量分数。

（2）同理，按照表 2-10 配制乙醇-水体系，并测量其在 30℃下的折射率，得到 x_2-n_D 标准曲线，见图 2-20。也可由教师在实验开始前准备完毕。

表 2-10 乙醇-水标准溶液的折射率

乙醇体积/mL	4	3.5	3	2.5	2	1.5	1	0.5
水体积/mL	1	1.5	2	2.5	3	3.5	4	4.5
乙醇质量分数	0.7655	0.6556	0.5504	0.4493	0.3523	0.2591	0.1694	0.0831
折射率	1.3614	1.361	1.3591	1.3566	1.3537	1.3493	1.3432	1.3382

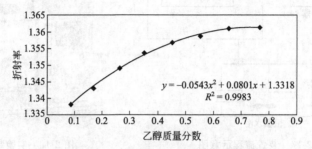

图 2-20 乙醇-水标准溶液乙醇质量浓度标准曲线

将 $x_2\text{-}n_D$ 数据关联回归，得到以下方程式：

$$y = -0.0543x^2 + 0.0801x + 1.3318 \tag{2}$$

通过测定未知液折射率 y，再根据方程（2），便可计算出未知液中乙醇的质量分数。

2.三相溶解度测定（浊点曲线绘制）

（1）打开超级恒温水槽加热开关，设定恒温水温度 30℃。

（2）将磁子放入清洁干燥的平衡釜中；用硅胶垫片密封下层取样口，将恒温水浴与平衡釜夹套连接好，用固定夹固定住平衡釜；通恒温水恒温。

（3）用量筒量取 10mL 环己烷，并采用万分之一电子天平准确称取包含量筒的质量 $m_{环1}$，然后将称取后的环己烷加入平衡釜（注：此处禁止用玻璃棒引流，且应尽量避免环己烷壁流现象）

（4）将加完原料后的量筒，再次放在万分之一天平进行称重 $m_{环2}$，则加入的环己烷质量为 $m_环 = m_{环1} - m_{环2}$。

（5）取另一只量筒/注射器（根据加入量进行选择），量取无水乙醇约 2mL，并采用万分之一电子天平准确称取包含量筒的质量 $m_{乙11}$，然后将称取后的无水乙醇加入平衡釜，将加完原料后的量筒，再次放在万分之一天平进行称重 $m_{乙12}$，则加入的无水乙醇质量为 $m_{乙1} = m_{乙11} - m_{乙12}$；打开磁力搅拌器搅拌 2～3min，使其混合均匀。

（6）取另一只注射器（根据加入量进行选择），量取去离子水约 1mL，并采用万分之一电子天平准确称取包含注射器的质量 $m_{水11}$，然后将称取后的去离子水缓慢滴入平衡釜，观察到溶液出现浑浊现象，应关闭搅拌静置，静置 5min，直至观察到溶液不再变清，再次将注射器放在万分之一天平进行称重 $m_{水12}$，则加入的去离子水质量为 $m_{水1} = m_{水11} - m_{水12}$，最后根据环己烷、乙醇、水的质量，算出浊点的组成。

注：加水时一定在接近浊点区，一定要缓慢加入，避免因加入过多导致溶液分层现象，此时必须重新开始实验。

（7）在原有乙醇基础上，按照步骤（5）增加无水乙醇至第二组所需的量，即加入约 5－2＝3mL，记录此时的质量 $m_{乙2}$，打开磁力搅拌，设置转速 300r/min，可以观察到溶液重新变澄清；然后按照步骤（6）增加去离子水至第二组所需的量，约 0.2mL，观察到溶液出现浑浊现象，应关闭搅拌静置，静置 5min，直至观察到溶液不再变清，记录此时的加入量 $m_{水2}$，最后根据环己烷、乙醇、水的质量，算出第二组浊点的组成。

（8）重复实验步骤（7），参照表 2-11 依次做出多组浊点曲线图。浊点配比质量记录表记于表 2-12。

表 2-11　浊点体积参照表

环己烷	无水乙醇	水
10	1.99621	0.090404
10	5.024304	0.300697
10	9.935946	0.750926
10	20.55102	2.308482
10	23.06908	2.790764
10	33.90244	5.231928
10	49.15749	9.925254
1	7.572247	2.072705
1	9.138669	2.90339
1	16.68186	7.148801
1	39.46972	28.75627

表 2-12　浊点配比质量记录表

试剂	1	2	3	4	5	6	7	8
环己烷								
乙醇								

3.平衡结线测定

（1）用针筒向釜内注入 3mL 水。缓缓搅拌 5min，停止搅拌，静置 15～20min，充分分层以后，用洁净的注射器分别小心抽取上层和下层样品，测定折射率，对于上层油相样品通过标准曲线查出乙醇的质量分数，再由环己烷-乙醇浓度曲线计算上层中环己烷的浓度；对于下层水相样品，由标准曲线查出乙醇质量分数，再计算出水的质量分数。

（2）用针筒向另一平衡釜内添加 6mL 水，重复步骤（1），测下一组数据。总共测 2 组数据。

备注：由于测量误差较大，步骤（1）、（2）都是在浊点基础上加一定体积的水。

结束实验，整理实验室。

【注意事项】

1.本实验采用阿贝折光仪对三元组分进行分析，结果均为估算，计算结果有一定误差，但能符合一定规律。若要进行精确分析和进一步科学研究，建议采用气相色谱分析。

2.实验前应保证平衡釜、注射器等所有仪器为干燥状态，并用相应试剂润洗过；加环己烷、水、乙醇的注射器不可混用。

3.滴定管要干燥而洁净，下活塞不能漏液。放水或乙醇时，滴速不可过慢，但也不能快到连续滴下。锥形瓶要干净，加料和振荡后内壁不能挂液珠。

4. 用水（或乙醇）滴定时如超过终点，可用乙醇（或水）回滴几滴恢复。记下各试剂实际用量。在作最后几点时（环己烷含量较少）终点逐渐变化，需滴至出现明显浑浊，才停止滴加。

5. 平衡釜搅拌速度应适当，要保持二液层上下完全混合。但也不能过分激烈，以免形成乳化液，引起分层困难。用微型注射器取样时，要用样品本身将微型注射器清洗数次。

【实验数据记录与处理】

1. 乙醇-环己烷-水三元体系液液平衡溶解度数据表

表 2-13　乙醇-环己烷-水三元体系液液平衡溶解度数据表

实验序号	环己烷	乙醇	水
1	0.82351	0.16692	0.00957
2	0.64565	0.3294	0.02495
3	0.47496	0.4792	0.04584
4	0.29555	0.61675	0.0877
5	0.27018	0.6329	0.09692
6	0.1955	0.67302	0.13147
7	0.1376	0.68685	0.17554
8	0.08808	0.67726	0.23466
9	0.07137	0.66229	0.26634
10	0.03686	0.62442	0.33872
11	0.01281	0.51356	0.47362
12	0.0008	0.4106	0.5886

（1）根据表 2-13 中数据，做出乙醇-环己烷-水三元体系溶解度光滑曲线如图 2-21 所示。

（2）根据表格中数据，分别作出油相中环己烷-乙醇浓度关系曲线（图 2-22）以及水相中水-乙醇浓度关系曲线（图 2-23）。

用阿贝折光仪分别测定分析出油相和水相中乙醇浓度，然后根据以下曲线以及拟合方程，分别计算出油相中环己烷浓度、水相中水的浓度，然后用减量法便可确定两相中第三组分的浓度。

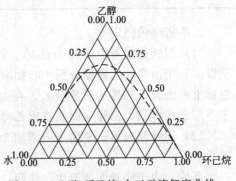

图 2-21　乙醇-环己烷-水三元溶解度曲线

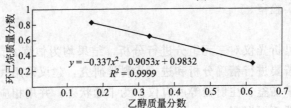

$y = -0.337x^2 - 0.9053x + 0.9832$
$R^2 = 0.9999$

图 2-22　油相中环己烷-乙醇浓度关系曲线

拟合得到方程

$$y = -0.337x^2 - 0.9053x + 0.9832 \qquad (3)$$

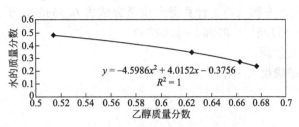

图 2-23　水相中水-乙醇浓度关系曲线

拟合得到以下方程

$$y = -45986x^2 + 4015^2x - 0.3756 \qquad (4)$$

2.三相溶解度测定

(1) 实验条件

表 2-14　实验条件

室温/℃	大气压/kPa	平衡釜温度/℃
20.2	101.59	30.2

(2) 溶解度测定记录

表 2-15　平衡釜 1 溶解度测定记录

	组分质量/g	组成/%
环己烷	15.695	0.6446
乙醇	8.0191	0.3294
水	0.6334	0.0260

表 2-16　平衡釜 2 溶解度测定记录

	组分质量/g	组成/%
环己烷	15.7233	0.6445
乙醇	8.0399	0.3295
水	0.6344	0.0260

3.平衡结线实验数据

表 2-17　三相平衡结线实验数据

相态	油层				水层			
编号	折射率	w 环己烷	w 乙醇	w 水	折射率	w 环己烷	w 乙醇	w 水
平衡釜 1	1.4195	0.891487	0.09775	0.010763	1.361	0.02859	0.61185	0.35956
平衡釜 2	1.4205	0.95113	0.03497	0.0139	1.3592	0.01208	0.51631	0.47161

以平衡釜 1 上层油相数据为例,计算过程如下。

上层样品折射率 1.4195 代入公式 (1),计算得到乙醇质量分数 0.09775,然后将

0.09775代入方程（2），计算得环己烷质量分数为0.891487，于是，上层样品中水的质量分数为1－0.09775－0.891487＝0.010763。下层样品折射率1.361，代入公式（3），得到乙醇质量分数0.61185，代入方程（4），计算得水质量分数为0.35956，于是，下层样品中环己烷的质量分数为1－0.61185－0.35956＝0.02859。

同理计算其他两组数据。

4.将浊点和平衡结线绘入三相图（图2-24）

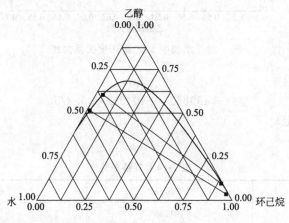

图2-24　三相图

【实验结果、讨论和思考题】

1.体系总组成点在曲线内与曲线外时，相数有何不同？

2.用相律说明，当温度和压力恒定时，单相区和二相区的自由度各是多少？

3.使用的锥形瓶、平衡釜为什么要预先干燥？

4.用水或乙醇滴定至清或浊以后，为什么还要加入过剩量？过剩量对实验结果有何影响？

5.对平衡釜法测定液-液平衡数据结果进行评价，试讨论引起误差的原因。

【附录】

1.密度数据（单位：g/mL）

温度/℃	水	乙醇	环己烷
10	0.9997	0.7979	0.787
20	0.9982	0.7895	0.779
30	0.9957	0.7810	0.770

2.25℃下乙醇-环己烷-水液液平衡溶解度数据（单位:%）

序号	乙醇	环己烷	水
1	41.06	0.08	58.86
2	43.24	0.54	56.22
3	50.38	0.81	48.81
4	53.85	1.36	44.79

序号	乙醇	环己烷	水
5	61.63	3.09	35.28
6	66.99	6.98	26.03
7	68.47	8.84	22.69
8	69.31	13.88	16.81
9	67.89	20.38	11.73
10	65.41	25.98	8.31
11	61.59	30.63	7.78
12	48.17	47.54	4.29
13	33.14	64.79	2.07
14	16.70	82.41	0.89

第3章
化学反应工程实验

实验6 单釜与多釜串联返混性能测定实验

在连续流动反应器中进行化学反应时，反应进行的程度除了与反应系统本身的性质有关以外，还与反应物料在反应器内停留时间长短有密切关系。停留时间越长，则反应越完全。停留时间通常是指从流体进入反应器时开始，到其离开反应器为止的这一段时间。显然对流动反应器而言，停留时间不像间歇反应器那样是同一个值，而是存在着一个停留时间分布。造成这一现象的主要原因是流体在反应器内流速分布的不均匀、流体的扩散以及反应器内的死区等。

停留时间分布的测定不仅广泛应用于化学反应工程及化工分离过程，而且应用于涉及流动过程的其他领域。它也是反应器设计和实际操作所必不可少的理论依据。

【实验目的】

1. 通过实验了解停留时间分布测定的基本原理和实验方法。
2. 掌握停留时间分布的统计特征值的计算方法。
3. 学会用理想反应器的串联模型来描述实验系统的流动特性。

【实验原理】

停留时间分布测定所采用的方法主要是示踪响应法。它的基本思路是：在反应器入口以一定的方式加入示踪剂，然后通过测量反应器出口处示踪剂浓度的变化，间接地描述反应器内流体的停留时间。常用的示踪剂加入方式有脉冲输入、阶跃输入和周期输入等。本实验选用的是脉冲输入法。

脉冲输入法是在极短的时间内，将示踪剂从系统的入口处注入主流体，在不影响主流体原有流动特性的情况下随之进入反应器。与此同时，在反应器出口检测示踪剂浓度 $c(t)$ 随时间的变化。整个过程可以用图 3-1 形象地描述。

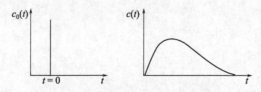

图 3-1 脉冲法测停留时间分布图

由概率论知识可知，停留时间分布密度函数 $E(t)$ 就是系统的停留时间分布密度函数。

因此，$E(t)\mathrm{d}t$ 就代表了流体粒子在反应器内停留时间介于 t 到 $t+\mathrm{d}t$ 之间的概率。

在反应器出口处测得的示踪剂浓度 $c(t)$ 与时间 t 的关系曲线叫响应曲线。由响应曲线就可以计算出 $E(t)$ 与时间 t 的关系，并绘出 $E(t)$-t 关系曲线。计算方法如下

$$Qc(t)\mathrm{d}t = mE(t)\mathrm{d}t \tag{1}$$

式中，Q 为主流体的流量；m 为示踪剂的加入量。

示踪剂的加入量可以用下式计算

$$m = \int_0^\infty Qc(t)\mathrm{d}t \tag{2}$$

在 Q 值不变的情况下，由式（1）和式（2）求出：

$$E(t) = \frac{c(t)}{\int_0^\infty c(t)\mathrm{d}t} \tag{3}$$

关于停留时间分布的另一个统计函数是停留时间分布函数 $F(t)$，即

$$F(t) = \int_0^\infty E(t)\mathrm{d}t \tag{4}$$

用停留时间分布密度函数 $E(t)$ 和停留时间分布函数 $F(t)$ 来描述系统的停留时间，给出了很好的统计分布规律。但是为了比较不同停留时间分布之间的差异，还需要引入另外两个统计特征值，即数学期望和方差。

数学期望对停留时间分布而言就是平均停留时间 $\bar{t}$，即

$$\bar{t} = \frac{\int_0^\infty tE(t)\mathrm{d}t}{\int_0^\infty E(t)\mathrm{d}t} = \int_0^\infty tE(t)\mathrm{d}t \tag{5}$$

方差是和理想反应器模型关系密切的参数。它的定义是：

$$\sigma_t^2 = \int_0^\infty t^2 E(t)\mathrm{d}t \sim \bar{t}^2 \tag{6}$$

对活塞流反应器 $\sigma_t^2 = 0$；而对全混流反应器 $\sigma_t^2 = \bar{t}^2$；对介于上述两种理想反应器之间的非理想反应器，可以用多釜串联模型描述。多釜串联模型中的模型参数 N 可以由实验数据处理得到的 σ_t^2 来计算。

$$N = \frac{\bar{t}^2}{\sigma_t^2} \tag{7}$$

当 N 为整数时，代表该非理想流动反应器可以用 N 个等体积的全混流反应器的串联来建立模型。当 N 为非整数时，可以用四舍五入的方法近似处理，也可以用体积不相等的全混流反应器串联模型。

【仪器和药品】

技术指标及流程示意图（图 3-2）

釜式反应器 1.5L，直径 110mm，高 120mm，有机玻璃制成，3 个。

釜式反应器直径 160mm，高 120mm，有机玻璃制成，1 个。

搅拌马达 25W，转数 90~1400r/min，无级变速调节。

液体（水）流量 0~100L/h。

电磁阀控制示踪剂进入量 5~10mL/次。

【实验步骤】

1. 准备工作

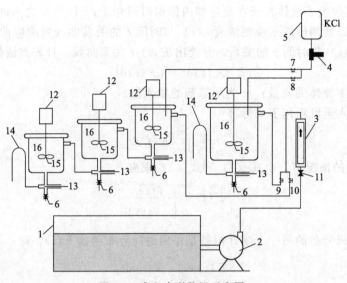

图 3-2　多釜串联装置示意图

1—水箱；2—水泵；3—转子流量计；4—电磁阀；5—KCl罐；6—排出阀；
7~11—截止阀；12—搅拌电机；13—电导电极；14—溢流口；15—搅拌桨；16—釜式反应器

（1）将饱和 KCl 液体注入标有 KCl 的储瓶内。

（2）连接好入水管线，打开自来水阀门，使管路充满水。

（3）检查电极导线连接是否正确。

2. 操作

（1）打开总电源开关，开启入水阀门，向水槽内注水，启动水泵，慢慢打开进水转子流量计的阀门（注意！初次通水必须排净管路中的所有气泡，特别是死角处）。调节水流量维持在 20~30L/h 之间某值，直至各釜充满水，并能正常地从最后一级流出。

（2）分别开启釜1、釜2、釜3、釜4搅拌马达开关，再调节马达转速的旋钮，使四釜搅拌程度在 200~250r/min。开启电磁阀开关和电导仪总开关，按电导仪使用说明书分别调节调零、调温度和电极常数等。调整完毕，备用。（电导仪的使用方法见该仪器使用说明书）。

（3）开启计算机电源，按计算机提示要求操作。

（4）按下"趋势图"按钮，调节"实验周期""阀开时间"，使显示值为实验所需值（推荐实验周期 25~30min，阀开时间 1~3s，按下开始按钮，开始采集数据。

（5）待测试结束，按下"结束"按钮后，按下"保存数据"按钮保存数据文件。

3. 停车

（1）实验完毕，将实验柜上三通阀转至"H₂O"位置，将程序中"阀开时间"调到 20s 左右，按"开始"按钮，冲洗电磁阀及管路。反复三、四次。

（2）关闭各水阀门、电源开关，打开釜底排水阀，将水排空。

（3）退出实验程序，关闭计算机。

【思考题】

1. 实验之前为什么需要将釜中的气泡排尽？

2. 大釜的体积与三个小釜的体积之间有什么关系？并说明原因。

3. 三个釜的搅拌速度应该如何确定？

4.水流速度是越快越好还是越慢越好？请说明原因。

实验 7　反应精馏法制备醋酸乙酯实验

反应精馏是精馏技术中的一个特殊领域。在操作过程中，化学反应与分离同时进行，故能显著提高总体转化率，降低能耗。此法在酯化、醚化、酯交换、水解等化工生产中得到应用，而且越来越显示其优越性。

【实验目的】

1.了解反应精馏是既服从质量作用定律又服从相平衡规律的复杂过程。

2.掌握反应精馏的操作。

3.能进行全塔物料衡算和塔操作的过程分析。

4.了解反应精馏与常规精馏的区别。

5.学会分析塔内物料组成。

【实验原理】

反应精馏过程不同于一般精馏，它既有精馏的物理相变之传递现象，又有物质变性的化学反应现象。两者同时存在，相互影响，使过程更加复杂。因此，反应精馏对下列两种情况特别适用。

(1) 可逆平衡反应。一般情况下，反应受平衡影响，转化率只能维持在平衡转化的水平；但是，若生成物中有低沸点或高沸点物质存在，则精馏过程可使其连续地从系统中排出，结果超过平衡转化率，大大提高了效率。

(2) 异构体混合物分离。通常因它们的沸点接近，靠精馏方法不易分离提纯，若异构体中某组分能发生化学反应并能生成沸点不同的物质，这时可在过程中得以分离。

对醇酸酯化反应来说，适于第一种情况。但该反应若无催化剂存在，单独采用反应精馏操作也达不到高效分离的目的，这是因为反应非常缓慢，故一般都用催化反应方式。酸是有效的催化剂，常用硫酸。反应随酸浓度增高而加快，浓度在 0.2%～1.0%（质量分数）。还可用离子交换树脂、重金属盐类和丝光沸石分子筛等固体催化剂。反应精馏的催化剂用硫酸是由于其催化作用不受塔内温度限制，在全塔内都能进行催化反应，而应用固体催化剂则由于存在一个最适宜的温度，精馏塔本身难以达到此条件，故很难实现最佳化操作。

本实验是以醋酸和乙醇为原料，在酸催化剂作用下生成醋酸乙酯的可逆反应。

反应的化学方程式为：

$$CH_3COOH + C_2H_5OH \longrightarrow CH_3COOC_2H_5 + H_2O$$

实验的进料有两种方式：一种是直接从塔釜进料；另一种是在塔的某处进料。前者有间歇式和连续式操作；后者只有连续式。本实验用后一种方式进料，即在塔上部某处加带有酸催化剂的醋酸，塔下部某处加乙醇。釜沸腾状态下塔内轻组分逐渐向上移动，重组分向下移动。具体地说，醋酸从上段向下段移动，与向塔上段移动的乙醇接触，在不同填料高度上均发生反应，生成酯和水。塔内此时有四组元。由于醋酸在气相中有缔合作用，除醋酸外，其他三个组分形成三元或二元共沸物。水-酯，水-醇共沸物沸点较低，醇和酯能不断地从塔顶排出。若控制反应原料比例，可使某组分全部转化。因此，可认为反应精馏的分离塔也是反应器。全过程可用物料衡算方程和热量衡算方程描述。

1.物料衡算方程

全塔物料总平衡如图 3-3 所示。

对第 j 块理论板上的 i 组分进行物料衡算如下：

$$L_{j-1}X_{i,j-1}+V_{j+1}Y_{i,j+1}+F_jZ_{i,j}+R_{i,j}=V_jY_{i,j}+L_jX_{i,j} \quad (1)$$

$$2\leqslant j\leqslant n，i=1，2，3，4$$

式中，F_j 为 j 板进料流量；$R_{i,j}$ 为单位时间 j 板上单位液体体积内 i 组分反应量；V_j 为 j 板上升 i 蒸汽量；$X_{i,j}$ 为 j 板上组分 i 的液相摩尔分数；$Y_{i,j}$ 为 j 板上组分 i 的气相摩尔分数；$Z_{i,j}$ 为 j 板上 i 组分的原料组成；L_j 为 j 板下降液体量。

2.气液平衡方程

对平衡级上某组分 i 有如下平衡关系：

$$K_{i,j}X_{i,j}-Y_{i,j}=0 \quad (2)$$

式中，$K_{i,j}$ 为 i 组分的气液平衡常数。

每块板上组成的总和应符合下式：

$$\sum_{i=1}^{n}Y_{i,j}=1 \qquad \sum_{i=1}^{n}x_{i,j}=1 \quad (3)$$

3.反应速率方程

$$R_{i,j}=K_jP_j\left(\frac{X_{i,j}}{\sum Q_{i,j}X_{i,j}}\right)^2\times10^5 \quad (4)$$

式中，P_j 为 j 板上液体混合物体积（持液量）。

式（4）在原料中各组分的浓度相等条件下才成立，否则予以修正。

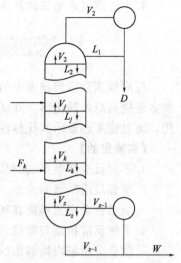

4.热量衡算方程

对平衡级上进行热量衡算，最终得到下式：

$$L_{j-1}h_{j-1}-V_jH_j-L_jh_j+V_{j+1}H_j+F_jH_{rj}-Q_j+R_jH_{rj}=0 \quad (5)$$

式中，Q_j 为 j 板上冷却或加热的热量；h_j 为 j 板上液体焓值；H_j 为 j 板上气体焓值 $H_{f,j}$ 为 j 板上原料焓值；$H_{r,j}$ 为 j 板上反应热焓值。

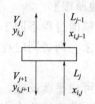

图 3-3　精馏过程气液流动示意图

【仪器和药品】

实验装置如图 3-4 所示。

反应精馏塔用玻璃制成，直径 29mm，塔高 1400mm，塔内填装 $\phi3\text{mm}\times3\text{mm}$ 不锈钢 θ 环形填料；塔釜玻璃双循环自动出料塔釜，容积 250mL（250g），塔外壁镀有金属保温膜，通电使塔身加热保温。塔釜用 500W 电加热棒进行加热，采用电压调节器控制釜温。塔顶冷凝液体的回流采用摆动式回流比控制器操作。此控制系统由塔头上摆锤、电磁铁线圈、回流比计数器等仪表组成。进料采用高位槽经转子流量计进入塔内。

【实验步骤】

操作前在釜内加入 250g 接近稳定操作组成的釜液，并分析其组成。检查进料系统各管线是否连接正常。无误后将醋酸、乙醇注入原料量管内（醋酸内含 0.3% 硫酸），打开进料流量计阀门，向釜内加料。

打开加热开关，注意不要使电流过大，以免设备突然受热而损坏。待釜液沸腾，开启塔

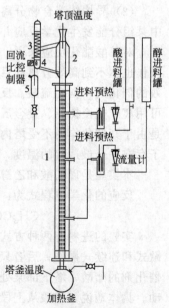

图 3-4　反应精馏实验装置流程图
1—填料精馏塔；2—塔头；
3—塔顶冷凝器；4—回流比控制器；
5—塔顶液接收灌

身保温电路，调节保温电流（注意：不能过大），开塔头冷却水。当塔头有液体出现，待全回流10～15min后开始进料，实验按规定条件进行。一般可把回流比定在3：1。酸醇分子比定在1：1.3，进料速度为3～5mL（乙醇）/min。进料后仔细观察塔底和塔顶温度。调节塔顶与塔釜出料速度。记录所有数据，及时调节进出料，使处于平衡状态。稳定操作2h，其中每隔30min用小样品瓶取塔顶与塔釜流出液，称重并分析组成。在稳定操作下用微量注射器在塔身取样口内取液样，直接注入色谱仪内，取得塔内组分浓度分布曲线。如果时间允许，可改变回流比或改变加料分子比，重复操作，取样分析，并进行对比。

实验完成关闭加料，停止加热，让持液全部流至塔釜，取出釜液称重，停止通冷却水。

【实验数据处理】

自行设计实验数据记录表格。根据实验测得数据，按下列要求写出实验报告。

1.实验目的与实验流程步骤。

2.实验数据与数据处理。

3.转化率的计算。可根据下式计算反应转化率：

$$\text{转化率} = \frac{(\text{醋酸加料量} + \text{原釜内醋酸量}) - (\text{馏出物醋酸量} + \text{釜残液醋酸量})}{(\text{醋酸加料量} + \text{原釜内醋酸量})} \tag{6}$$

4.计算举例：进行醋酸和乙醇的全塔物料衡算，计算塔内浓度分布、反应收率、转化率等。参考参数如下。

组分	质量校正因子 f
水	0.549
乙醇	1
乙酸乙酯	1.109
乙酸	1.225
进样量	0.5μL

质量百分数的计算公式：$m_i\% = \dfrac{f_i A_i\%}{\sum f_i A_i\%}$

乙酸总加料量：80.04g　　乙醇总加料量：80.02g

参数	峰	保留时间/min	$A_i\%$	$m_i\%$
230mm	1	0.823	8.922	0.0476
	2	1.290	38.213	0.3716
	3	4.027	53.865	0.5808
670mm	1	0.460	6.761	0.0359
	2	0.903	30.626	0.2965
	3	3.107	62.613	0.6723
1100mm	1	0.527	7.041	0.0372
	2	1.007	27.750	0.2670
	3	3.653	65.209	0.6958

参数	峰	保留时间/min	$A_i\%$	$m_i\%$
塔顶产品 (167.4g－85.7g＝81.76g)	1	0.457	7.486	0.0396
	2	0.940	26.231	0.2526
	3	3.510	66.283	0.7078
釜底残留液 (151.96g－78.6g＝73.76g)	1	0.433	37.417	0.2308
	2	0.943	23.903	0.2686
	3	2.667	24.363	0.3036
	4	4.327	14.318	0.1971

数据处理举例如下。

（1）各组分质量分数

水：$m_i\% = \dfrac{f_i A_i\%}{\sum f_i A_i\%} = \dfrac{0.549 \times 8.922}{0.549 \times 8.922 + 38.213 + 1.109 \times 53.865} = 0.0476$

乙醇：$m_2\% = \dfrac{f_2 A_2\%}{\sum f_2 A_2\%} = \dfrac{38.213}{0.549 \times 8.922 + 38.213 + 1.109 \times 53.865} = 0.3716$

乙酸乙酯：$m_3\% = \dfrac{f_3 A_3\%}{\sum f_3 A_3\%} = \dfrac{1.109 \times 53.865}{0.549 \times 8.922 + 38.213 + 1.109 \times 53.865} = 0.5808$

（2）转化率

$X_A = \dfrac{80.04 - 73.36 \times 0.1971}{80.04} = 0.8184$

（3）收率

$Y = \dfrac{(81.76 \times 0.7078 + 73.76 \times 0.3036) \times 60}{85 \times 80.04} = \dfrac{0.9443}{1.334} = 0.708$

（4）物料衡算

塔顶产品中，水：81.76×0.0396＝3.24g

乙醇：81.76×0.2526＝20.65g

乙酸乙酯：81.76×0.7078＝57.87g

塔釜残液中，水：73.76×0.2308＝17.02g

乙醇：73.76×0.2686＝19.81g

乙酸乙酯：73.76×0.3036＝22.39g

乙酸：73.76×0.1971＝19.54g

反应共生成乙酸乙酯57.87＋22.39＝80.26g，反应消耗乙酸：$\dfrac{80.26}{88} \times 60 = 54.72g$，

由物料衡算反应，消耗乙酸为80.04－19.54＝60.5g，两者基本相等，符合物料衡算。

【思考题】

1. 怎样提高酯化收率？

2. 不同回流比对产物分布有何影响？

3. 加料摩尔比应保持多少为最佳？

实验 8 气固相苯加氢催化反应实验

苯、甲苯、二甲苯（简称BTX）等同属于芳香烃，是重要的基本有机化工原料，由芳烃衍生的下游产品，广泛用于三大合成材料（合成塑料、合成纤维和合成橡胶）和有机原料及各种中间体的制造。粗苯加氢精制是通过加氢，部分脱除粗苯中所含的硫、氮及不饱和烃，再经萃取分离精制得高纯度纯苯、纯甲苯、二甲苯等产品。加氢纯苯的纯度可高达99.95%、二甲苯纯度可达99.8%，可满足下游高端产品苯乙烯、TDI（甲苯二异氰酸酯）生产的需要。

【实验目的】

1. 掌握催化加氢的操作步骤，学会催化剂的填装、活化、再生等必要环节的操作方法。

2. 理解催化加氢的原理、加氢后混合物的分离方法。

3. 了解催化加氢后物料纯度的测试方法。

4. 学会氢气的安全操作，掌握氢气的预防泄露的方法，熟悉氢气的使用步骤，掌握氢气的开启、调节、关闭的关键操作步骤。

【实验原理】

环己烷是一种常用的基本有机化工原料，可用于生产环己醇、环乙酮和己二酸等，也可作为有机溶剂使用。环己烷为无色液体，有刺激性汽油气味，分子量为84.61，相对密度d_4^{20}为0.779，熔点为6.5℃，沸点为80.7℃，易溶于醇、醚，不溶于水，易挥发，易燃烧。其与空气形成爆炸性混合物，爆炸极限（体积分数）1.3%~8.3%。

工业上广泛选用苯加氢生成环己烷。其反应式如下：

$$\text{苯} + 3H_2 \longrightarrow \text{环己烷}$$

根据反应条件不同，苯加氢法生产环己烷可分为液相法和气相法两大类，气相苯加氢工艺混合均匀，转化率收率都很高，但是反应过于剧烈，易出现过热点，导致催化剂损坏，因此实验中的参数控制相当关键。

如图3-5所示，原料苯经进料热交换器送至苯干燥塔除水，使苯中含水量（质量分数，下同）小于或等于100×10^{-6}。合格的苯经苯预热器送至苯蒸发器，苯蒸发所需要热量由循环热油提供。新鲜氢、循环氢和来自脱氢工序的氢气共3股氢气的混合物作为苯蒸发器氢气进料，苯蒸发器顶部苯、氢混合气进入加氢前反应器，经脱硫反应器脱除生成的硫化氢，未反应的苯在装有铂催化剂的绝热式后反应器内进一步反应完全，生成环己烷。加氢前反应器中反应热由循环热油移走，加氢后反应器出来的混合气体先后经苯预热器、苯进料换热器和成品冷凝器冷凝冷却，在环己烷气液分离器中进行气液分离，得到产品环己烷。绝大部分气相经循环压缩机去苯蒸发器作为氢气进料，少部分气体经深冷器深冷后，经吸附排空。

工业苯加氢制环己烷广泛选用$Ni/\gamma\text{-}Al_2O_3$催化剂，该催化剂有较好的活性和优良的选择性，当温度低于200℃时环己烷含量极高。在使用之前，需要在400~500℃、氢气氛围下进行还原反应，将氧化态的镍还原成金属镍。

催化剂中含有Al_2O_3，介质中的水会以H_2O及—OH的形式吸附在载体$\gamma\text{-}Al_2O_3$上，高温下也不易脱除，甚至会引起烧结，从而导致催化剂活性下降，而且不易恢复活性。在实

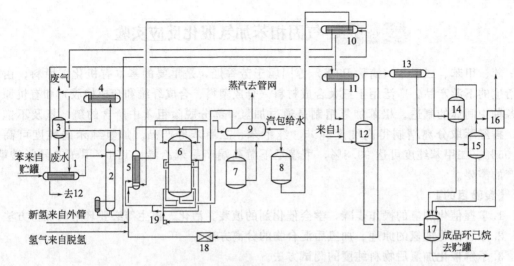

图 3-5　苯加氢制环己烷工艺流程

1—苯进料热交换器；2—苯干燥塔；3—苯水分离器；4—苯干燥塔冷凝器；5—苯蒸发器；
6—加氢前反应器；7—脱硫反应器；8—加氢后反应器；9—废热锅炉；10—苯预热器；
11—成品冷凝器；12—环己烷冷却器；13—后冷却器；14—分离器；15—油水分离器；
16—吸附系统；17—环己烷缓冲罐；18—热油循环泵；19—氢气循环压缩机

验过程中，苯干燥塔顶温在 86℃，比控制值 75～82℃高，釜温在 88℃，比控制值 80～86℃高，塔常压操作，苯中水含量在 700×10^{-6} 以下。

【仪器和药品】

苯（凝固点 5.4℃）；氢气或富氢气体。

【实验步骤】

1.催化剂粉碎：将催化剂粉碎筛分到所需粒级：20～40 目之间。绿色催化剂（Ni-Mo 催化剂）是预加氢催化剂，称取 25mL；蓝色催化剂（Co-Mo）是主加氢催化剂，称取 50mL。并破碎一定量的磁环分别到 20～40 目、10～20 目。

2.催化剂装料：反应管全长 1050mm，现装入 10～20 目磁环到约 400mm 处（此处及以下各处都要精确记录确切数值，以便插入热电偶时计算深度）；装入约 50mm 的 20～40 目的磁环，装入过程中轻敲以使其密实；再在其上装入相应的 20～40 目的催化剂，密实后继续装入 20～40 目的磁环约 50mm，然后用 10～20 目的磁环装满整个反应管。根据装入深度计算出催化剂中心的深度，使反应管和炉子热电偶的端点安置在该位置以便测温。在该步骤中的数值只是大概数值，可根据具体情况改变，但一般要使催化剂装在反应管的中心位置，并且在靠近催化剂的时候，用相同粒度的磁环做缓冲。装料完毕并且安置好热电偶位置后上紧各处接口，开始试漏。

（1）试漏：由于氢气不安全，试漏阶段可采用 CO_2 进行，紧固各连接处接头，按工艺流程图先后顺序缓慢开启 CO_2 进气、各阀门（除去排空阀），使各压力表压力维持在 5.0MPa，前后精密压力表压降不超过 0.5MPa。然后关闭高压瓶进气阀门，使整个系统处于高压状态下。用肥皂水检查各接头，看是否有泄漏，接头若有冒泡现象，应立即拧紧接头，半小时若压力无明显的变化，则表明系统不漏，试漏合格。若不漏气，可开始下一步骤。

（2）原料油的制备：由于该设备处理的原料是轻苯，所以必须对焦化粗苯进行预处理。在蒸馏设备中蒸馏 79～150℃馏分作为反应的原料油。

（3）预硫化：催化剂存在的形式是氧化物，没有催化功能，所以正式通入原料之前，催化剂必须进行预硫化，将活性组分由氧化物转化为硫化物，硫化剂为每500mL中含二甲基二硫醚2mL的苯（分析纯），主加氢催化剂先进行预硫化，预加氢催化剂后进行预硫化，预硫化过程中反应温度300℃左右，硫化时间13h。

3. 加热开始的同时，打开冷水管，给冷凝管注入循环水，冷却反应器产物。硫化结束后，开始进原料油开始反应。

4. 进料：首先打开氢气进气阀通入氢气，顺序打开装置上各阀门，通过流量计算仪控制氢气流量（0.506L/min）至预定值，同时设定控温仪开始加热，首先设置升温30min，升温到105℃，恒温1h，再升温到290℃，恒温（假设反应在该温度下进行）；当温度刚升到105℃时，由柱塞泵给入原料油，控制好其流量（0.583mL/min），在进入反应器之前，二者混合，混合后物料依次进入预反应器和主反应器反应，反应后加氢油进入冷凝器；反应过程中反应器压力维持在2.2～2.5MPa。（该反应条件是液体空速取 $0.7～1.0h^{-1}$，氢油比700～800，一段温度170～195℃，二段温度270～300℃）

5. 产物分离：产物在冷凝器中进行分离，液体进入储料罐，气体排入湿式流量计，经处理后排空。

6. 停车：首先停止进原料油，使反应器降至一定温度，通入氢气进行吹扫，将催化剂上吸附的液体脱除，然后停电降温至100℃后，停止通入氢气，然后停止循环水。打开排空阀，使装置中的气体量逐步降低，依次关闭各阀门。

7. 卸料：反应结束后，将冷凝器阀门打开，放出产物，进行后续的分析。

【思考题】

1. 如何检验催化剂的活性，当催化剂失活后，该如何处理？

2. 在通氢气之前，如何排净反应器中残余的氧，怎么检验氧已经被彻底排净？

3. 可以提高催化反应效率的因素有哪些？简要解释一下原理。

【注意事项】

焦化苯催化加氢属于高压实验设备，实验操作一定要注意安全。应严格按照实验操作步骤，不可有丝毫的差错。具体应注意以下几点。

1. 氢气通入之前，必须进行试压，以保证整个系统密封。

2. 水循环及加热系统，必须先开水循环，然后开加热系统。

3. 气瓶发热时，应及时更换气瓶。

4. 本装置的压力容器部分，均采用快开式结构，以O形圈密封，故拆装时只需使用合适的小扳手，稍用力拧紧即可。不宜使用过大的扳手或用力过大，以免损坏O形圈。各部件使用的O形圈应定期更换。

5. 所有阀门的开闭，均要动作缓慢柔和。这样不仅保证其使用寿命，也可使系统操作平稳。

6. 接头的拆装需用肥皂水或石墨甘油作为润滑剂，切忌在尚未完全对正前拧紧。

7. 柱塞泵的进料，必须保证不含任何微小的固体杂质，否则会造成泵头进料阀关闭不严、内部磨损、不能进料等后果。

8. 传动部分的轴承应定期加润滑油。

9. 实验时，人员不能擅自离开。

实验 9 管式反应器的特性测定

反应器技术是化工生产过程的核心技术，是化学工业区别于其他工业的典型标志。作为一名化工专业的学生，应当充分理解反应器的基本原理及特性。管式反应器是一种非常常见的反应器，是一种呈管状、长径比很大的连续操作反应器。这种反应器可以很长，如丙烯二聚的反应器管长以公里计。反应器的结构可以是单管，也可以是多管并联；可以是空管，如管式裂解炉，也可以是在管内填充颗粒状催化剂的填充管，以进行多相催化反应，如列管式固定床反应器。

【实验目的】

1. 理解反应器中物料返混的现实意义，了解测定返混常用的方法。

2. 理解反应器中停留时间分布的各项参数的意义以及这些参数之间的联系。

3. 学会使用阶跃法测定停留时间分布的操作步骤，会对实验数据进行处理，得到反应器中物料停留时间分布函数及方差。

【实验原理】

在连续流动的反应器内，不同停留时间的物料之间的混合称为返混。返混程度的大小，一般很难直接测定，通常利用物料停留时间分布的测定来研究。

停留时间分布的测定方法有脉冲法、阶跃法等，常用的是脉冲法。当系统达到稳定后，在系统的入口处瞬间注入一定量的示踪物料，同时开始在出口流体中检测示踪物料的浓度变化。

由停留时间分布密度函数的物理含义，可知

$$E(t) = \frac{c(t)}{\int_0^\infty c(t)\mathrm{d}t} \tag{1}$$

由此可知 $E(t)$ 与示踪剂浓度 $c(t)$ 成正比。因此，本实验中用水作为连续流动的物料，以饱和 KCl 作示踪剂，在反应器出口处检测溶液电导值。在一定范围内，KCl 浓度与电导值成正比，则可用电导值来表达物料的停留时间变化。

停留时间分布密度函数 $E(t)$ 在概率论中有两个特征值，平均停留时间（数学期望）$\bar{t}$ 和方差 σ_t^2。

$\bar{t}$ 的表达式为：

$$\bar{t} = \frac{\int_0^\infty t c(t)\mathrm{d}t}{\int_0^\infty c(t)\mathrm{d}t} \tag{2}$$

σ_t^2 的表达式为：

$$\sigma_t^2 = \frac{\int_0^\infty t^2 c(t)\mathrm{d}t}{\int_0^\infty c(t)\mathrm{d}t} - (\bar{t})^2 \tag{3}$$

若采用无因次时间 $\theta = \dfrac{t}{\bar{t}}$，可得无因次平均停留时间 $\bar{\theta}$ 和无因次方差 σ_θ^2：

$$\bar{\theta} = 1 \tag{4}$$

$$\sigma_\theta^2 = \frac{\sigma_t^2}{\bar{t}^2} \tag{5}$$

在测定了一个系统的停留时间分布后，如何评价其返混程度，则需要用反应器模型来描述。这里我们采用的是轴向混合模型。

轴向混合模型是一种适用于返混程度较小的非理想流动的流动模型，它是在平推流的基础上再叠加一个轴向混合的校正。即：

$$\frac{\partial c}{\partial t} = D_a \frac{\partial^2 c}{\partial z^2} - u \frac{\partial c}{\partial z} \tag{6}$$

如写成无因次形式，利用 $\bar{c} = \frac{c}{c_0}$，$\theta = \frac{t}{\bar{t}}$，$\bar{z} = \frac{z}{L}$

则

$$\frac{\partial \bar{C}}{\partial \theta} = \left(\frac{D_a}{uL}\right)\frac{\partial^2 \bar{c}}{\partial \bar{z}^2} - \frac{\partial \bar{c}}{\partial \bar{z}} = \left(\frac{1}{Pe}\right)\frac{\partial^2 \bar{c}}{\partial \bar{z}^2} - \frac{\partial \bar{c}}{\partial \bar{z}} \tag{7}$$

式中，$Pe = \frac{uL}{D_a}$，称为 Peclet 准数，其物理意义是轴向对流流动与轴向扩散流动的相对大小，反映了返混程度。

当 $Pe \rightarrow 0$ 时，对流传递速率较之扩散传递速率要慢得多，此属于全混流情况。反之，当 $Pe \rightarrow \infty$ 时，即 $D_a = 0$，这就变为活塞流情况。由此可见，Pe 越大，返混程度越小。Pe 也就是轴向扩散模型的模型参数。

Pe 与方差 σ_θ^2 之间的关系：

$$\sigma_\theta^2 = \frac{2}{Pe} - \frac{2}{Pe^2}(1 - e^{-Pe}) \tag{8}$$

因此，只要测得系统的停留时间分布 $E(t)$，则可求出该分布的方差，利用式（8）即可求出模型参数 Pe。

【仪器和药品】

管式反应器是化工中常用的反应器。本实验装置（图 3-6）可以测定管式反应器中停留时间分布，将数据测量结果用轴向扩散模型来定量返混程度，从而加深对返混的认识和理解。

设备的主要技术数据：管式反应器直径 50mm，高 1000mm。转子流量计 16～160L/min。离心泵 WB50/37。

【实验装置】

实验装置如图 3-6 所示。

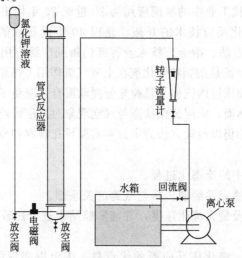

图 3-6　管式反应器轴向混合测定实验流程示意图

【实验步骤】

1. 准备工作

(1) 将饱和 KCl 液体注入标有 KCl 的储瓶内。

(2) 连接好入水管线，打开自来水阀门，使管路充满水。

(3) 检查电极导线连接是否正确。

2. 操作

(1) 打开总电源开关，开启入水阀门，向水槽内注蒸馏水，启动水泵，慢慢打开进水转子流量计的阀门。调节水流量维持在 20～30L/h 之间某值，直至各管式反应器釜充满水并排空管中的气体。

(2) 开启电磁阀开关和电导仪总开关，按电导仪使用说明书分别调节调零、调温度和电极常数等。调整完毕，备用。电导仪的使用方法见该仪器使用说明书。

(3) 开启计算机电源，按计算机提示要求操作。

(4) 按下"趋势图"按钮，调节"实验周期""阀开时间"，使显示值为实验所需值（推荐实验周期 25～30min，阀开时间 1～3s，按下开始按钮，开始采集数据。

(5) 待测试结束，按下"结束"按钮后，按下"保存数据"按钮保存数据文件。

3. 停车

(1) 实验完毕，将 KCl 的储瓶灌满蒸馏水，启动面板电磁阀开关，冲洗电磁阀及管路。反复三四次。

(2) 关闭各水阀门、电源开关，打开管式反应器排水阀，将水排空。

(3) 退出实验程序，关闭计算机。

【思考题】

1. 阶跃法和脉冲法测定停留时间分布规律有什么区别，他们的操作步骤分别是什么？

2. 试分析反应器中沟流及侧边流对于停留时间分布和反应结果的影响？

实验 10 流化床反应器的特性测定

流化床反应器是一种利用气体或液体通过颗粒状固体层而使固体颗粒处于悬浮运动状态，并进行气固相反应过程或液固相反应过程的反应器。在用于气固系统时，又称沸腾床反应器。流化床反应器在现代工业中的早期应用为 20 世纪 20 年代出现的粉煤汽化的温克勒炉（见煤汽化炉）；但现代流化反应技术的开拓，是以 40 年代石油催化裂化为代表的。目前，流化床反应器已在化工、石油、冶金、核工业等部门得到广泛应用。

流化床反应器的重要特征是细颗粒催化剂在上升气流作用下作悬浮运动，固体颗粒剧烈地上下翻动。这种运动形式使床层内流体与颗粒充分搅动混合，避免了固定床反应器中的热点现象，床层温度分布均匀。然而，床层流化状态与气泡现象对反应影响很大，尽管有气泡模型与两相模型的建立，但设计中仍以经验方法为主。本实验旨在观察和分析流化床的操作状态。

【实验目的】

1. 观察流化床反应器中的流态化过程。

2. 掌握流化床压降的测定并绘制压降与气速的关系图。

3. 计算临界流化速度及最大流化速度，并与实验结果进行比较。

【实验原理】

与固定床反应器相比，流化床反应器的优点是：①可以实现固体物料的连续输入和输出；②流体和颗粒的运动使床层具有良好的传热性能，床层内部温度均匀，而且易于控制，特别适用于强放热反应；③便于进行催化剂的连续再生和循环操作，适用于催化剂失活速率高的过程。流化床存在的局限性：①由于固体颗粒和气泡在连续流动过程中的剧烈循环和搅动，无论气相或固相都存在着相当广的停留时间分布，导致不适当的产品分布，降低了目的产物的收率；②反应物以气泡形式通过床层，减少了气-固之间的接触机会，降低了反应转化率；③由于固体催化剂在流动过程中的剧烈撞击和摩擦，催化剂加速粉化，加上床层顶部气泡的爆裂和高速运动、大量细粒催化剂的带出，造成明显的催化剂流失。

（1）流态化现象

气体通过颗粒床层的压降与气速的关系：当流体流速很小时，固体颗粒在床层中固定不动，在双对数坐标纸上床层压降与流速成正比，此时为固定床阶段；当气速增大之后，因为颗粒变为疏松状态排列而使压降略有下降。

继续床层压降保持不变，床层高度逐渐增加，固体颗粒悬浮在流体中并随气体运动而上下翻滚，此为流化床阶段，称为流态化现象，开始流化的最小气速称为临界流化速度 u_{mf}。

当流体速率更高时，整个床层将被流体带走，颗粒在流体中形成悬浮状态的稀相并与流体一起从床层吹出，床层处于气流输送阶段，正常的流化状态被破坏，压降迅速降低，与 E 点相应的流速称为最大流化速度 u_t。

（2）临界流化速度 u_{mf}

临界流化速度可以通过与 u 的关系进行测定，也可以用公式计算常用的经验计算式有：

$$u_{mf} = 0.695 \frac{d_p^{1.82}(\rho_s - \rho_g)^{0.94}}{\mu^{0.88}\rho_g^{0.06}} \qquad (1)$$

式中，d_p 为颗粒当量直径，m；ρ_g 为流体密度，kg/m³；ρ_s 为固体密度，kg/m³；μ 为流体黏度，kg·m⁻¹·s⁻¹。

通过经验式计算常有一定偏差，在条件满足的情况下常常通过实验直接测定颗粒的临界流化速度。

（3）最大流化速度 u_t

最大流化速度 u_t 亦称颗粒带出速度，理论上应等于颗粒的沉降速度，按不同情况可用下式计算：

$$u_t = \frac{d_p^2(\rho_s - \rho_g)g}{18\mu}, \qquad Re < 0.4 \qquad (2a)$$

$$u_t = \left[\frac{4}{225}\frac{(\rho_s - \rho_g)g}{18\mu}\right]^{\frac{1}{3}}d_p, \quad 0.4 < Re_p < 500 \qquad (2b)$$

$$u_t = \left[\frac{3.1d_p(\rho_s - \rho_g)g}{\rho_s}\right]^{\frac{1}{3}}, \quad Re > 500 \qquad (2c)$$

式中，$Re_p = \dfrac{d_p u_t \rho_g}{\mu}$；$d_p$ 为颗粒当量直径，m；ρ_g 为流体密度，kg/m³；ρ_s 为固体密度，kg/m³；μ 为流体黏度，kg·m⁻¹·s⁻¹。

【仪器和药品】

流化床实验装置图见图 3-7。

实验用的固体物料是不同粒度的石英砂，气体用空气。

由空气压缩机来的空气经稳压阀稳压后，由转子流量计调节计量，随后可通入装有石英

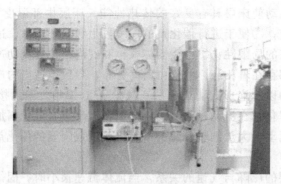

图 3-7　流化床实验装置图

砂固体颗粒的流化床反应器。气体经分布板吹入床层，从反应器上部引出后放空。由于出口与大气相通，床层压力降可通过进口压力表测得。

气体流量：0～4L/min（空气）；最高操作压力：0～0.16MPa；催化剂填装量：10～30mL；反应段：$\Phi25mm\times2.5mm$，450mm；长扩大段：$\Phi76mm\times3mm$，180mm；长总长630mm。

【实验步骤】

1.打开空压机，稳压后调节空气流量，测定空管时压力降与流速关系以做比较。

2.关闭气源，小心卸下玻璃流化床反应器，装入已筛分的一定粒度石英砂，检漏。

3.通入气体，在不同气速下观察玻璃流化床反应器中的流化现象，测定不同气速下床层高度与压降值。

4.改变石英砂粒度重复实验。

5.实验结束关闭气源。

【思考题】

(1) 气体通过颗粒床层有哪几种操作状态？如何划分？

(2) 流化床中有哪些不正常流化现象？各与什么因素有关？

(3) 流化床反应器对固体颗粒有什么要求？为什么？

实验 11　催化剂孔径分布及比表面积测定实验

催化剂是一种能够改变一个化学反应的反应速率，却不改变化学反应热力学平衡位置，本身在化学反应中不被明显地消耗的化学物质。在化学工业生产中，催化剂极其常见，催化剂的性能往往极大地影响着化学工业的生产效率。催化剂是一种多孔性的物质，反应物需要扩散入催化剂的孔中才能进行反应，所以催化剂的孔特性极大地影响着催化过程的效率。学会对催化剂的孔特征及表面特性进行分析测试有着非常显著的意义。

【实验目的】

1.掌握气体在催化剂表面吸附的原理，了解典型的吸附模型。

2.学会催化剂孔径测试仪的基本操作，会对测试结果进行分析处理。

3.学会实验前仪器的调试准备方法。

【实验原理】

ASAP2010 比表面和孔径分布测定仪由分析系统、界面控制器和微机控制系统组成。本系统为 ASAP2010 的一般型号。系统中没有分子泵。

仪器可使用 110V 或者 220V 电压，但必须将面板的旋钮位置更改为正确的电压，并选择合适的保险丝（220V、2A，110V、4A）。本系统选择使用 110V 电源。控制器电源为 110V。控制电脑电源为 110V。警告：若换电源，必须首先检查电压旋钮的位置！系统使用两种气体：N_2 和 He。压力设定为 0.2MPa 左右，常开状态。系统运行过程中使用液氮进行系统脱除水蒸气，防止真空泵受到污染。

系统有两个样品处理口（左侧两个样品处理口）和一个分析口（和 P0 管挨在一起），有冷阱（中间两个相连的玻璃管）及饱和蒸气压测定管（细金属管 P0），分析用液氮瓶安放在升降架上，可在操作界面上由系统自动控制。有两个加热套用于预处理样品。样品管和 P0 管有塑料管套保护。

系统还包括一个控制面板，控制脱气系统的抽空、加热处理。此外，有一可滑动的深棕色防护罩起保护作用。

脱气系统和表面分析过程互不影响。可在分析的过程中进行样品处理，以提高工作效率。脱气系统的阀门由控制面板控制，分析系统的阀门由软件控制。

冷阱——开机前应先装好冷阱液氮；开机过程中，应在每天上午处理或分析样品前，添加冷阱液氮至合适高度，防止真空泵受污染。

样品管——一定要垂直安装，防止漏气；分析系统样品管如不垂直，液氮瓶上升时会挤碎样品管。如果样品管安装不牢，在抽真空过程还不会有问题，但在回充气体时，样品管会被气流冲脱而损坏。

脱气处理系统 Fast 和 Slow 两个键一定不能与 Gas 键同时打开。取下处理样品管时一定要先确认 Left 或 Right 键是关闭状态，且＞ATM 灯亮。

样品分析口和两个样品处理口在没装样品管时，一定要用玻璃封口塞进行密封，防止灰尘进入系统。

【仪器和药品】

分子筛，高纯氮气，液氮。

【实验步骤】

1. 开机

（1）检查系统密封性，每个样品管、预处理管和冷阱安装垂直，密封完好。

（2）打开氮气和氦气（常开状态），注意表头气压设定为 0.2MPa（系统使用的最大压力不超过 1000mmHg，压力可适当减小）；进气阀处于打开位置。

（3）安装装有适量液氮的杜瓦瓶，并装在冷阱位置。

（4）打开界面控制器；打开主机开关，真空泵启动。打开 ASAP2010 快捷方式。系统载入主机信息需要 2～3min 时间，耐心等待。然后系统出现黑白色操作界面，并显示温度和压力传感器的读数。

2. 预处理空样品管

Auto 灯亮：选择自动脱气处理方式，装好样品管后，按 Load 键，再按 Left 或 Right 键，选择需要处理的样品管。最后按 Begin 键。预处理完成后，Ready 灯亮，表示此时设定操作已完成，可进行下一步骤。此时按 Unload 键，可取下处理好的样品管。

Manual 灯亮：选择手动脱气处理方式。

空样品管的加热预处理如下。

（1）将塞上密封塞的样品管垂直装在处理口，使安装紧密不漏气（例如装在左侧）。若样品的比表面较小，可在管中加一根填充棒以减少测试误差。

（2）将加热套套到样品管上，夹好。

（3）处理空管，可直接打开 Fast 键（灯亮），再打开 Left 键，对此样品管开始抽空。

（4）此时用"Set ℃"加减键设定空管的处理温度，一般为 120℃。打开 Enable 键，Heating 灯亮，表示开始加热。（注意：先抽真空后加热！）

（5）空管一般处理 0.5～1h。到时间后关闭 Enable 键，并将"Set ℃"降到室温以下。

（6）待样品管自然冷却到室温，关闭 Fast 键和 Left 键（如果此时右侧也在处理样品，一定也要关闭 Right 键）。打开 Backfill Gas 键，再打开 Left 键，回充 He 气至常压。

（7）当＞ATM 灯亮，表明样品管已充气完成，关闭 Left 键和 Backfill Gas 键。

（8）取下处理好的空样品管，在天平上准确称重（取下样品管时，在处理口装上玻璃管封口塞）。

3. 样品预处理

（1）所用样品量的多少与样品的比表面有关。样品的比表面越小，所需样品量越大。一般样品最好不少于 100mg，以减少称量带来的误差。

（2）根据所需样品量称取样品（可多取 20～50mg，预处理脱水后样品量正好为所需值），装到样品管中。装样时尽量加到样品管底部，不要黏附在管子上端。

（3）将装有样品的样品管垂直装到样品处理口（例如左侧），装好加热套和夹子。

（4）根据样品性质调整 Degas 系统的 Vacuum 参数，选用"Set μmHg"的加减键调至所需值。此数值是由慢抽空到快抽空的转换值，当真空度低于此值时改为快速抽空。一般如果样品经过成形处理，可选择 500μmHg，粉末状样品，选择 200～300μmHg。所选值越小，抽空所需时间越长。

（5）此时先打开 Slow 键（同时兼顾 Right 的状态），再打开 Left 键，开始抽空。

（6）用"Set ℃"的加减键设定样品所需处理温度，打开 Enable 键，Heating 灯亮，开始加热。一般先在 90℃脱水处理 1h，再升温至 300～350℃左右处理 1～4h（具体处理温度应根据样品的性质来设定）。

（7）样品在 Slow 状态及所需处理温度下处理，当 Gauge 显示低于设定值时，打开 Fast 键，关闭 Slow 键。

（8）到达预处理所需时间后（Gauge 显示应小于 20μmHg），关闭 Enable 键，使样品自然冷却至室温，取下夹子和加热套。

（9）关闭 Left 键和 Fast 键（兼顾 Right 键），打开 Backfill Gas 键和 Left 键，回充 He 气使样品管至常压，＞ATM 灯亮。

（10）关闭 Left 键和 Backfill Gas 键，取下样品管（在处理口装好玻璃封口塞），准确称取"样品管＋样品"的质量。要求有正确的称量操作以减小误差。计算样品净重。

（11）样品预处理完成。

附：在控制面板上，有 Analysis Vacuum 指示，"Vac Set μmHg"的加减键设定的真空度（一般为 20～30μmHg）为气体转换值，本系统为 N_2 和 He 的转换。"Gauge μmHg"显示分析系统真空度。

4. 分析样品

（1）样品管安装

① 本系统的样品管配有填充棒，如果待测定样品的总比表面积小于 100m^2，最好选用填充棒以减小自由空间，使测定更准确。对总比表面积大于 100m^2 的样品，则不必选用填充棒。

② 在样品管外套上保温套（套至球部），垂直安装在分析系统口，装好保温泡沫盖，使 P0 管紧贴样品管。

③ 在分析用液氮杜瓦瓶中装入液氮，用测液面用小棒（仪器配）测量液氮液面不超过棒中小孔。然后将液氮瓶小心放置到液氮瓶升降架上，使瓶口与样品管垂直正对。

④ 拉下安全防护罩。

（2）分析系统程序操作

进入 ASAP2010 后，屏幕显示分析系统示意图。

它包括四类信息区。

① 歧路状态（Manifold Status）

包括日期和时间，各压力传感器的压力，分析歧路的温度。

② 选项按钮（Optional Push Buttons）

Skip—过当前测试点。即终止当前这一压力点的测试，放弃这点数据，进行下一个数据点的测试。使用该功能时应谨慎，要避免删错数据、损坏仪器或者伤害到自己。

Suspend—暂停分析。

Resume—恢复分析。当按了 Suspend 钮后，此钮才出现。

Cancel—取消分析。取消分析后，保存已分析的数据并出报告。

Report—报告分析结果。分析开始后，可随时察看根据已收集数据点得出分析结果。

③ 系统示意图（system diagram）显示仪器分析系统以及仪器所处状态。

④ 分析详情（Analysis detail）显示等温线、分析状态。

样品分析的主要操作步骤如下。

① 在主菜单中打开 File，选择 Open，再选择 Sample Information，此时出现"Open Sample Information File"对话框。

② 在 Directories 中双击［..］，选择自己专业的路径（文件存储路径为：d：\ asap2010 \ data \ 专业 \ 文件号）。File Name 栏，出现仪器系统为所测样品自动顺序编号，例如 000-002. smp（可自己再按需更改）。选择 OK，Yes，进入下一对话框。

③ 在 Sample Information 中填写：样品的性质、操作者姓名及送样者姓名，样品的准确质量。选择数据采集方式为 Automatically Collected。

④ 在 Analysis Conditions 中，进行如下操作。

a. 打开 Replace，在已有的样品分析文件中选择一个与待测样品所需条件一样或相近的文件，选择 OK。

测比表面，可选择 Silalums. anc（八个点）或 Zhangfei. anc（六个点，同时给出总孔容和平均孔径）；测比表面及孔径分布，可选择 Silalumf. anc（五十五个点）。

b. 打开 Free Space，选择 Measure。

c. 打开 Pressure，为选定的分析条件中待测定压力点，可根据自己的样品情况通过 Insert 或 Delete 进行编辑。

d. Low Pressure 无需改动。

e. 打开 Po and T...，选择测定或输入 Po 和 T，选择 OK。

f. 打开 Backfill...，选择 Helium 为回充气体，选择 OK。

⑤ 在 Adsorptive Properties 中，打开 Replace，选择 Nitrogen@77.35K 为吸附质（此项是固定不变的）。

⑥ 在 Report Options 中，打开 Replace，选择所需报告类型：

BJH Adsorption Report Options

BJH Desorption Report Options

Full Report Set

Surface Area Report Options

t-Plot Report Options

选择 OK。各类报告又包括多种数据表格和关系曲线，可通过 Edit 进行编辑选择。

⑦ 选择 Save，点 Close 关闭。

⑧ 在主菜单中打开 Analysis，找出已设定好分析条件的样品文件，选择 OK，仪器开始自动进行分析。

⑨ 分析过程完全结束后（仪器状态为 Idle 时），取下样品管（在分析口装上玻璃封口塞），回收样品，准备进行下一个样品的分析。

附：

① 分析过程中，微机显示系统示意图，有圆形或方形图标通过不同颜色和面积显示过程进行情况。在左下方可打开 Report，随时查看进行中的分析所得结果，如需要还可对某些分析条件进行修改。

② 分析系统与样品预处理系统互不干涉，在分析进行的同时可处理下一待测样品，以节省时间，提高仪器利用率。

5.关机

确认样品处理系统和分析系统均处于空置状态。

（1）Options—Status Control—Enable Manual Control。

（2）关闭 1 号、2 号真空阀（方法：双击选中的阀门或者选中阀门后，按空格键）；打开 4 号阀（缓冲阀），待 Pressure 至 50mmHg 左右时，打开 5 号阀（方法同上）。

（3）关闭 4 号阀。

（4）选中 5 号阀，注意 Pressure 指示达 760mmHg 时，马上按空格键关闭 5 号阀。

【思考题】

1.朗格缪尔吸附模型和焦姆金吸附模型有什么区别？

2.简述压力是如何影响吸附过程的？

【注意事项】

1.安全

（1）操作过程中必须使用无破损的橡胶手套，防止低温对身体部位的伤害。

（2）无操作时拉下棕色防护罩，保护样品管，防止意外事件。

（3）禁止在升降杜瓦瓶下放置任何东西，防止卡到升降台！如有硬质塞子，分析前注意检查，防止和样品管碰撞造成安全事故！

（4）妥善防止液氮罐和杜瓦瓶；液氮罐使用后必须盖上塞子。

2.操作

（1）操作过程保证液氮、气体、电源不会中断，防止意外造成数据丢失或者数据失真。

（2）脱气系统最大的使用温度是 350℃。

（3）样品必须全部加入样品管的底部，否则可能使测定的比表面积偏小！

（4）样品管安装必须保证垂直，螺丝密封有力，防止返气时造成样品管脱落。

（5）需要时校验系统的压力、温度和体积。

（6）任何未完全脱除的气体残留都可能严重影响结果的准确性。

（7）吸附曲线和脱附曲线严重背离时，必须检查系统，找出可能存在的问题。

（8）样品质量要尽可能精确，称量误差严格控制。温度对称重结果影响严重（最大可能达到 0.02g），要迅速称量以减少质量对结果的影响！

注意：没有得到工作人员的授权，请不要自行开机和关机！禁止频繁开关真空系统！

第4章

化工分离技术实验

实验12 共沸精馏实验

【实验目的】
1. 通过实验深化对共沸精馏的理解。
2. 熟悉精馏设备的构造，掌握精馏操作方法。
3. 能够做出间歇过程的全塔物料衡算。
4. 学会使用阿贝折光仪分析液相组成。

【实验原理】

共沸精馏是一种特殊的精馏方法，它适用于共沸组成且用普通精馏无法得到纯品的物系。例如，分离乙醇和水的二元系统，由于乙醇和水可以形成共沸物，而且常压下的共沸温度和乙醇的沸点温度极为相近，所以采用普通精馏方法只能得到乙醇和水的混合物，而无法得到无水乙醇。为此，在乙醇-水系统中加入第三种物质，使其能和被分离系统的一种或几种物质形成最低共沸物，共沸剂将以共沸物的形式从塔顶蒸出，塔釜则得到无水乙醇，这种方法就称作共沸精馏。

乙醇脱水是最具代表性的非均相共沸物系统。常用的共沸剂有苯、正己烷、环己烷、正庚烷等，它们均可以和乙醇-水形成多种共沸物，而且其中的三元共沸物在室温下又可以分为两相，一相中富含共沸剂，另一相中富含水，前者可以循环使用，后者又很容易分离出来，这样使得整个分离过程大为简化。

乙醇-水系统加入共沸剂苯以后可以形成四种共沸物。它们在常压下的共沸温度、共沸组成列于表4-1。

表4-1 乙醇-水-苯三元系统共沸物性质

共沸物	共沸温度/℃	共沸组成/%		
		乙醇	水	苯
乙醇-水-苯	64.85	18.5	7.4	74.1
乙醇-苯	68.24	32.37	/	67.63
苯-水	69.25	/	8.83	91.17
乙醇-水	78.15	95.57	4.43	/

为了便于比较，再将乙醇、水、苯三种纯物质在常压下的沸点列于表4-2。

表 4-2　乙醇、水、苯常压沸点

物质名称	乙醇	水	苯
沸点/℃	78.3	100.0	80.2

从以上两表列出的沸点情况看，除乙醇和水的二元共沸物的共沸点与乙醇的沸点相近外，其余三种共沸物的共沸点与乙醇的沸点均有 10℃ 左右的温差，因此，可以设法使水与苯以共沸物的方式从塔顶分离出来，而塔釜得到无水乙醇。

本实验为间歇操作，采用分相回流，由于富苯相中苯的含量很高，可以循环使用，因而苯的用量可以少于理论共沸剂量。

在理想的操作条件下，塔顶首先出来的是三元共沸物，其后是沸点略高于它的二元共沸物乙醇-苯，最后塔釜得到无水乙醇。这也是间歇操作所特有的效果，即只用一个塔便可将上面三种物质分开。

【实验装置】

实验装置见图 4-1。在玻璃塔内装有不锈钢网状 θ 环，填料层高度 1.2m。塔釜为 500mL 三口烧瓶，其中一个口与塔身相连；另一个口插入一支放有测温铜电阻的玻璃套管，用于测量塔釜液相温度；第三个口作为取样口。塔釜用电加热包加热，并采用自动控温仪表控制塔釜和外壁温度，以保证供热恒定。上升蒸气经填料层到塔顶全凝器，为了便于控制全塔的温度，采用两段导电的透明膜通电加热保温。另外还在塔顶、塔釜及塔身上、下等长两段的中点分别放置了 4 只测温铜电阻，各点温度由按键开关切换，并由数字温度显示器直接读出。

塔顶冷凝液流入分相器后分为两相，上层为富苯相，下层为富水相，富苯相由溢流口回流。塔顶全凝器用玻璃管制成，内有冷却蛇形管，通入 25℃ 的恒温循环水，保证分相器内液体温度为 25℃。

【实验步骤】

1. 将 70g 95％ 的乙醇溶液加入塔釜，并放几粒沸石。

2. 按照理论共沸剂的用量算出苯的加入量。将称量好的苯先由塔顶倒入分相器，加到溢流口高度，再将剩余的苯倒入塔釜。

3. 接通全凝器冷却水，打开电源开关，开始塔釜加热。与此同时调节好恒温水浴温度，使循环水通过阿贝折光仪和分相器。并保证温度为 25℃。

4. 为了使填料层具有均匀的温度梯度，可以根据塔顶和塔釜的温度按线性关系计算出上、下保温段测温点处的温度。随时调节保温电流大小，使其达到计算温度要求。

5. 每隔 10min 记录一次测温点的温度。每隔 20min 用注射器取塔釜汽样（取出后立即冷凝为液体）少许，用

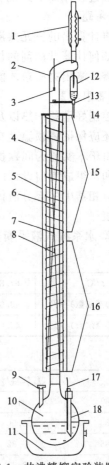

图 4-1　共沸精馏实验装置图

1—塔顶全凝器；2—塔头；3—测温铜电阻；
4—玻璃内套管；5—玻璃外套管；
6—上段测温铜电阻；7—精馏塔；
8—下段测温铜电阻；9—取样口；
10—塔釜；11—电加热包；
12—分相器；13—三通旋塞；
14—出液口；15—上段电加热；
16—下段电加热；17—测温铜电阻；
18—玻璃套管

阿贝折光仪测出折射率，求出塔釜气相组成。

6.根据气-液平衡数据，推算出塔釜液相组成，当其纯度达到99.5％以上时即可停止实验。

7.取出分相器中的富水层称重，并测定折射率，再利用附表求出富水相的组成。然后取少量富苯相用同样的方法测出其组成。

8.断电、停冷却水，结束实验。

【实验数据处理】

1.作间歇过程的全塔物料衡算，推算出塔顶三元共沸物的组成。

2.画出25℃下乙醇-水-苯三元物系的溶解度曲线，标明共沸物组成点，画出加料线，并对本精馏过程作简要的说明。

【思考题】

1.将计算出的三元共沸组成与文献值比较，求出其相对误差，并分析产生误差的原因。

2.如何计算共沸剂的加入量？

3.需要测出哪些量才能做全塔的物料衡算？

【注意事项】

1.控制好塔釜加热以及填料层温度分布是确保正常操作的关键，为使塔顶馏出液很好地分相，还应保证塔顶温度在三元共沸点以下。

2.由于本实验为间歇操作，实验过程采用富苯相全回流。所以分相器的体积是按照原料的总和和总组成专门设计的。当原料液的总量发生变化或塔顶出现大量二元共沸物时，应及时取出分相器中的部分液体，以保证分相器有足够的盛液体积。

附表

乙醇-水系统气液平衡数据见表4-3，乙醇-水-苯系统在25℃下的平衡组成见表4-4。

表4-3 乙醇-水系统气液平衡数据

$t/℃$	67.8	68.3	70.1	72.4	74.4	78.1
x（乙醇摩尔数）/%	43.0	61.0	80.0	89.0	94.0	100.0
y（乙醇摩尔数）/%	44.0	50.0	60.0	70.0	80.0	100.0

表4-4 乙醇-水-苯系统在25℃下的平衡组成

富苯相/%			富水相/%		
乙醇	水	$n_D^{25.5}$	乙醇	苯	$n_D^{25.5}$
1.86	98.00	1.4940	15.61	0.19	1.3431
3.85	95.82	1.4897	30.01	0.65	1.3520
6.21	93.32	1.4861	38.50	1.71	1.3573
7.91	91.25	1.4829	44.00	2.88	1.3615
11.00	87.81	1.4775	49.75	8.95	1.3700
14.68	83.50	1.4714	52.28	15.21	1.3787
18.21	79.15	1.4650	51.72	22.73	1.3890
22.30	74.00	1.4575	49.95	29.11	1.3976
23.58	72.41	1.4551	48.85	31.85	1.4011
30.85	62.01	1.4408	43.42	42.89	1.4152

实验 13　盐效应精馏实验

【实验目的】

1.了解盐效应精馏技术的特征和应用。

2.掌握盐效应精馏的操作条件和分析方法。

3.熟悉阿贝折光仪的使用方法。

【实验原理】

盐效应精馏不同于一般精馏，它是在有溶解于液相中的盐类存在下，在精馏塔内进行传质和传热的过程。盐的存在引起被分离混合物范德华力的改变，并使混合物的平衡曲线上的共沸点消失。因此，利用盐效应精馏，可以分离共沸混合物和沸点相近的混合物，以达到取得纯样品的目的。本实验中将固体盐加入回流液中，溶解后由塔顶加入，在塔顶得到99％左右的纯样品，塔底得到盐的溶液，盐可回收再用。

【实验装置与试剂】

实验装置：筛板精馏塔一套，如图 4-2 所示，塔内径 Φ30mm，板间距 40mm，筛孔Φ1mm，塔板数 20，精馏釜一个，三口圆底烧瓶（3000mL）；阿贝折光仪一台；精密恒温水浴一台。

实验试剂：乙醇，CP，含量 95％；无水氯化钙，CP。

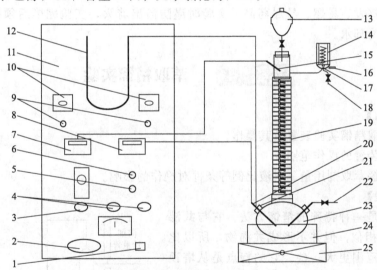

图 4-2　盐效应精馏装置

1—电源；2—调压器；3—冷却水转子流量计；4—电源开关；5—线圈开关；6—日光灯开关；
7—塔顶温度显示仪；8—塔釜温度显示仪；9—时间继电器指示灯；10—时间继电器；11—装置面板；
12—U 形压力计；13—加盐漏斗；14—塔顶分馏头；15—塔顶热电偶；16—线圈；
17—铁珠；18—塔顶取样口；19—筛板精馏塔；20—塔釜热电偶；21—塔釜测量口；
22—塔釜取样口；23—塔釜；24—塔釜加热电炉；25—升降架

【实验步骤】

1.称取粉碎后的无水氯化钙 30g，捣碎，放入烧杯备用。

2.将 1500mL 恒沸组成为 95％（质量分数）的乙醇加入精馏釜。

3.接上电源，调节电压到 200V 左右，使塔釜加热，同时开冷却水，保持冷却水流量恒定。

4.待塔顶回流恒定后取回流液样品,并用回流液将无水氯化钙溶解,倒入塔顶的盐溶液加料瓶中,滴加到塔内,滴加速度约 0.35mL/min。

5.精馏操作运行稳定后,分别在塔顶、塔釜取样。

6.样品分别在阿贝折光仪上测得折射率,再从乙醇-水-氯化钙与折射率关系图上查出其组成。

7.实验结束后先关掉电源开关,然后关总电源,待釜温下降到40℃时,再关自来水。

【实验数据处理】

未精馏的乙醇折射率:_____,乙醇含量:_____%。

未加盐精馏的塔顶乙醇的折射率:_____,乙醇含量:_____%。

未加盐精馏的温度:塔顶_____℃,塔底_____℃。

加盐精馏的塔顶乙醇的折射率:_____,乙醇含量:_____%。

加盐精馏的温度:塔顶_____℃,塔底_____℃。

【思考题】

1.盐效应精馏加盐可从哪些地方加?

2.对于乙醇-水的精馏,可加哪些盐?加哪种盐最好?

3.影响折射率的因素有哪些?

【注意事项】

乙醇为易挥发、易燃、易爆药品,实验时谨防溢出着火,实验完毕后须待釜温下降到40℃时方能关冷却水。

实验 14　萃取精馏实验

【实验目的】

1.熟悉萃取精馏实验装置及其操作。

2.找出该装置的操作范围。

3.定性了解萃取剂用量、料液比例等条件对操作的影响。

【实验原理】

萃取精馏是一种特殊的精馏方法。它与共沸精馏的操作很相似,但并不形成共沸物,所以比共沸精馏使用范围更大一些。它的特点是从塔顶连续加入一种高沸点添加剂(亦称溶剂、萃取剂)去改变被分离组分的相对挥发度,使普通精馏方法不能分离的组分得到分离。

【实验装置与试剂】

实验使用萃取精馏装置,实验装置流程图如图 4-3 所示。

装置主要参数如下:萃取玻璃塔体内径:20mm;填料高度:1.2m;脱萃取剂玻璃塔体内径:20mm;填料高度:1m;填料:2mm×2mm(不锈钢 θ 网环);保温套管直径:60～80mm;釜

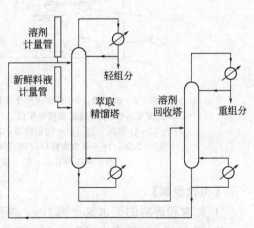

图 4-3　萃取精馏实验装置流程图

容积：500mL；加热功率：300W；保温段加热功率（上下两段）：各300W；预热器直径：30mm；加热功率70W；主塔侧口：两个，间距400mm，距塔顶部200mm向下排列。气相色谱仪一台。

实验试剂：甲醇，CP；丙酮，CP；蒸馏水。

【实验步骤】

以甲醇（14.5%）-丙酮（85.5%）为原料，以纯水为萃取剂，进行连续萃取精馏实验。在计量管内注入甲醇-丙酮混合物液体，另一计量管内注入蒸馏水。进水加料口在上部，进甲醇-丙酮混合物进料口在下部。向釜内注入约100mL含少量甲醇的水，此后可进行升温操作。同时预热器升温，当釜开始沸腾时，开塔体保温电源，并开始加料。控制水的加料速度为180mL/min，甲醇-丙酮混合物与水的体积比为1:（2~2.5）。不断调节转子流量计所指示的流量，使其稳定在所要求的范围。用秒表定时记下计量管液面下降值以供调节流量用。

当塔顶开始有回流时，打开回流，给定回流值1:1并开始用量筒收集流出物料，同时计下取料时间，要随时检查物料的平衡情况，调整加料速度或蒸发量。此外，还要调节釜液的排出量，大体维持液面稳定。在操作中取流出物用气相色谱仪进行分析。塔顶流出物中丙酮为95%~96.5%（质量分数），大大超过共沸组成。该组成对应的塔釜温度为99.8℃、塔顶温度57.7℃。停止操作后，要取出塔中各部分液体进行称量，并做物料衡算。

【实验数据处理】

加料量：水____g；甲醇____g；丙酮____g；

塔顶流出物：丙酮____g；含量____%；

釜液：甲醇____g，含量____%；丙酮____g，含量____%；水____g；

加料速度：甲醇-丙酮混合物____mL/min；水____mL/min；

丙酮精馏收率：____%；

甲醇精馏收率：____%。

【思考题】

1.萃取剂与甲醇-丙酮液体的加料比例对萃取精馏有何影响？

2.回流比对萃取精馏有何影响？

3.甲醇-丙酮液体的浓度对萃取精馏有何影响？

实验 15　　膜分离法制备纯水实验

【实验目的】

1.熟悉膜分离制备纯水的生产方法及设备构造。

2.学习和掌握反渗透膜分离的基本原理。

3.比较纳滤膜和反渗透膜分离的分离效果。

【实验原理】

超滤（UF）是以压力为推动力，利用超滤膜不同孔径对液体进行物理的筛分过程。其分子切割量（CWCO）一般为6000到50万，孔径约为100nm。在压力驱动下，溶液中水、有机低分子、无机离子等尺寸小的物质可通过超滤膜纤维壁上的微孔到达膜的另一侧，溶液中菌体、胶体、颗粒物、有机大分子等大尺寸物质则不能透过纤维壁而被截留，从而达到筛分溶液中不同组分的目的。该过程为常温操作，无相态变化，不产生二次污染。从操作形式上看，超滤可分为内压和外压。运行方式分为死端过滤和错流过滤两种。当进水悬浮物较高时，采用错流过滤可减缓污堵，但相应增加能耗。

纳滤（NF）膜分离过程无任何化学反应，透过物大小在 $1\sim10\mathrm{nm}$，无需加热，无相转变，不会破坏生物活性，不会改变风味、香味，因而被越来越广泛地应用于饮用水的制备和食品、医药、生物工程、污染治理等行业中的各种分离和浓缩提纯过程。纳滤膜在其分离应用中表现出下列两个显著特征：一个是其截留分子量介于反渗透膜和超滤膜之间，为 $200\sim2000$；另一个是纳滤膜对无机盐有一定的截留率，因为它的表面分离层由聚电解质所构成，对离子有静电相互作用。

反渗透（RO）：在一定压力下水分子由盐水端透过反渗透膜向纯水端迁移，溶剂分子在压力作用下由稀溶液向浓溶液迁移，这一现象被称为反渗透现象，见图 4-4。如果将盐水加入以上设施的一端，并在该端施加超过该盐水渗透压的压力，我们就可以在另一端得到纯水，这就是反渗透净水的原理。反渗透设施生产纯水的关键有两个，一是一个有选择性的膜，我们称之为半透膜，二是一定的压力。简单地说，反渗透半透膜上有众多的孔，这些孔的大小与水分子的大小相当，由于细菌、病毒、大部分有机污染物和水合离子均比水分子大得多，因此不能透过反渗透半透膜而与透过反渗透膜的水相分离。在水中众多杂质中，溶解性盐类是最难清除的。因此，经常根据除盐率的高低来确定反渗透的净水效果。反渗透除盐率的高低主要取决于反渗透半透膜的选择性。目前，较高选择性的反渗透膜除盐率可以高达 99.7％。

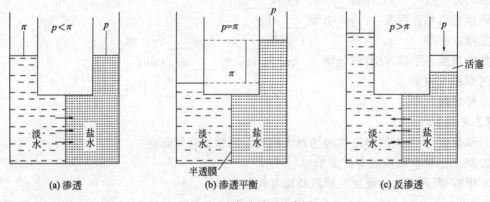

图 4-4　反渗透原理示意图

【实验装置】

实验装置如图 4-5 所示，由 1 支超滤膜、1 支纳滤膜、1 支反渗透膜和高、低压离心泵、2 个水箱、流量计、压力表等组成。用电导仪测定原料水和纯水的电导率。

【实验步骤】

1. 连接好设备电源（380V 电源，三相五线，良好接地）。

2. 实验用水箱分别为水箱 1、水箱 2。向水箱 1 注入自来水，水位至水箱 3/4 处。

3. 启动离心泵，用流量调节阀调节出口流量，并打开阀门向水箱 2 送水，水箱 2 加入 3/4 高度水为止。并不断向水箱 1 注自来水。

4. 纳滤膜实验将通往反渗透管路上的阀门全部关闭，全开纳滤膜实验系统浓水阀门，启动高压泵，待管路充满水后，根据压力表和流量计逐渐调整浓水阀门到合适位置。注意：纳

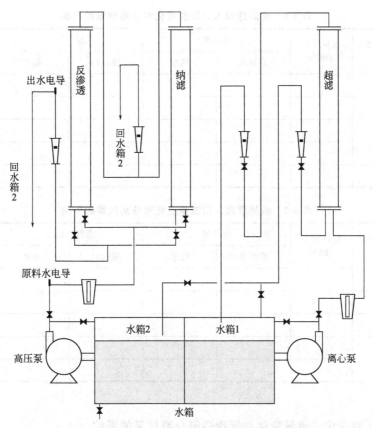

图 4-5 超滤、纳滤、反渗透实验装置示意图

滤膜和 RO 膜的工作压力为 0.7~1.0MPa，不超过 1.2MPa。

5.固定膜的入口流量，调节纯水的流量，改变膜压差，稳定后记录纯水的电导率，进而分析膜压差变化对分离效果的影响。

6.调节膜入口流量，固定压差，稳定后记录纯水电导率，进而分析膜入口流量对分离效果的影响。

【实验数据处理】

室温：_____ 水温：_____。

详见表 4-5~表 4-7。

表 4-5　反渗透膜膜压差变化对分离效果的影响

序号	入口压力/MPa	出口压力/MPa	电导率		流量（L/h）		脱盐率/%
			原料水	纯水	膜入口	纯水	
1							
2							
3							
4							
5							

表 4-6 反渗透膜入口流量变化对分离效果的影响

序号	入口压力/ MPa	出口压力 /MPa	电导率		流量（L/h）		脱盐率 /%
			原料水	纯水	膜入口	纯水	
1							
2							
3							
4							
5							

表 4-7 纳滤膜膜入口流量变化对分离效果的影响

序号	入口压力/ MPa	出口压力 /MPa	电导率		流量（L/h）		脱盐率 /%
			原料水	纯水	膜入口	纯水	
1							
2							
3							
4							
5							

【思考题】

1. 分析膜压差变化、流量变化对反渗透膜分离效果的影响。

2. 比较反渗透膜与纳滤膜的分离效果。

【注意事项】

1. 每次改变实验条件后，需要运行 8~10min 稳定后再记录数据。

2. 记录原水电导和淡水电导。

3. 反渗透实验与纳滤膜实验相类似。

4. 系统停机前应全开浓水阀门循环冲洗 3min。

5. 超滤膜如需长期放置，可用 1%~3% 亚硫酸氢钠溶液浸泡封存。

6. 设备存放实验室应有合适的防冻措施，严禁结冰。

7. 纳滤和反渗透水箱用水必须是超滤设备的净水。

8. 纳滤和反渗透短期停机，应隔两天通水一次，每次通水 30min；长期停机应采用 1% 亚硫酸氢钠或甲醛液注入组件内，然后关闭所有阀门，防止细菌侵蚀膜元件。三个月以上停机应更换保护液一次。

9. 系统停机，必须切断电源。

实验 16 CO_2 超临界萃取实验

二氧化碳是一种很常见的气体，但是过多的二氧化碳会造成"温室效应"，因此充分利用二氧化碳具有重要意义。传统的二氧化碳利用技术主要用于生产干冰（灭火用）或作为食品添加剂等。目前国内外致力于发展一种新型的二氧化碳利用技术——CO_2 超临界萃取技术（CO_2-SFE）。运用该技术可生产高附加值的产品，可提取过去用化学方法无法提取的物质，且廉价、无毒、安全、高效，适用于化工、医药、食品等工业。

二氧化碳在温度高于临界温度 $T_C = 31.26℃$、压力高于临界压力 $p_C = 7.2MPa$ 的状态下，性质会发生变化，其密度近于液体，黏度近于气体，扩散系数为液体的 100 倍，因而具有惊人的溶解能力。用它可溶解多种物质，然后提取其中的有效成分，具有广泛的应用前景。

传统的提取物质中有效成分的方法，如水蒸气蒸馏法、减压蒸馏法、溶剂萃取法等，其工艺复杂、产品纯度不高，而且易残留有害物质。超临界流体萃取是一种新型的分离技术，它是利用流体在超临界状态时具有密度大、黏度小、扩散系数大等优良的传质特性而成功开发的。它具有提取率高、产品纯度好、流程简单、能耗低等优点。CO_2-SFE 技术由于温度低、系统密闭，可大量保存对热不稳定及易氧化的挥发性成分，为中药挥发性成分的提取分离提供了目前最先进的方法。

【实验目的】

1. 通过实验了解 CO_2 超临界萃取的原理和特点。
2. 熟悉超临界萃取设备的构造，掌握 CO_2 超临界萃取中药挥发性成分的操作方法。

【实验原理】

1. 超临界流体定义

任何一种物质都存在三种相态：气相、液相、固相。三相呈平衡态共存的点叫三相点。液、气两相呈平衡状态的点叫临界点。在临界点时的温度和压力称为临界压力。不同的物质其临界点所要求的压力和温度各不相同。

超临界流体（Supercritical fluid，SCF）技术中的 SCF 是指温度和压力均高于临界点的流体，如二氧化碳、氨、乙烯、丙烷、丙烯、水等。高于临界温度和临界压力而接近临界点的状态称为超临界状态。处于超临界状态时，气液两相性质非常相近，以至无法分别，所以称之为 SCF。

目前研究较多的超临界流体是二氧化碳，因其具有无毒、不燃烧、对大部分物质不反应、价廉等优点，最为常用。在超临界状态下，CO_2 流体兼有气液两相的双重特点，既具有与气体相当的高扩散系数和低黏度，又具有与液体相近的密度和对物质良好的溶解能力，其密度对温度和压力变化十分敏感，且与溶解能力在一定压力范围内成比例，所以可通过控制温度和压力的办法改变物质的溶解度。

2. 超临界流体萃取的基本原理

超临界流体萃取分离过程是利用超临界流体的溶解能力与其密度的关系，即利用压力和温度对超临界流体溶解能力的影响而进行的。当气体处于超临界状态时，成为性质介于液体和气体之间的单一相态，具有和液体相近的密度，黏度虽高于气体但明显低于液体，扩散系数为液体的 10～100 倍；因此对物料有较好的渗透性和较强的溶解能力，能够将物料中某些成分提取出来。

在超临界状态下，将超临界流体与待分离的物质接触，使其有选择性地依次按极性大小、沸点高低和分子量大小把成分萃取出来。并且超临界流体的密度和介电常数随着密闭体系压力的增加而增加，极性增大，利用程序升压可将不同极性的成分进行分步提取。当然，对应各压力范围所得到的萃取物不可能是单一的，但可以通过控制条件得到最佳比例的混合成分，然后借助减压、升温的方法使超临界流体变成普通气体，被萃取物质则自动完全或基本析出，从而达到分离提纯的目的，并将萃取分离两过程合为一体，这就是超临界流体萃取分离的基本原理。

3. 超临界 CO_2 的溶解能力

超临界状态下，CO_2 对不同溶质的溶解能力差别很大，这与溶质的极性、沸点和分子量密切相关，一般来说有以下规律。

（1）亲脂性、低沸点成分可在低压萃取（$10^4 Pa$），如挥发油、烃、酯等。

（2）化合物的极性基团越多，越难萃取。

（3）化合物的分子量越高，越难萃取。

4. 超临界 CO_2 的特点

超临界 CO_2 成为目前最常用的萃取剂，它具有以下特点。

（1）CO_2 临界温度为 31.26℃，临界压力为 7.2MPa，临界条件容易达到。

（2）CO_2 化学性质不活泼，无色无味无毒，安全性好。

（3）价格便宜，纯度高，容易获得。

因此，超临界 CO_2 特别适用于天然产物有效成分的提取。

5. 超临界 CO_2 萃取的特点

萃取和分离合二为一，当饱含溶解物的二氧化碳超临界流体流经分离器时，由于压力下降使得 CO_2 与萃取物迅速成为两相（气液分离）而立即分开，不存在物料的相变过程，不需回收溶剂，操作方便；不仅萃取效率高，而且能耗较少，节约成本。

压力和温度都可以成为调节萃取过程的参数。临界点附近，温度压力的微小变化，都会引起 CO_2 密度显著变化，从而使待萃物的溶解度发生变化，可通过控制温度或压力的方法达到萃取目的。压力固定，改变温度可将物质分离；反之温度固定，降低压力使萃取物分离；因此工艺流程短、耗时少。对环境无污染，萃取流体可循环使用，真正实现生产过程绿色化。

萃取温度低，CO_2 的临界温度为 31.265℃，临界压力为 7.18MPa，可以有效地防止热敏性成分的氧化和逸散，完整保留生物活性，而且能把高沸点，低挥发度、易热解的物质在其沸点以下温度萃取出来。

超临界 CO_2 流体常态下是气体，无毒，与萃取成分分离后，完全没有溶剂的残留，有效地避免了传统提取条件下溶剂毒性的残留，同时也防止了提取过程对人体的毒害和对环境的污染。

超临界流体的极性可以改变，一定温度条件下，只要改变压力或加入适宜的夹带剂即可提取不同极性的物质，可选择范围广。

【实验装置】

仪器：江苏南通 HA21-50-06 型超临界萃取装置。

HA21-50-06 型超临界萃取装置由下列部分组成：气瓶（用户自备）、制冷装置、温度控显系统、安全保护装置、携带剂罐、净化器、混合器、热交换器、贮罐、最大流量为 50L/h 的双柱塞泵（主泵），最大流量为 4L/h 的双柱塞泵（副泵）、5L/50MPa 和 1L/50MPa 萃取缸、1L/30MPa 和 2L/30MPa 分离器、精馏柱、电控柜、阀门、管件及柜架等，具体流程见后面示意图 4-6。

【实验试剂】

CO_2；食用酒精；中药材。

【实验步骤】

1. 开机前的准备工作

（1）首先检查电源、三相四线是否完好无缺。

（2）检查冷冻机及贮罐的冷却水源是否畅通，冷箱内为 30％乙二醇＋70％水溶液。

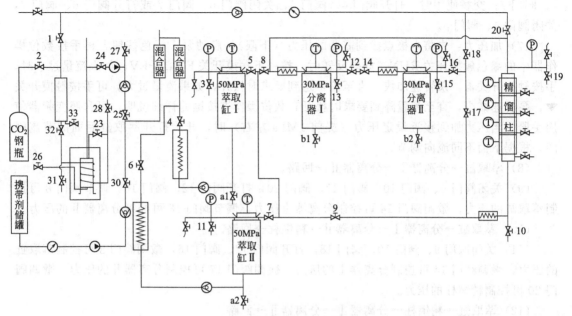

图 4-6 超临界 CO_2 萃取装置图

（3）CO_2 气瓶压力保证在 5～6MPa，且食品级纯度 99.9％，净重≥22kg。

（4）检查管路接头以及各连接部位是否牢靠。

（5）向各热箱内加入净化水、去氯离子蒸馏水，不宜太满，离箱盖 2cm 左右，每次开机前都要查水位。

（6）萃取原料装入料筒，原料不应安装太满，离过滤网 2～3cm 左右。

（7）将料筒装入萃取缸，盖好压环及上堵头。

（8）如果萃取液体物料或需加入夹带剂，将液料放入携带剂罐，可用泵压入萃取缸内。

（9）萃取缸、分离器的探头孔内需加入一定量的甘油，以提高控温的准确性。

（10）萃取缸、分离器、精馏柱加热时，萃取缸温度设定应比实际所需温度低一些，而分离器、精馏柱温度设定应比实际所需工作温度高一些。

2. 开机操作程序

（1）先松空气开关，如三相电源指示灯都亮，则说明电源已接通，再启动电源的（绿色）按钮。

（2）接通制冷开关。

（3）开始加温，先将萃取缸Ⅰ、萃取缸Ⅱ、分离器Ⅰ、分离器Ⅱ的加热开关接通，将各自控温仪拨到设定位置，调整到各自所需的设定温度后，再拨到测温位置，萃取缸、预热器、分离器Ⅰ、分离器Ⅱ均有电压指示时，表明各相对应的水箱开始加热，接通贮罐水循环开关。如果精馏柱也参加整机循环，还需打开与精馏相应的加热开关。

（4）待冷冻机温度降到 0℃ 左右，且萃取缸、预热器、分离器Ⅰ、分离器Ⅱ、精馏柱温度接近设定的要求后，进行下列操作。

（5）将阀门 2、阀门 32、阀门 23、阀门 24、阀门 25、阀门 4（6）打开，其余阀门关闭，再打开气瓶阀门（气瓶压力应达 5MPa 以上），让 CO_2 气瓶气进入萃取缸，等压力平衡后，打开萃取缸放空阀门 3 或（阀门 11），慢慢放掉残留的空气，降一部分压力后关好。

（6）萃取缸可以并联使用，也可以交替使用，并联使用时，打开阀门 5、阀门 6、阀门

4、阀门 7；交替使用时，打开阀门 4、阀门 5，关闭阀门 6、阀门 7 或打开阀门 6、阀门 7，关闭阀门 4、阀门 5。

（7）加压力：先将电极点拨到需要的压力（下限），启动泵Ⅰ绿色按钮，再手按数位操作器中的绿色触摸开关 RUN，如果反转时，按一下触摸开关 FWD/PEV，如果流量过小时，手按触摸开关 ▲，泵转速加快，直至流量达到要求时松开，如果流量过大，可手按触摸开关 ▼，泵转速减少，直至流量降到要求时松开，数位操作器按键的详细说明，可参照变频器使用手册。当压力加到接近设定压力（提前 1MPa 左右）时，开始打开萃取缸后面的节流阀门，根据下面不同流向调节。

（8）萃取缸→分离器Ⅰ→分离器Ⅱ→回路。

（9）关闭阀门 9、阀门 10、阀门 17、阀门 20，打开阀门 12、阀门 16，调节阀门 8 可控制萃取缸的压力，微调阀门 14 可控制分离器Ⅰ压力，调节阀门 18 可控制分离器Ⅱ的压力。

（10）萃取缸→分离器Ⅰ→分离器Ⅱ→精馏柱→回路。

（11）关闭阀门 9、阀门 10、阀门 18，打开阀门 12、阀门 16，微调阀门 8 可控制萃取缸的压力，微调阀门 14 可控制分离器Ⅰ的压力，微调阀门 17 可控制分离器Ⅱ的压力，微调阀门 20 可控制精馏柱的压力。

（12）萃取缸→精馏柱→分离器Ⅰ→分离器Ⅱ→回路。

（13）关闭阀门 8、阀门 17、阀门 20，打开阀门 12、阀门 16，微调阀门 9 可控制萃取缸的压力，微调阀门 10 可控制精馏柱的压力，微调阀门 14 可控制分离器Ⅰ的压力，微调阀门 18 可控制分离器Ⅱ的压力。

（14）中途停泵时，只需按数位操作器上的 STOP 键。

（15）萃取完成后，关闭冷冻机、泵各种加热循环开关，再关闭总电源开关，萃取缸内压力放入后面分离器或精馏柱内，待萃取缸内压力和水平面稳定后，再关闭萃取缸周围的阀门，打开放空阀门 3 和阀门 a1 或打开放空阀门 11 和阀门 a2，待没有压力后，打开萃取缸盖，取出料筒为止，整个萃取过程结束。

【实验数据处理】

样品	样品得率

【思考题】

1. 什么是超临界流体？

2. 超临界流体与气体、液体的区别有哪些？

3. 超临界流体萃取过程的主要操作参数是什么，试阐述温度和压力对萃取过程的影响。

4. 超临界 CO_2 有什么特性？超临界水又有哪些特性？

5. 超临界 CO_2 萃取与传统有机溶剂萃取的区别是什么？有哪些特点？适用于哪些物质的提取分离？

6. 何为夹带剂？

7. 超临界流体萃取系统主要由哪几部分组成？

8. 试从有关超临界流体萃取的论著中选择一种典型流程，用热力学原理分析萃取全过程的能量消耗情况。

【注意事项】

1. 此装置为高压流动装置，非熟悉本系统流程者不得操作，高压运转时不得离开岗位，如发生异常情况，要立即停机关闭总电源检查。

2. 泵系统启动前应先检查润滑的情况是否符合说明，填料压帽不宜过松或过紧。

3. 电极点压力表操作前要预先调节所需值，否则会产生自动停泵或电极失灵超过压力的情况，温度也同样到一定值自动停止加热。

4. 冷冻系统冷冻管内要加入 30％的乙二醇（防冻液），液位以不要溢出为止。

5. 冷冻机采用 R22 氟利昂制冷，开动前要检查冷冻机油，如过低时要加入 25♯冷冻机油，正常情况已调好，一般不要动阀门。

6. 正常运转情况：高压表夏天为 $15\sim20kg/cm^2$、冬天为 $5\sim15kg/cm^2$ 均为正常，低压表为 $1\sim2kg/cm^2$ 以下为正常。

7. 长时间不用就要回收氟利昂，具体操作为关闭供液阀门开机 5min 左右。低压表低于 0.1MPa 停机即可。

8. 制冷系统通氟后，如发生故障，先用上述方法回收氟利昂，检查电磁阀至膨胀阀管线有无堵塞或检查过滤器有无堵塞，有堵塞时，清理即可；如果氟利昂过少，制冷效果不佳，请专业人员清理即可。

9. 要经常检查各连接部位是否松动。

10. 泵在一定时间内要更换润滑油。

11. 加热水箱保温：长时间不用，请将水排放，防止冬天冻坏保温套和腐蚀循环水泵。一般开机前检查水箱水位，不够应补充（因温度蒸发），同时检查循环水泵转动轴是否灵活转动，防止水垢卡死转轴烧坏电机。

实验 17　膜分离技术

【实验目的】

1. 了解和熟悉超滤膜分离的主要工艺参数。

2. 了解液相膜分离技术的特点。

3. 培养并掌握超滤膜分离的实验操作技能。

【实验原理】

通常，以压力差为推动力的液相膜分离方法有反渗透（RO）、纳滤（NF）、超滤（UF）和微滤（MF）等方法，图 4-7 是各种渗透膜对不同物质的截留示意图。对于超滤（UF）而言，一种被广泛用来形象地分析超滤膜分离机理的说法是"筛分"理论。该理论认为，膜表面具有无数微孔，这些实际存在的不同孔径的孔眼像筛子一样，截留住了分子直径大于孔径的溶质和颗粒，从而达到了分离的目的。最简单的超滤膜的工作原理（图 4-8）是：在一定的压力作用下，当含有高分子（A）和小分子（B）溶质的混合溶液流过被支撑的超滤膜表面时，溶剂（如水）和小分子溶质（如无机盐）将透过超滤膜，作为透过物被搜集起来；高分子溶质（如有机胶体）则被超滤膜截留而作为浓缩液被回收。

应当指出的是，若超滤完全用"筛分"的概念来解释，则会非常含糊。在有些情况下，似乎孔径大小是物料分离的唯一支配因素；但对有些情况，超滤膜材料表面的化学特性却起到了决定性的截留作用。如有些膜的孔径既比溶剂分子大，又比溶质分子大，本不具有截留功能，但令人意外的是，它却仍然具有明显的分离效果。由此可知，在超滤膜分离过程中，膜的孔径大小和膜表面的化学性质等，将分别起着不同的截留作用。因此，不能简单地分析超滤现象，孔结构是重要因素，但不是唯一因素，另一个重要因素是膜表面的化学性质。

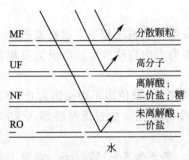

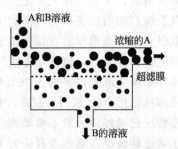

图 4-7　各种渗透膜对不同物质的截留示意图　　　　图 4-8　超滤膜工作原理示意图

【实验设备、流程和仪器】

1. 主要设备

组件型号：XZL-UF10-1；主要参数：截留分子量 10000；膜面积：0.5m^2；适宜的流量：20～50L/h。

2. 实验流程

本实验将表面活性剂料液经泵从下部输送到中空纤维超滤膜组件（图 4-9）。将表面活性剂料液分为两部分：一是透过液——透过膜的稀溶液，该稀溶液由流量计后回到表面活性剂料液储罐；二是浓缩液——未透过膜的溶液（浓度高于料液），经转子流量计计量后也回到料液储罐。在本流程中，阀门 A 处可为膜组件加保护液（1％甲醛溶液）用；阀门 B 处可放出保护液；预过滤器为 200 目不锈钢网过滤器，作用是拦截料液中的不溶性杂质，以保护膜不受阻塞。

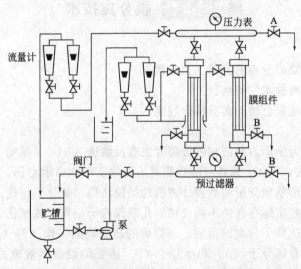

图 4-9　中空纤维超滤膜浓缩表面活性剂实验装置示意图

3. 主要分析仪器

751 型紫外分光光度计，用于测定溶液浓度。

【实验步骤】

1. 实验方法

将预先配制的表面活性剂料液在 0.1MPa 压力和室温下，进行不同流量的超滤膜分离实验。在稳定操作 30min 后，取样品分析。取样方法：从表面活性剂料液储槽中用移液管取

5mL 浓缩液入 100mL 容量瓶中，与此同时，在透过液出口端用 100mL 烧杯接取透过液约 50mL，然后用移液管从烧杯中取 10mL 放入第二个容量瓶中，以及在浓缩液出口端用 100mL 烧杯接取浓缩液约 50mL，并用移液管从烧杯中取 5mL 放入第三个容量瓶中。利用 751 型紫外分光光度计，测定三个容量瓶中的表面活性剂浓度。烧杯中剩余透过液和浓缩液全部倾入表面活性剂料液储槽中，充分混匀。随后进行下一个流量实验。

2. 操作步骤

① 751 型紫外分光光度计通电预热 20min 以上。

② 若长时间内不进行膜分离实验，为防止中空纤维膜被微生物侵蚀而损伤，在超滤组件内必须加入保护液。然而，在实验前必须将超滤组件中的保护液放净。

③ 清洗中空纤维超滤组件，为洗去残余的保护液，用自来水清洗 2~3 次，然后放净清洗液。

④ 检查实验系统阀门开关状态，使系统各部位的阀门处于正常运转状态。

⑤ 将配制的表面活性剂料液加入料液槽计量，记录表面活性剂料液的体积。用移液管取料液 5mL 放入容量瓶（100mL）中，以测定原料液的初始浓度。

⑥ 在启动泵之前，必须向泵内注满原料液。

⑦ 启动泵稳定运转 30min 后，按"实验方法"进行条件实验，做好记录。实验完毕后即可停泵。

⑧ 清洗中空纤维超滤组件。待超滤组件中的表面活性剂溶液放净之后，用自来水代替原料液，在较大流量下运转 20min 左右，清洗超滤组件中残余表面活性剂溶液。

⑨ 加保护液。如果一天以上不使用超滤组件，须加入保护液至中空纤维超滤组件的 2/3 高度。然后密闭系统，避免保护液损失。

⑩ 将 751 型紫外分光光度计清洗干净，放在指定位置，切断分光光度计的电源。

【实验数据处理】

1. 实验条件和数据记录如下

压力（表压）：_____MPa；温度：_____℃。

数据记录	起止时间	浓度/（mg/L）			流量/（L/h）	
实验序号		原料液	浓缩液	透过液	浓缩液	透过液

2. 数据处理

（1）表面活性剂截留率（R）

$$R = \frac{\text{原料液初始浓度} - \text{透过液浓度}}{\text{原料液初始浓度}} \times 100\% \tag{1}$$

（2）透过液通量（J）

$$J = \frac{\text{渗透液体积}}{\text{实验时间} \times \text{膜面积}} (\text{L/m}^2 \cdot \text{h}) \tag{2}$$

（3）表面活性剂浓缩倍数（N）

$$N = \frac{\text{浓缩液中表面活性剂浓度}}{\text{原料液中表面活性剂浓度}} \tag{3}$$

(4) 在坐标上绘制 $R \sim$ 流量、$J \sim$ 流量和 $N \sim$ 流量的关系曲线。

【思考题】

1. 试说明超滤膜分离的机理。

2. 超滤组件长时间不用时，为何要加保护液？

3. 在实验中，如果操作压力过高会有什么结果？

4. 提高料液的温度对膜通量有什么影响？

5. 在启动泵之前为何要灌泵？

实验 18 变压吸附实验

利用多孔固体物质的选择性吸附分离和净化气体或液体混合物的过程称为吸附分离。吸附过程得以实现的基础是固体表面过剩能的存在，这种过剩能可通过范德华力的作用吸引物质附着于固体表面，也可通过化学键合力的作用吸引物质附着于固体表面，前者称为物理吸附，后者称为化学吸附。一个完整的吸附分离过程通常由吸附与解吸（脱附）循环操作构成，由于实现吸附和解吸操作的工程手段不同，过程分变压吸附和变温吸附，变压吸附是通过调节操作压力（加压吸附、减压解吸）完成吸附与解吸的操作循环，变温吸附则是通过调节温度（降温吸附，升温解吸）完成循环操作。变压吸附主要用于物理吸附过程，变温吸附主要用于化学吸附过程。本实验以空气为原料，以碳分子筛为吸附剂，通过变压吸附的方法分离空气中的氮气和氧气，达到提纯氮气的目的。

【实验目的】

1. 了解和掌握连续变压吸附过程的基本原理和流程。

2. 了解和掌握影响变压吸附效果的主要因素。

3. 了解和掌握碳分子筛变压吸附提纯氮气的基本原理。

4. 了解和掌握吸附床穿透曲线的测定方法和目的。

【实验原理】

物质在吸附剂（固体）表面的吸附必须经过两个过程：一是通过分子扩散到达固体表面；二是通过范德华力或化学键合力的作用吸附于固体表面。因此，要利用吸附实现混合物的分离，被分离组分必须在分子扩散速率或表面吸附能力上存在明显差异。

碳分子筛吸附分离空气中 N_2 和 O_2 就是基于两者在扩散速率上的差异。N_2 和 O_2 都是非极性分子，分子直径十分接近（O_2 为 0.28nm，N_2 为 0.3nm），由于两者的物性相近，与碳分子筛表面的结合力差异不大，因此，从热力学（吸收平衡）角度看，碳分子筛对 N_2 和 O_2 的吸附并无选择性，难以使两者分离。然而，从动力学角度看，由于碳分子筛是一种速率分离型吸附剂，N_2 和 O_2 在碳分子筛微孔内的扩散速率存在明显差异，如：35℃时，O_2 的扩散速率比 N_2 快 30 倍，因此当空气与碳分子筛接触时，O_2 将优先吸附于碳分子筛而从空气中分离出来，使得空气中的 N_2 得以提纯。该吸附分离过程是一个速率控制的过程，因此，吸附时间的控制（即吸附-解吸循环速率的控制）非常重要。当吸附剂用量、吸附压力、气体流速一定时，适宜的吸附时间可通过测定吸附柱的穿透曲线来确定。

所谓穿透曲线就是出口流体中被吸附物质（即吸附质）的浓度随时间的变化曲线。典型的穿透曲线如图 4-10 所示，吸附质的出口浓度变化呈 S 形曲线，在曲线的下拐点（a 点）

之前，吸附质的浓度基本不变（控制在要求的浓度之下），此时，出口产品是合格的。越过下拐点之后，吸附质的浓度随时间增加，到达上拐点（b 点）后趋于进口浓度，此时，床层已趋于饱和，通常将下拐点（a 点）称为穿透点，上拐点（b 点）称为饱和点。通常将出口浓度达到进口浓度的 95％的点确定为饱和点，而穿透点的浓度应根据产品质量要求来定，一般略高于目标值。本实验要求 N_2 的浓度≥97％，即出口 O_2 应≤3％，因此，将穿透点定为 O_2 浓度在 2.5％～3.0％。

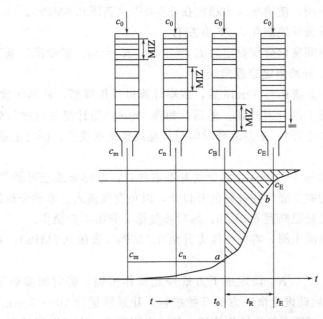

图 4-10　恒温固定床吸附器的穿透曲线

为确保产品质量，在实际生产中吸附柱有效工作区应控制在穿透点之前，因此，穿透点（a 点）的确定是吸附过程研究的重要内容。利用穿透点对应的时间（t_0）可以确定吸附装置的最佳吸附操作时间和吸附剂的动态吸附容量，而动态吸附容量是吸附装置设计放大的重要依据。

动态吸附容量的定义为：从吸附开始直至穿透点（a 点）的时段内，单位质量的吸附剂对吸附质的吸附量（即：吸附质的质量/吸附剂质量或体积）

$$动态吸附容量 \quad G = \frac{V t_0 (c_0 - c_B)}{m} \tag{1}$$

式中，V 为吸附剂的体积，L；c_0 为吸附质的进口浓度，g/L；c_B 为穿透点处，吸附质的出口浓度，g/L；t_0 为到达穿透点的时间，s；m 为碳分子筛吸附剂的质量，g。

【实验装置及流程】

变压吸附装置由两根可切换操作的吸附柱（A 柱、B 柱）构成，吸附柱尺寸为 $\phi36mm \times 450mm$，吸附剂为碳分子筛，各柱碳分子筛的装填量为 247g。

来自空压机的原料空气经脱油器脱油和硅胶脱水后进入吸附柱，气流的切换通过电磁阀由计算机在线自动控制。在计算机控制面板上，有两个可自由设定的时间窗口 K_1、K_2，所代表的含义分别为：K_1 为表示吸附和解吸的时间（注：吸附和解吸在两个吸附柱分别进行）；K_2 为表示吸附柱充压和串联吸附操作时间。

解吸过程分为两步，首先是常压解吸，随后进行真空解吸。

气体分析：出口气体中的氧气含量通过 CYES-Ⅱ型氧气分析仪测定。

【实验步骤】

1. 实验准备：检查压缩机、真空泵、吸附设备和计算机控制系统之间的连接是否到位，氧分析仪是否校正，15 支取样针筒是否备齐。

2. 接通压缩机电源，开启吸附装置上的电源。

3. 开启真空泵上的电源开关，然后在计算机面板上启动真空泵。

4. 调节压缩机出口稳压阀，使输出压力稳定在 0.5MPa（表压 0.4MPa）。

5. 调节气体流量阀，将流量控制在 3.0L/h 左右。

6. 将计算机面板上的时间窗口分别设定为 $K_1=600s$，$K_2=5s$，启动设定框下方的开始按钮，系统运行 30min 后，开始测定穿透曲线。

7. 穿透曲线测定方法：系统运行 30min 后，观察计算机操作屏幕，从操作状态进入 K_1 的瞬间开始，迅速按下面板上的计时按钮，然后，每隔 1min，用针筒在取样口处取样分析一次（若 $K_1=600s$，取 10 个样），记录取样时间与样品氧含量的关系，同时记录吸附压力、温度和气体流量。

取样注意事项：每次取样 8～10mL，将针筒对准取样口，取样阀旋钮可调节气速大小。取样后将针筒拔下，迅速用橡皮套封住针筒的开口处，以免空气渗入，影响分析结果。

8. 改变气体流量，将流量提高到 6.0L/h，然后重复第 6 和第 7 步操作。

9. 调节压缩机出口气体减压阀，将气体压力升至 0.7MPa（表压 0.6MPa），重复第 5 到第 7 步操作。

10. 停车步骤。先按下 K_1、K_2 设定框下方的停止操作按钮，将时间参数重新设定为 $K_1=120s$，$K_2=5s$，然后启动设定框下方的开始按钮，让系统运行 10～15min。系统运行 10～15min 后，按下计算机面板上停止操作按钮，停止吸附操作。在计算机控制面板上关闭真空泵，然后关闭真空泵上的电源。关闭压缩机电源。

【实验数据处理】

1. 实验数据记录

表 4-8 穿透曲线测定数据 1

吸附温度 $T/℃$：_____ 压力 p/MPa：_____ 气体流量 $V/(L/h)$：_____

吸附时间/min	出口氧含量/%	吸附时间/min	出口氧含量/%
1		6	
2		7	
3		8	
4		9	
5		10	

表 4-9 穿透曲线测定数据 2

吸附温度 $T/℃$：_____ 压力 p/MPa：_____ 气体流量 $V/(L/h)$：_____

吸附时间/min	出口氧含量/%	吸附时间/min	出口氧含量/%
1		3	
2		4	

吸附时间/min	出口氧含量/%	吸附时间/min	出口氧含量/%
5		8	
6		9	
7		10	

表 4-10　穿透曲线测定数据 3

吸附温度 T/℃：_____；压力 p/MPa：_____；气体流量 V/(L/h)：_____

吸附时间/min	出口氧含量/%	吸附时间/min	出口氧含量/%
1		6	
2		7	
3		8	
4		9	
5		10	

2.实验数据整理

（1）根据实验数据，在同一张图上标绘两种气体流量下的吸附穿透曲线。

（2）若将出口氧气浓度为 3.0% 的点确定为穿透点，请根据穿透曲线确定不同操作条件下穿透点出现的时间 t_0，记录于表 4-11。

表 4-11　穿透点出现的时间 t_0

吸附压力/MPa	吸附温度/℃	实际气体流量/(L/h)	穿透时间/min

3.根据表 4-11 的数据计算不同条件下的动态吸附容量，记录于表 4-12。

$$G = \frac{V_N \times \dfrac{29}{22.4} \times t_0 \times (y_0 - y_B)}{m} \tag{2}$$

$$V_N = \frac{T_0 \times p}{T \times p_0} \times V \tag{3}$$

式中，G 为动态吸附容量（氧气质量/吸附剂质量），g/g；p 为实际操作压力，MPa；p_0 为标准状态下的压力，MPa；T 为实际操作温度，K；T_0 为标准状态下的温度，K；V 为实际气体流量，L/min；V_N 为标准状态下的气体流量，L/min；t_0 为达到穿透点的时间，s；y_0 为空气中氧气的浓度，%；y_B 为穿透点处氧气的出口浓度，%；m 为碳分子筛吸附剂的质量，g。

表 4-12　不同条件下的动态吸附容量计算结果

吸附压力/MPa	吸附温度/℃	实际气体流量/(L/h)	穿透时间/min	动态吸附容量/(g 氧气/g 吸附剂)

吸附压力/MPa	吸附温度/℃	实际气体流量/(L/h)	穿透时间/min	动态吸附容量/(g 氧气/g 吸附剂)

【思考题】

1.在本装置中，一个完整的吸附循环包括哪些操作步骤？

2.气体的流速对吸附剂的穿透时间和动态吸附容量有何影响？为什么？

3.吸附压力对吸附剂的穿透时间和动态吸附容量有何影响？为什么？

4.根据实验结果，你认为本实验装置的吸附时间应该控制在多少合适？

5.该吸附装置在提纯氮气的同时，还具有富集氧气的作用，如果实验的目的是获得富氧，实验装置及操作方案应作哪些改动？

第5章

化工专业综合实训

实训 1　化工应知应会模型实训

【实训目的】

1.认识各种阀门的构造、分类、密封性能要求，了解阀门使用中的注意事项以及常见问题的解决方案。

2.了解换热器的结构、分类、使用范围，掌握换热器内流体流动方式以及腐蚀防护和清洗措施。

3.了解离心泵的分类、基本原理、基本构造，掌握其安装、启动要求。

4.掌握精馏塔、吸收塔、填料塔的结构和工作原理。

【实训原理及内容】

1.阀门

阀门(图 5-1)是流体输送系统中的控制部件，具有截止、调节、导流、防止逆流、稳压、分流或溢流泄压等功能。用于流体控制系统的阀门，从最简单的截止阀到极为复杂的自控系统中所用的各种阀门，其品种和规格相当繁多。阀门可用于控制空气、水、蒸汽、各种腐蚀性介质、泥浆、油品、液态金属和放射性介质等各种类型流体的流动。阀门根据材质还分为铸铁阀门、铸钢阀门、不锈钢阀门、铬钼钢阀门、铬钼钒钢阀门、双相钢阀门、塑料阀门。

截止阀　　球阀　　止回阀　　调节阀

旋启式止回阀　　疏水阀　　隔膜阀　　蒸汽疏水阀

图 5-1　多种常见工业用阀图

(1) 按作用和用途分类

① 截断类：如闸阀、截止阀、旋塞阀、球阀、蝶阀、针形阀、隔膜阀等。截断类阀门又称闭路阀、截止阀，其作用是接通或截断管路中的介质。

② 止回类：如止回阀，止回阀又称单向阀或逆止阀，止回阀属于一种自动阀门，其作

用是防止管路中的介质倒流、防止泵及驱动电机反转，以及容器介质的泄漏。水泵吸水管的底阀也属于止回阀类。

③ 安全类：如安全阀、防爆阀、事故阀等。安全阀的作用是防止管路或装置中的介质压力超过规定数值，从而达到安全保护的目的。

④ 调节类：如调节阀、节流阀和减压阀，其作用是调节介质的压力、流量等参数。

⑤ 分流类：如分配阀、三通阀、疏水阀。其作用是分配、分离或混合管路中的介质。

⑥ 特殊用途类：如清管阀、放空阀、排污阀、排气阀、过滤器等。排气阀是管道系统中必不可少的辅助元件，广泛应用于锅炉、空调、石油天然气、给排水管道中。往往安装在制高点或弯头等处，排出管道中多余气体、提高管道使用效率及降低能耗。

（2）按公称压力分类

① 真空阀：指工作压力低于标准大气压的阀门。

② 低压阀：指公称压力 $PN \leqslant 1.6$MPa 的阀门。

③ 中压阀：指公称压力 PN 为 2.5MPa、4.0MPa、6.4MPa 的阀门。

④ 高压阀：指公称压力 PN 为 10.0～80.0MPa 的阀门。

⑤ 超高压阀：指公称压力 $PN \geqslant 100.0$MPa 的阀门。

⑥ 过滤器：指公称压力 PN 为 1.0MPa、1.6MPa 的阀门。

（3）按工作温度分类

① 超低温阀：用于介质工作温度 $t < -101$℃ 的阀门。

② 低温阀：用于介质工作温度 -101℃$\leqslant t \leqslant -29$℃ 的阀门。

③ 常温阀：用于介质工作温度 -29℃$< t < 120$℃ 的阀门。

④ 中温阀：用于介质工作温度 120℃$\leqslant t \leqslant 425$℃ 的阀门

⑤ 高温阀：用于介质工作温度 $t > 425$℃ 的阀门。

（4）按驱动方式分类

按驱动方式分类分为自动阀类、动力驱动阀类和手动阀类。

① 自动阀：指不需要外力驱动，而是依靠介质自身的能量来使阀门动作的阀门，如安全阀、减压阀、疏水阀、止回阀、自动调节阀等。

② 动力驱动阀：动力驱动阀可以利用各种动力源进行驱动，分为电动阀、气动阀、液动阀等。电动阀指借助电力驱动的阀门。气动阀指借助压缩空气驱动的阀门。液动阀指借助油等液体压力驱动的阀门。此外，还有以上几种驱动方式的组合，如气-电动阀等。

③ 手动阀：手动阀借助手轮、手柄、杠杆、链轮，由人力来操纵阀门动作。当阀门启闭力矩较大时，可在手轮和阀杆之间设置齿轮或蜗轮减速器。必要时，也可以利用万向接头及传动轴进行远距离操作。

（5）按公称通径分类

① 小通径阀门：公称通径 $DN \leqslant 40$mm 的阀门。

② 中通径阀门：公称通径 DN 为 50～300mm 的阀门。

③ 大通径阀门：公称通径 DN 为 350～1200mm 的阀门。

④ 特大通径阀门：公称通径 $DN \geqslant 1400$mm 的阀门。

（6）按结构特征分类

根据关闭件相对于阀座移动的方向可分为以下几种。

① 截门形：关闭件沿着阀座中心移动，如截止阀。

② 旋塞和球形：关闭件是柱塞或球，围绕本身的中心线旋转，如旋塞阀、球阀。

③ 闸门形：关闭件沿着垂直阀座中心移动，如闸阀、闸门等。

④ 旋启形：关闭件围绕阀座外的轴旋转，如旋启式止回阀等。

⑤ 蝶形：关闭件的圆盘围绕阀座内的轴旋转，如蝶阀、蝶形止回阀等。

⑥ 滑阀形：关闭件在垂直于通道的方向滑动，如滑阀。

（7）按连接方法分类

① 螺纹连接阀门：阀体带有内螺纹或外螺纹，与管道螺纹连接。

② 法兰连接阀门：阀体带有法兰，与管道法兰连接。

③ 焊接连接阀门：阀体带有焊接坡口，与管道焊接连接。

④ 卡箍连接阀门：阀体带有夹口，与管道卡箍连接。

⑤ 卡套连接阀门：与管道采用卡套连接。

⑥ 对夹连接阀门：用螺栓直接将阀门及两头管道穿夹在一起的连接形式。

2. 换热器

换热器是一种在不同温度的两种或两种以上流体间实现物料之间热量传递的节能设备，是使热量由温度较高的流体传递给温度较低的流体，使流体温度达到流程规定的指标，以满足工艺条件的需要，同时也是提高能源利用率的主要设备之一，又称热交换器，如图5-2所示。换热器在化工、石油、动力、食品及其他许多工业生产中占有重要地位，在化工生产中换热器可作为加热器、冷却器、冷凝器、蒸发器和再沸器等，应用广泛。

夹套式换热器　浮头式换热器　管壳式换热器　螺旋板式换热器

缠绕管式换热器　涡流热膜换热器　固定管板式换热器　板壳式换热器

钛换热器　污水换热器　螺旋缠绕管式换热器　板翅式换热器

图5-2　常见的换热器

（1）换热器的分类

适用于不同介质、不同工况、不同温度、不同压力的换热器，结构型式也不同，换热器的具体分类如下。

① 按传热原理分类

a. 间壁式换热器　温度不同的两种流体在被壁面分开的空间里流动，通过壁面的导热和流体在壁表面对流，两种流体之间进行换热。间壁式换热器有管壳式、套管式和其他型式的换热器。间壁式换热器是目前应用最为广泛的换热器。

b. 蓄热式换热器　通过固体物质构成的蓄热体，把热量从高温流体传递给低温流体，热介质先通过加热固体物质达到一定温度后，冷介质再通过固体物质被加热，使之达到热量传递的目的。蓄热式换热器有旋转式、阀门切换式等。

c.流体连接间接式换热器　是把两个表面式换热器由在其中循环的热载体连接起来的换热器，热载体在高温流体和低温流体之间循环，在高温流体接受热量，在低温流体换热器把热量释放给低温流体。

d.直接接触式换热器　又被称为混合式换热器，这种换热器是两种流体直接接触，彼此混合进行换热的设备，例如，冷水塔、气体冷凝器等。

e.复式换热器　兼有汽水面式间接换热及汽水直接混合换热两种换热方式的设备。同汽水面式间接换热相比，具有更高的换热效率；同汽水直接混合换热相比具有较高的稳定性及较低的机组噪音。

② 按用途分类

a.加热器　把流体加热到必要的温度，但加热流体没有发生相的变化。

b.预热器　预先加热流体，为工序操作提供标准的工艺参数。

c.过热器　用于把流体（工艺气或蒸汽）加热到过热状态。

d.蒸发器　用于加热流体，达到沸点以上温度，使其流体蒸发，一般有相的变化。

③ 按结构分类

可分为：浮头式换热器、固定管板式换热器、U形管板换热器、板式换热器等。

（2）换热器的防护

在传热过程中，降低间壁式换热器中的热阻，以提高传热系数是一个重要的问题。热阻主要来源于间壁两侧黏滞于传热面上的流体薄层（称为边界层）和换热器使用中在壁两侧形成的污垢层，金属壁的热阻相对较小。

增加流体的流速和扰动性，可减薄边界层，降低热阻，提高给热系数。但增加流体流速会使能量消耗增加，故设计时应在减小热阻和降低能耗之间作合理的协调。为了降低污垢的热阻，可设法延缓污垢的形成，并定期清洗传热面。

换热器在炼油工业中的应用是十分广泛的，其重要性也是显而易见的，换热设备利用率的高低直接影响到炼油工艺的效率及成本。据统计换热器在化工建设中约占投资的1/5，因此，换热器的利用率及寿命是值得研究的重要问题。由换热器的损坏原因来看，腐蚀是一个十分重要的原因，而且换热器的腐蚀是大量的、普遍存在的，能够解决好腐蚀问题，就等于解决了换热器损坏的根本。主要有以下防腐方法。

① 缓蚀剂：以铬酸盐为主要成分的缓蚀剂是冷却水系统常用的，铬酸根是一种阳极（过程）抑制剂，当它与合适的阴极抑制剂组合时，能得到令人满意而又经济的防腐蚀效果。铬酸盐-锌-聚磷酸盐：聚磷酸盐的使用是由于它具有清洁金属表面的作用，有缓蚀能力，聚磷酸盐可以部分转成正磷酸盐，它们也可以同钙生成大的胶体阳离子，抑制阴极过程。铬酸盐-锌-磷酸盐：这种方法除用磷酸钠代替聚磷酸盐外其他与上一种方法相似。氨基甲叉磷酸盐也可以用于比为聚磷酸盐所规定的 pH 值要高的场合。氨基甲叉膦酸盐可以防止水垢，即使 pH 值为 9 也能控制钙盐的沉淀。铬酸盐-锌-水解的聚丙烯酰胺：阳离子型共聚物水解的聚丙烯酰胺具有分散作用，能够防止或抑制水垢的产生。

② 电化学保护：采用阴极保护和阳极保护。阴极保护是利用外加直流电源，使金属表面变为阴极而达到保护，此法耗电量大，费用高。阳极保护是把保护的换热器接以外加电源的阳极，使金属表面生成钝化膜，从而得到保护。

（3）换热器的清洗

长期以来传统的清洗方式如机械方法（刮、刷）、高压水、化学清洗（酸洗）等在对换热器进行清洗时出现很多问题：不能彻底清除水垢等沉积物，酸液对设备造成腐蚀形成漏洞，残留的酸对材质产生二次腐蚀或垢下腐蚀，最终导致更换设备，此外，清洗废液有毒，需要大量资金进行废水处理。新研发出的对设备无腐蚀清洗剂，其中应用技术较好的有福世泰克清洗剂，其高效、环保、安全、无腐蚀，不但清洗效果良好而且对设备没有腐蚀，能够保证换热器的长期使用。清洗剂（特有的添加湿润剂和穿透剂，可以有效清除用水设备中所产生的最顽固的水垢（碳酸钙）、锈垢、油垢等沉淀物，同时不会对人体造成伤害，不会对钢铁、紫铜、镍、钛、橡胶、塑料、纤维、玻璃、陶瓷等材质产生侵蚀、点蚀、氧化等其他有害的反应，可大大延长设备的使用寿命。

高压水射流清洗换热器属于物理清洗方法，与传统的人工、机械清洗及化学清洗相比，有诸多优点：清洗成本低、清洗质量好、清洗速度快，而且不产生环境污染，对设备没有腐蚀。我国高压水射流清洗技术发展比较迅速，水射流工业清洗的比重在大中型城市及企业已接近20％，并且以每年10％左右的速度增长，预计6～7年后，在中国工业清洗行业中，高压水射流清洗技术将要占绝对优势，是我国工业清洗的必由之路。

3. 离心泵

离心泵有立式、卧式、单级、多级、单吸、双吸、自吸式等多种形式。离心泵是利用叶轮旋转而使水发生离心运动来工作的。水泵在启动前，必须使泵壳和吸水管内充满水，然后启动电机，使泵轴带动叶轮和水做高速旋转运动，水发生离心运动，被甩向叶轮外缘，经蜗形泵壳的流道流入水泵的压水管路。常见离心泵如图5-3所示。

卧式离心泵　卧式多级　单级离心泵　自吸式离心泵　自吸离心泵　氟塑料离心泵
　　　　　　离心泵

图 5-3　常见离心泵

（1）分类

① 按叶轮数目来分类

a. 单级泵：即在泵轴上只有一个叶轮。

b. 多级泵：即在泵轴上有两个或两个以上的叶轮，这时泵的总扬程为 n 个叶轮产生的扬程之和。

② 按工作压力来分类

a. 低压泵：压力低于100m 水柱。

b. 中压泵：压力在 100～650m 水柱之间。

c. 高压泵：压力高于 650m 水柱。

③ 按叶轮吸入方式来分类

a. 单侧进水式泵：又叫单吸泵，即叶轮上只有一个进水口。

b. 双侧进水式泵：又叫双吸泵，即叶轮两侧都有一个进水口。它的流量比单吸式泵大一倍，可以近似看作两个单吸泵叶轮背靠背地放在了一起。

④ 按泵壳结合来分类

a. 水平中开式泵　即在通过轴心线的水平面上开有结合缝。

b. 垂直结合面泵　即结合面与轴心线相垂直。

⑤ 按泵轴位置来分类

a.卧式泵：泵轴位于水平位置。

b.立式泵：泵轴位于垂直位置。

⑥ 按水从叶轮出来的方式分类

a.蜗壳泵：水从叶轮出来后，直接进入具有螺旋线形状的泵壳。

b.导叶泵：水从叶轮出来后，进入它外面设置的导叶，之后进入下一级或流入出口管。

⑦ 按安装高度分类

a.自灌式离心泵：泵轴低于吸水池池面，启动时不需要灌水，可自动启动。

b.吸入式离心泵：（非自灌式离心泵）泵轴高于吸水池池面。启动前，需要先用水灌满泵壳和吸水管道，然后驱动电机，使叶轮高速旋转运动，水受到离心力作用被甩出叶轮，叶轮中心形成负压，吸水池中的水在大气压作用下进入叶轮，又受到高速旋转的叶轮作用，被甩出叶轮进入压水管道。

另外，根据用途也可进行分类，如油泵、水泵、凝结水泵、排灰泵、循环水泵等。

（2）关键安装技术

管道离心泵的安装技术关键是确定离心泵的安装高度即吸程。这个高度是指水源水面到离心泵叶轮中心线的垂直距离，它与允许吸上真空高度不能混为一谈，水泵产品说明书或铭牌上标示的允许吸上真空高度是指水泵进水口断面上的真空值，而且是在1atm、20℃水温情况下进行试验而测定得的。它并没有考虑吸水管道配套以后的水流状况。而水泵安装高度应该是允许吸上真空高度扣除了吸水管道损失扬程以后，所剩下的那部分数值，它要克服实际地形吸水高度。水泵安装高度不能超过计算值，否则，离心泵将会抽不上水来。另外，影响计算值的大小是吸水管道的阻力损失扬程，因此，宜采用最短的管路布置，并尽量少装弯头等配件，也可考虑适当配大一些口径的水管，以减管内流速。

实训 2　化工管路拆装实训

【实训目的】

1.使学生掌握管道、管件、阀门、水箱、水泵及测量仪表等组成化工生产工艺流程。

2.根据工艺要求制定设备连接方案、并完成管路组装、水压实验、管路拆卸等工作。

3.熟悉化工管路与机泵拆装常用工具的种类及使用方法。

4.掌握化工管路中管件、阀门的种类、规格、连接方法。

5.能够根据管路布置图安装化工管路，并能对安装的管路进行试漏、拆卸。

6.使学生掌握化工管路拆装方面的理论知识（化工管路基本概念、流体输送设备及管路拆装安全操作规程等）。

7.配套流体输送机械、化工仪表和机械制图等多门课程的教学实践，如管道流动阻力、管件识辨、离心泵特性、流量计安装和四大化工参量的安装、检测、显示等。

8.强化手动操作技能训练，能够完成设备维修等10项技能训练，如管件、阀门、水箱、水泵出现故障应及时检查出并排除。考查学生全面分析系统、辨别正误和迅速决策等能力，在实践中结合了识图能力、出具规范清单、安全操作等各项理论功底的考察。

【装置功能及特点】

化工管路拆装实训装置见图 5-4。

图 5-4　化工管路拆装实训装置

1. 主要用途

① 可实现管道流动阻力、管件识辨、离心泵特性、泵拆装、流量计安装和四大化工参量的安装、检测、显示等实训。

② 实训装置能够使学生掌握管道、管件、阀门、水箱、水泵及测量仪表等组成化工生产工艺流程。

③ 化工设备能够完成设备维修等 10 项技能训练。

④ 管路拆装装置是由管道、管件、阀门、水箱、泵及测量仪表等组成。在实际生产中，只有把这些组成部分合理、正确地组装在一起才能保证装置的正常运行；并且，在将部件拆分时也有许多需要注意的方面，如如何合理使用工具、如何将部件编号、合理放置等。

⑤ 具有对离心泵性能、流量计性能进行测量的功能。

⑥ 管路拆装实训装置作为化工专业类学生实践实训的重要科目，本装置载体是一套化工系统中最基础和最常用的经典水流体输送系统，使学员掌握化工管路拆装方面的理论知识（化工管路基本概念、流体输送设备及管路拆装安全操作规程等），同时在实训过程中考查学生对该化工流程和管道系统的识图、搭建、开车、试运行和检修等过程，从而使学生了解化工系统的安装与运行。

⑦ 根据工艺要求制定设备连接方案，并完成管路组装、水压实验、管路拆卸等工作。

2. 主要配置

设备主体：3800mm×800mm×2200mm，整机采用 304 不锈钢制作，钢制花纹板喷塑底座。

开关盒集成于对象部分之上。

主要设备组成：水箱、循环水泵、水泵进口管路（泵前阀为球阀）、水泵出口管路（泵后阀为截止阀）、回流管路、安全泄压管路、灌泵管路（用松套法兰连接）、耐压测试管路、电源设备。所有管路的内外侧要清理毛刺。

仪表检测系统：压力表（含表前球阀）、玻璃转子流量计（出口阀为球阀，流量计耐压 1MPa 以上）、双金属温度计。

拆装工具及试压检漏设备等：管子钳、活动扳手、呆扳手（M10～M32）、梅花扳手（M10～M32）、木榔头、穿心一字批、螺丝一字批、螺丝十字批、水平尺、直角尺、卷尺、普通游标卡尺、螺栓螺母和垫片（标准套装）、生料带、平板手推车、试压泵、货架

（2000mm×600mm×2000mm，材质：角钢 50mm＊50mm，板厚 3mm）、安全帽（六个）。

【实训内容】

1.根据管路布置简图，采用法兰连接或螺纹连接安装化工管路，并对安装好的管路进行试压。

2.认识腐蚀性管道、化学危险品介质管道的安装特点。

3.实训过程中，做到管线拆装符合安全规范。

实训 3　乙苯脱氢制备苯乙烯生产实训

【实训目的】

1.掌握以乙苯为原料，氧化铁系为催化剂，在固定床单管反应器中制备苯乙烯的过程。

2.熟练掌握稳定工艺操作条件的方法。

【实训内容】

综合考虑工艺与工程因素，采用固定床单管反应器，测定在水和乙苯投入比恒定条件下，改变反应温度对反应的影响。学会使用蠕动泵。

【实训原理】

1.本实验的主副反应

工业上生产苯乙烯的方法有苯与乙烯的烃化法和乙苯脱氢法两种，本实验采用后一种方法。即：

$$C_6H_5 \cdot C_2H_5 \xrightarrow{580 \sim 600℃} C_6H_5 \cdot CH = CH_2 + H_2 \qquad 117.8kJ/mol$$

该反应为一个分子数目增加的可逆、吸热反应，故理想的反应条件应该是高温、低压。由于主反应过程中还伴随有乙苯的裂解和加氢脱烷基等副反应，即

$$C_6H_5 \cdot C_2H_5 \longrightarrow C_6H_6 + C_2H_4 \qquad 105kJ/mol$$
$$C_6H_5 \cdot C_2H_5 + H_2 \longrightarrow C_6H_5 \cdot CH_3 + CH_4 \qquad -54.4kJ/mol$$
$$C_6H_5 \cdot C_2H_5 + H_2 \longrightarrow C_6H_6 + C_2H_6 \qquad -31.5kJ/mol$$
$$C_6H_5 \cdot CH_2 \cdot CH_3 \longrightarrow 8C + 5H_2$$

故反应温度不能太高。一般控制在 580～600℃ 范围内。为保障安全生产通过加入过热水蒸气作稀释剂的办法来降低反应压力。水蒸气的加入又会发生下列转化和变换副反应：

$$CH_4 + H_2O \longrightarrow CO + 3H_2$$
$$C_2H_4 + 2H_2O \longrightarrow 2CO + 4H_2$$
$$C_2H_6 + 2H_2O \longrightarrow 2CO + 5H_2$$
$$C + H_2O \longrightarrow CO + H_2$$
$$CO + H_2O \longrightarrow CO_2 + H_2$$

副反应的存在导致反应条件优化控制的复杂化。水蒸气的加入既有利于降低乙苯的分压又保障了安全操作；提供了吸热反应的内热源，使反应器可在绝热条件下操作；同时水蒸气的存在导致清焦反应的进行，可以净化催化剂表面的结焦，提高催化剂的活性与寿命。考虑过程的能量消耗，水蒸气量也不能无限加大，根据热力学平衡计算，进料中水蒸气与乙苯为 1.5：1时，乙苯的转化率接近于平衡转化。但由于平衡转化时反应太慢，故生产上一般用 8：1。

2.影响本反应的因素

① 温度的影响：乙苯脱氢反应为吸热反应，$\Delta H^{\ominus} > 0$，从平衡常数与温度的关系式

$\left(\dfrac{\partial \ln K_p}{\partial T}\right)_p = \dfrac{\Delta H^{\ominus}}{RT^2}$ 可知，提高温度可增大平衡常数，从而提高脱氢反应的平衡转化率。但是温度过高，副反应增加，使苯乙烯选择性下降，能耗增大，设备材质要求增加，故应控制适宜的反应温度。本实验的反应温度为：540～600℃。

② 压力的影响：乙苯脱氢为体积增加的反应，从平衡常数与压力的关系式 $K_p = K_n$ $\left(\dfrac{p_{总}}{\sum n_i}\right)^{\Delta \gamma}$ 可知，当 $\Delta \gamma > 0$ 时，降低总压 $p_{总}$，可使 K_P 增大，从而增加了反应的平衡转化率，故降低压力有利于平衡向脱氢方向移动。本实验加水蒸气的目的是降低乙苯的分压，以提高平衡转化率。较适宜的水蒸气用量为水：乙苯＝1.5：1（体积比）＝8：1（摩尔比）。

③ 空速的影响：乙苯脱氢反应系统中有平衡副反应和连串副反应，随着接触时间的增加，副反应也增加，苯乙烯的选择性可能下降，适宜的空速与催化剂的活性及反应温度有关，本实验乙苯的液空速以 $0.6h^{-1}$ 为宜。

【实训装置】

本实验装置如图 5-5 所示。

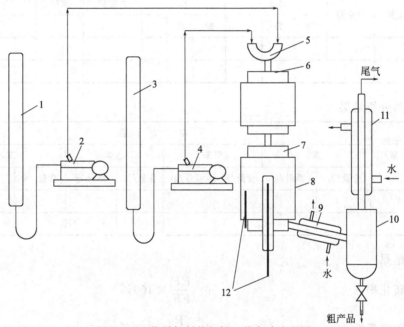

图 5-5　乙苯脱氢制苯乙烯工艺实验流程图

1—乙苯计量管；2,4—加料泵；3—水计量管；5—混合器；6—汽化器；7—反应器；
8—电热夹套；9,11—冷凝器；10—分离器；12—热电偶

【实验步骤与方法】

1.反应条件控制

汽化温度 300℃，脱氢反应温度 540～600℃，水：乙苯＝1.5：1（体积比），相当于乙苯加料 0.5mL/min，蒸馏水 0.75mL/min（50mL 催化剂）

气相色谱的条件：载气：H_2，柱前压 0.07MPa（柱温下）；检测器：热导池，工作电流 120mA；

柱温：110℃；进样器：150℃；检测器：150℃；进样量：$1\mu L$。

2.操作步骤

（1）了解并熟悉实验装置及流程，搞清物料走向及加料、出料方法。

（2）接通电源，使汽化器、反应器分别逐步升温至预定的温度，同时打开冷却水。

（3）分别校正蒸馏水和乙苯的流量（0.75mL/min 和 0.5mL/min）。

（4）当汽化器温度达到 300℃后，反应器温度达 400℃左右，开始加入已校正流量的蒸馏水。当反应温度升至 500℃左右，加入已校正好流量的乙苯，继续升温至 540℃使之稳定半小时。

（5）反应开始每隔 10～20min 取一次数据，每个温度至少取两个数据，粗产品从分离器中放入量筒内。然后用分液漏斗分去水层，称出烃层液质量。

（6）取少量烃层液样品，用气相色谱分析其组成，并计算出各组分的百分含量。

（7）反应结束后，停止加乙苯。反应温度维持在 500℃左右，继续通水蒸气，进行催化剂的清焦再生，约半小时后停止通水，并降温。

【实验记录及计算】

1. 原始记录

时间	温度/℃		原料流量/(mL/(10～20)min)				粗产品/g		尾气
	汽化器	反应器	乙苯		水		烃层液	水层	
			始	终	始	终			

2. 粗产品分析结果

反应温度	乙苯加入量/g	粗　产　品							
		苯		甲苯		乙苯		苯乙烯	
		含量/%	质量/g	含量/%	质量/g	含量/%	质量/g	含量/%	质量/g

3. 计算结果

乙苯的转化率：

$$\alpha = \frac{RF}{FF} \times 100\% \tag{1}$$

苯乙烯的选择性：

$$S = \frac{P}{RF} \times 100\% \tag{2}$$

苯乙烯的收率：

$$Y = \alpha S \times 100\% \tag{3}$$

式中，RF 为消耗的原料量，g；FF 为原料加入量，g；P 为目的产物的量，g；α 为原料的转化率，%；S 为目的产物的选择性，%。

【结果与讨论】

对以上的实验数据进行处理，分别将转化率、选择性及收率对反应温度做出图表，找出最适宜的反应温度区域，并对所得实验结果（包括曲线图趋势的合理性、误差分析、成败原因等）进行讨论。

【思考题】

1. 乙苯脱氢生成苯乙烯反应是吸热反应还是放热反应？如何判断？如果是吸热反应，则反应温度为多少？实验室是如何来实现的？工业上又是如何来实现的？

2.对本反应而言体积增大还是减小？加压有利还是减压有利？工业上是如何实现加减压操作的？本实验采用什么方法？为什么加入水蒸气可以降低烃分压？

3.在本实验中你认为有哪几种液体产物生成？有哪几种气体产物生成？如何分析？

4.进行反应物料衡算，需要一些什么数据？如何搜集并进行处理？

实训4　利用间歇反应装置生产洗衣液的生产实训

【实训目的】

1.巩固化学反应釜的操作过程训练成果，进一步培养化工操作技能。

2.了解间歇反应釜的基本流程及设备结构；让学生熟悉化工反应装置的基本流程和配套生产设备、仪表控制过程。

3.熟悉间歇反应釜的操作要点及中和釜的结构和作用；通过水浴加热，掌握反应釜温度的夹套控温、串级调节的控制手段。

4.学习精细化学品的生产方法。

5.通过夹套出水的再分配，树立环保及资源再生利用的观念；着重强调了系统中热量重复、充分利用的控制概念，顺应了目前工业过程注重环保节能的形势，使学生在操作过程中接受潜移默化的教育，为日后走上工作岗位提前做好准备。

【实训装置】

间歇反应实训设备如图 5-6 所示。

图 5-6　间歇反应实训设备

【流程简介（附工艺流程示意图）】

如图 5-7 所示，液体原料 A 和 B 按比例分别加入 A 原料罐、B 原料罐后，分别用泵送入反应釜内，再加入催化剂，搅拌混合均匀后，控制釜内温度，电加热进行液相反应，蒸馏生成的气相物料，先经气液分离器冷却，再进入冷凝器冷凝，然后进入蒸馏储槽回流至反应釜，反应一定时间至结束，将反应产物一次出料到产品罐；若需中和处理，则将反应产物出料到中和釜，中和釜内加入碱性中和液，启动搅拌将反应产物中和后，再送到产品罐。

反应釜换热系统温度控制：采用夹套水浴温度控制、釜内冷却水盘管模拟反应吸热、釜内加热模拟反应放热。

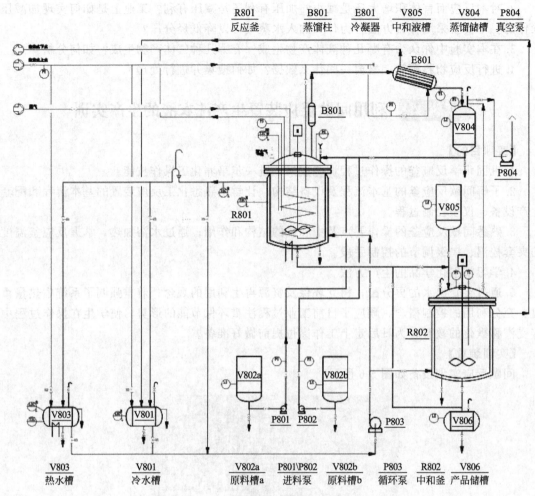

图 5-7 间歇反应工艺流程示意图

【开车准备】

1. 工艺流程图的识读与表述。

2. 熟悉现场装置及主要设备、仪表、阀门的位号、功能、工作原理和使用方法。

3. 按照要求制定操作方案。

4. 检查流程中各设备、管线、阀门是否处于正常开车状态。

5. 引入公用工程（水、电、油）并确保正常。

6. 装置上电，检查各仪表状态是否正常；动设备试车。

【实训内容及步骤】

1. 按正确的开车步骤开车，调节原料流量、温度、压力、搅拌转速到指定值。

2. 能执行换热器的切换操作。

3. 向油罐注入加热剂（水），液位控制在 3/4 以上。

4. 向原料罐中注入原料水，液位为 3/4。

5. 上电，打开控制台总电源开关，打开 DCS 控制版面。

6. TIC101 设为自动 R，TIC102 设为手动，开度设为 30，调节转子流量计流量为 100L/h。

7. 开启原料泵，将原料水打入反应釜，使液位达到 550mm。

8. DCS 画面中设定 TIC101 为 42℃，TIC103 为 70℃，开启油罐的两个加热器（液面必须总是高于电加热器的最高点，严禁干烧）。

9. 当 TIC103 实际值达到 70℃时，设定 SIC101 为 20，启动该搅拌器。

10. 启动热油泵，利用夹套换热器加热反应釜内原料。

11. 观察各参数的变化。当 TIC101 达到 42℃时，设定 SIC101 为 40，将计量好的 4kg AES 从反应釜加料口慢慢加入，维持搅拌过程 15min。

12. 将计量好的 2kg 6501 从反应釜加料口慢慢加入，在 42℃±2℃、转速 40Hz 条件下，反应 20min。

13. 将计量好的 2kg OP-10 从反应釜加料口慢慢加入，在 42℃±2℃、转速 35Hz 条件下，反应 20min。

14. 将计量好的 2kg ABS 从反应釜加料口慢慢加入，在 40℃±2℃、转速 30Hz 条件下，反应 15min。

15. 将 1.5kg 食盐溶于水，加入反应釜中，补充水，使液位达到 700mm，加入香精 4mL，控制转速 25Hz，搅拌 15min。

16. 停止搅拌，停热油循环泵，退出 DCS 系统，关闭计算机，关闭控制台总电源。

17. 打开反应釜和产品罐的放空阀，关闭产品罐的底阀，打开反应釜的底阀，从反应釜向产品罐放出产品。

18. 从产品罐分装产品。

19. 用清水冲洗反应釜内胆，废水放掉。

20. 按正常的停车步骤停车。

21. 检查停车后各设备、阀门的状态，确认后做好记录。

【事故处理】

1. 能通过对操作参数的观察、分析，了解反应釜的操作状况，在改变某些参数的情况下能及时对系统作出调整，使反应正常进行。

2. 能对不同的控制方式进行切换，并使系统恢复稳定操作。

3. 能判断引起操作异常的原因并做出相应的处理使系统恢复稳定操作。

【讨论及思考题】

1. 上网查询 AES 和 6501 的化学名称和作用。

2. 使用本次实训的化工产品，观察效果。提出意见。

3. 化学反应釜的间歇操作过程包括哪些步骤？

4. 反应釜的温度是怎么控制的？搅拌器的转速是如何控制的？

实训 5　制备甲酸乙酯的生产实训

【实训目的】

1. 掌握各种单元操作过程，进一步培养化工操作技能。

2. 了解甲酸乙酯生产的基本流程及设备结构；让学生熟悉化工反应装置的基本流程和配套生产设备、仪表控制过程。

3. 能将酯化反应、精馏、干燥、蒸馏等综合运用，学习化工产品的生产方法。

【实训原理】

产品甲酸乙酯：分子式：$C_3H_6O_2$。结构式：$HCOOCH_2CH_3$。分子量：74.08。外观与性状：无色液体。主要用途：用作醋酸或硝酸纤维的溶剂。在食用香精中主要用于果香型香精如樱桃、杏子、桃子、草莓、苹果、凤梨、香蕉、葡萄等。在酒用香精中常用于调配老姆、白兰地、威士忌和白葡萄等酒香型香精。也可用于日用香精的调配和医药生产。

目前国内甲酸乙酯生产通常采用甲酸和乙醇在催化剂硫酸存在下进行液相酯化反应制得甲酸乙酯粗品。制得的甲酸乙酯粗品经一定处理并再经精馏制得成品甲酸乙酯。

1. 酯化反应

（1）定义

醇跟羧酸或含氧无机酸生成酯和水，这种反应叫酯化反应。分两种情况：羧酸跟醇反应和无机含氧酸跟醇反应。羧酸跟醇的反应过程一般是：羧酸分子中的羟基与醇分子中羟基的氢原子结合成水，其余部分互相结合成酯。这是曾用示踪原子证实过的。

如：羧酸跟醇的酯化反应是可逆的，并且一般反应极缓慢，故常用浓硫酸作催化剂。多元羧酸跟醇反应，则可生成多种酯。如乙二酸跟甲醇可生成乙二酸氢甲酯或乙二酸二甲酯。

$$HOOC-COOH+CH_3OH \longrightarrow HOOC-COOCH_3+H_2O$$

无机强酸跟醇的反应，其速度一般较快，如浓硫酸跟乙醇在常温下即能反应生成硫酸氢乙酯。

$$C_2H_5OH+HOSO_2OH \longrightarrow C_2H_5OSO_2OH+H_2O$$
$$C_2H_5OH+C_2H_5OSO_2OH \longrightarrow (C_2H_5O)_2SO_2+H_2O$$

多元醇跟无机含氧强酸反应，也生成酯。

一般来说，除了酸和醇直接酯化外，能发生酯化反应的物质还有以下三类：①酰卤和醇、酚、醇钠发生酯化反应；②酸酐和醇、酚、醇钠发生酯化反应；③烯酮和醇、酚、醇钠发生酯化反应。

酯化反应特点：属于可逆反应，一般情况下反应进行不彻底，依照反应平衡原理，要提高酯的产量，需要用从产物分离出一种成分或使反应物其中一种成分过量的方法使反应向正方向进行。

（2）类型

酯化反应一般是可逆反应。传统的酯化技术是用酸和醇在酸（常为浓硫酸）催化下加热回流反应。这个反应也称作费歇尔酯化反应。浓硫酸的作用是催化剂和失水剂，它可以将羧酸的羰基质子化，增强羰基碳的亲电性，使反应速率加快；也可以除去反应的副产物水，提高酯的产率。

如果原料为低级的羧酸和醇，可溶于水，反应后可以向反应液加入水（必要时加入饱和碳酸钠溶液），并将反应液置于分液漏斗中作分液处理，收集难溶于水的上层酯层，从而纯化反应生成的酯。碳酸钠的作用是与羧酸反应生成羧酸盐，增大羧酸的溶解度，并减少酯的溶解度。如果产物酯的沸点较低，也可以在反应中不断将酯蒸出，使反应平衡右移，并冷凝收集挥发的酯。

一般情况下反应的机理是"酸出羟基，醇出氢"生成水。

但也有少数酯化反应中，酸或醇的羟基质子化，水离去，生成酰基正离子或碳正离子中间体，该中间体再与醇或酸反应生成酯。这些反应不遵循"酸出羟基，醇出氢"的规则。

（3）其他方法

羧酸经过酰氯再与醇反应生成酯。酰氯的反应性比羧酸更强，因此这种方法是制取酯的常用方法，产率一般比直接酯化要高。对于反应性较弱的酰卤和醇，可加入少量的碱，如氢氧化钠或吡啶，$H_3C\text{-}COCl + HO\text{-}CH_2\text{-}CH_3 \longrightarrow H_3C\text{-}COO\text{-}CH_2\text{-}CH_3 + HCl$，羧酸经过酸酐再与醇反应生成酯。羧酸经过羧酸盐再与卤代烃反应生成酯。反应机理是羧酸根负离子对卤代烃 α-碳的亲核取代反应。

Steglich 酯化反应：羧酸与醇在 DCC 和少量 DMAP 的存在下酯化。这种方法尤其适用于三级醇的酯化反应。DCC 是反应中的失水剂，DMAP 则是常用的酯化反应催化剂。

2. 精馏

精馏是多次简单蒸馏的组合。

精馏是石油化工、炼油生产过程中的一个十分重要的环节，其目的是将混合物中各组分分离出来，达到规定的纯度。精馏过程的实质就是迫使混合物的气、液两相在塔体中作逆向流动，利用混合液中各组分具有不同的挥发度，在相互接触的过程中，液相中的轻组分转入气相，而气相中的重组分则逐渐进入液相，从而实现液体混合物的分离。一般精馏装置由精馏塔、再沸器、冷凝器、回流罐等设备组成。

精馏塔底部是加热区，温度最高；塔顶温度最低。

精馏结果，塔顶冷凝收集的是纯低沸点组分，纯高沸点组分则留在塔底。

3. 干燥

在化学工业中，常指借热能使物料中水分（或溶剂）汽化，并由惰性气体带走所生成的蒸气的过程。例如干燥固体时，水分（或溶剂）从固体内部扩散到表面再从固体表面汽化。干燥可分自然干燥和人工干燥两种。并有真空干燥、冷冻干燥、气流干燥、微波干燥、红外线干燥和高频率干燥等方法。

定义：干燥泛指从湿物料中除去水分或其他湿分的各种操作。如在日常生活中将潮湿物料置于阳光下曝晒以除去水分，工业上用硅胶、石灰、浓硫酸等除去空气、工业气体或有机液体中的水分（见减湿）。在化工生产中，干燥通常指用热空气、烟道气以及红外线等加热湿固体物料，使其中所含的水分或溶剂汽化而除去，是一种属于热质传递过程的单元操作。干燥的目的是使物料便于贮存、运输和使用，或满足进一步加工的需要。例如谷物、蔬菜经干燥后可长期贮存；合成树脂干燥后用于加工，可防止塑料制品中出现气泡或云纹；纸张经干燥后便于使用和贮存。干燥操作广泛应用于化工、食品、轻工、纺织、煤炭、农林产品加工和建材等各部门。

(1) 原理

在一定温度下，任何含水的湿物料都有一定的蒸气压，当此蒸气压大于周围气体中的水汽分压时，水分将汽化。汽化所需热量，或来自周围热气体，或由其他热源通过辐射、热传导提供。含水物料的蒸气压与水分在物料中存在的方式有关。物料所含的水分，通常分为非结合水和结合水。非结合水是附着在固体表面和孔隙中的水分，它的蒸气压与纯水相同；结合水则与固体间存在某种物理的或化学的作用力，汽化时不但要克服水分子间的作用力，还需克服水分子与固体间结合的作用力，其蒸气压低于纯水，且与水分含量有关。在一定温度下，物料的水分蒸气压 p 同物料含水量 x（每千克绝对干物料所含水分的千克数）间的关系曲线称为平衡蒸气压曲线，一般由实验测定。当湿物料与同温度的气流接触时，物料的含水量和蒸气压下降，系统达到平衡时，物料所含的水分蒸气压与气体中的水蒸气分压相等，相应的物料含水量 x^* 称为平衡水分。平衡水分取决于物料性质、结构以及与之接触的气体的温度和湿度。胶体和细胞质物料的平衡水分一般较高，通过干燥操作能除去的水分，称为自由水分（即物料初始含水量 x^1 与 x^* 之差）。

（2）分类

根据热量的供应方式，有多种干燥类型。

① 对流干燥：使热空气或烟道气与湿物料直接接触，依靠对流传热向物料供热，水蒸气则由气流带走。对流干燥在生产中应用最广，它包括气流干燥、喷雾干燥、流化干燥、回转圆筒干燥和厢式干燥等。

② 传导干燥：湿物料与加热壁面直接接触，热量靠热传导由壁面传给湿物料，水蒸气靠抽气装置排出。它包括滚筒干燥、冷冻干燥、真空耙式干燥等。

③ 辐射干燥：热量以辐射传热方式投射到湿物料表面，被吸收后转化为热能，水蒸气靠抽气装置排出，如红外线干燥。

④ 介电加热干燥：将湿物料置于高频电场内，依靠电能加热而使水分汽化，包括高频干燥、微波干燥。在传导、辐射和介电加热这三类干燥方法中，物料受热与带走水汽的气流无关，必要时物料可不与空气接触。

4. 蒸馏

蒸馏操作是化学实验中常用的实验技术，一般应用于下列几方面。

（1）分离液体混合物，仅当混合物中各成分的沸点有较大的差别时才能达到较有效的分离。

（2）测定纯化合物的沸点。

（3）提纯，通过蒸馏含有少量杂质的物质，提高其纯度。

（4）回收溶剂，或蒸出部分溶剂以浓缩溶液。

加料：将待蒸馏液通过玻璃漏斗小心倒入蒸馏瓶中，要注意不使液体从支管流出。加入几粒助沸物，安好温度计，温度计应安装在通向冷凝管的侧口部位。再一次检查仪器的各部分连接是否紧密和妥善。

加热：用水冷凝管时，先由冷凝管下口缓缓通入冷水，自上口流出引至水槽中，然后开始加热。加热时可以看见蒸馏瓶中的液体逐渐沸腾，蒸气逐渐上升。温度计的读数也略有上升。当蒸气的顶端到达温度计水银球部位时，温度计读数就急剧上升。这时应适当调小煤气灯的火焰或降低加热电炉或电热套的电压，使加热速度略为减慢，蒸气顶端停留在原处，使瓶颈上部和温度计受热，让水银球上液滴和蒸气温度达到平衡。然后再稍稍加大火焰，进行蒸馏。控制加热温度，调节蒸馏速度，通常以每秒 1～2 滴为宜。在整个蒸馏过程中，应使温度计水银球上常有被冷凝的液滴。此时的温度即为液体与蒸气平衡时的温度，温度计的读数就是液体（馏出物）的沸点。蒸馏时加热的火焰不能太大，否则会在蒸馏瓶的颈部造成过热现象，使一部分液体的蒸气直接受到火焰的热量，这样由温度计读得的沸点就会偏高；另一方面，蒸馏也不能进行得太慢，否则由于温度计的水银球不能被馏出液蒸气充分浸润而使温度计上所读得的沸点偏低或不规范。

观察沸点及收集馏液：进行蒸馏前，至少要准备两个接收瓶。因为在达到预期物质的沸点之前，沸点较低的液体先蒸出。这部分馏液称为"前馏分"或"馏头"。前馏分蒸完，温度趋于稳定后，蒸出的就是较纯的物质，这时应更换一个洁净干燥的接收瓶接收，记下这部分液体开始馏出时和最后一滴时温度计的读数，即是该馏分的沸程（沸点范围）。一般液体中或多或少地含有一些高沸点杂质，在所需要的馏分蒸出后，若再继续升高加热温度，温度计的读数会显著升高，若维持原来的加热温度，就不会再有馏液蒸出，温度会突然下降。这时就应停止蒸馏。即使杂质含量极少，也不要蒸干，以免蒸馏瓶破裂及发生其他意外事故。

蒸馏完毕，应先停止加热，然后停止通水，拆下仪器。拆除仪器的顺序和装配的顺序相反，先取下接收器，然后拆下尾接管、冷凝管、蒸馏头和蒸馏瓶等。

【实训装置】

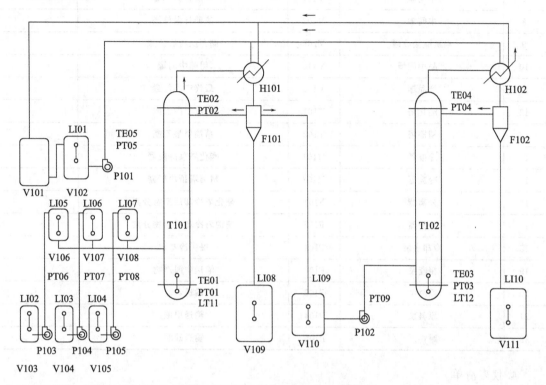

图 5-8　甲酸乙酯生产工艺流程图

1. 装置构成

工艺系统以酯化反应釜、精馏塔、干燥釜、蒸馏塔、冷凝器为主，再配以加热系统、水冷却系统、真空系统以及 DCS 测量控制系统，如图 5-8 所示。

2. 工艺控制

工艺控制系统采用目前流行的 DCS 集散系统进行控制，力求模拟工业中控室的建设模式、工段式控制管理、网络化监控。可满足学校学生正常实验教学、课程设计、毕业设计环节的实践，整个中控室的规模和档次以建设成为管控一体化的标准工业自动化企业流程实验室为宗旨。建成的中控室包含：现场 I/O 接口单元、控制站单元、中央监控单元。

3. 设备清单

序号	名称	位号	功能	备注
1	冷却水罐	V101	冷却并储存系统冷却水	
2	冷却水箱	V102	冷却水储存容器	
3	原料罐	V103	乙醇原料储罐	
4	原料罐	V104	甲酸原料储罐	
5	原料罐	V105	硫酸原料储罐	

序号	名称	位号	功能	备注
6	中间罐	V106	乙醇计量储罐	
7	中间罐	V107	甲酸计量储罐	
8	中间罐	V108	硫酸计量储罐	
9	稀硫酸接收罐	V109	储存反应后硫酸	
10	产品中间罐	V110	粗酯中间罐	
11	产品罐	V111	最终产品储罐	
12	酯化塔	T101	合成甲酸乙酯	
13	精馏塔	T102	精馏甲酸乙酯	
14	冷凝器	H101	酯化塔顶冷凝器	
15	冷凝器	H102	精馏塔顶冷凝器	
16	分离器	F101	酯化塔冷却后产物分离	
17	分离器	F102	精馏塔冷却后产物分离	
18	冷却水泵	P101	提供冷却水	
19	粗酯泵	P102	输送中间产物	
20	原料泵	P103	输送乙醇	
21	原料泵	P104	输送甲酸	
22	原料泵	P105	输送硫酸	

4. 仪表清单

序号	位号	测量点	选型	备注
1	TE01	酯化塔低反应釜温度	防腐热电阻	
2	TE02	酯化塔顶温度	防腐热电阻	
3	TE03	精馏塔低反应釜温度	防腐热电阻	
4	TE04	精馏塔顶温度	防腐热电阻	
5	PT01	酯化塔低反应釜压力	压力变送器	
6	PT02	酯化塔顶压力	压力变送器	
7	PT03	精馏塔低反应釜压力	压力变送器	
8	PT04	精馏塔顶压力	压力变送器	
9	PT05	冷却水泵出口压力	压力变送器	
10	PT06	乙醇泵出口压力	压力变送器	
11	PT07	甲酸泵出口压力	压力变送器	
12	PT08	硫酸泵出口压力	压力变送器	
13	PT09	中间泵出口压力	压力变送器	
14	LI01	冷却水罐液位	电容液位计	
15	LI02	乙醇原料罐液位	超声波液位计	

序号	位号	测量点	选型	备注
16	LI03	甲酸原料罐液位	超声波液位计	
17	LI04	硫酸原料罐液位	超声波液位计	
18	LI05	乙醇中间罐液位	超声波液位计	
19	LI06	甲酸中间罐液位	超声波液位计	
20	LI07	硫酸中间罐液位	超声波液位计	
21	LI08	稀硫酸罐液位	雷达液位计	
22	LI09	中间产品罐液位	雷达液位计	
23	LI10	最终产品罐液位	浮筒液位计	
24	LI11	酯化塔反应釜液位	超声波液位计	
25	LI12	精馏塔反应釜液位	超声波液位计	

5. 装置功能

本装置主要用于化工专业学生进行化工生产过程操作实训（生产出甲酸乙酯的产品）；同时本装置也可用于精细化工反应过程的实验研究；可进行酯化反应实验、精馏实验、干燥实验、蒸馏实验等。

第6章

化工仿真实习实训

实训6　合成氨工艺仿真实训

【工艺流程简介】

1. 工艺原理

氨的合成是合成氨厂最后一道工序，任务是在适当的温度、压力和有催化剂存在的条件下，将经过精制的氢氮混合气直接合成为氨。然后将所生成的气体氨从混合气体中冷凝分离出来，得到产品液氨，分离氨后的氢氮气体循环使用。在实际生产中，氨的合成反应在加压下进行。

(1) 影响合成塔操作的各种因素

① 温度：温度变化时对合成氨反应的影响有两方面，它同时影响平衡浓度和反应速率。因为合成氨的反应是放热的，温度升高使氨的平衡浓度降低，同时又使反应加速，这表明在远离平衡的情况下，温度升高时合成效率就比较高，而另一方面，对于接近平衡的系统来说，温度升高时合成效率就比较低，在不考虑触媒老化时，合成效率总是直接随温度变化的，合成效率的定义是：反应后的气体中实际的氨的含量与所讨论的条件下理论上可能得到的氨的含量之比。

② 压力：氨合成时体积缩小（分子数减少），所以氨的平衡体积分数将随压力提高而增加，同时反应也随压力的升高而加速，因此提高压力将促进反应。

③ 空速：在较高的工艺气速（空间速率）下，反应的时间比较少，所以合成塔出口的氨浓度就不像低空速那样高，但是，产率的降低百分比是远远小于空速的增加的，由于有较多的气体经过合成塔，所增加的氨产量足以弥补由于停留时间短、反应不完全而引起的产量的降低，所以在正常的产量或者在低于正常产量的情况下，其他条件不变时，增加合成塔的气量会提高产量。

通常是采取改变循环气量的办法来改变空速的，循环量增加时（如果可能的话），由于单程合成效率降低，催化剂层的温度会降低，由于总的氨产量增加，系统的压力也会降低，MIC-22关小时，循环量就加大，当MIC-22完全关闭时，循环量最大。

④ 氢氮比：送往合成部分的新鲜合成气的氢氮比通常应维持在3.0∶1.0左右，这是因为氢与氮是以3.0∶1.0的比例合成为氨的，但是必须指出：在合成塔中的氢氮比不一定是3.0∶1.0，已经发现合成塔内的氢氮比为（2.5～3.0）∶1.0时，合成效率最高。为了使进入合成塔的混合气能达到最好的氢氮比，新鲜气中的氢氮比可以与3.0∶1.0稍稍不同。

⑤ 惰性气体：有一部分气体连续地从循环机的吸入端往吹出气系统放空，这是为了控

制甲烷及其他惰性气体的含量，否则它们将在合成回路中积累，使合成效率降低、系统压力升高及生产能力下降。

⑥ 新鲜气的流量：单独把新鲜气的流量加大可以生产更多的氨并对上述条件有以下影响：系统压力增大；触媒床温度升高；惰性气体含量增加；氢氮比可能改变。反之，合成气量减少，效果则相反。

在正常的操作条件下，新鲜气量是由产量决定的，但在合成部分进气的增加必须以工厂造气工序产气量增加为前提。

⑦ 合成反应的操作控制

合成系统是从合成气体压缩机的出口管线开始的，气体（氢氮比为 3:1 的混合气）的消耗量取决于操作条件、触媒的活性以及合成回路总的生产能力，被移去的或反应了的气体是用由压缩机来的气体不断进行补充的，如果新鲜气过量，产量增至压缩机的极限能力，新鲜气就在一段压缩之前从 104-F 吸入罐处放空，如果气量不足，压缩机就减慢，回路的压力下降，直至氨的产量降低到与进来的气量成平衡为止。

为了改变合成回路的操作，可以改变一个或几个较重要的控制条件：新鲜气量、合成塔的入口温度、循环气量、氢氮比、高压吹出气量、新鲜气的纯度、触媒层的温度。

【注意】这里没有把系统的压力作为一个控制条件列出，因为压力的改变常常是其他条件变化的结果，以提高压力为唯一目的而不考虑其他效果的变化是很少的，合成系统通常是这样操作的，即把压力控制在极限值以下适当处，把吹出气量减少到最小程度，同时把合成塔维持在足够低的温度以延长触媒寿命，在新鲜气量及放空气量正常以及合成温度适宜的条件下，较低的压力通常表明操作良好。

下面是影响合成回路各个条件的一些因素，操作人员要注意检查它们在过程中是否有不正常的变化，如果把这些情况都弄清楚了，操作人员就能够比较容易地对操作条件的变化进行解释，这样，他就能够改变一个或几个条件进行必要的调整。

a. 合成塔的压力：能单独地或综合地使用合成回路压力增加的主要因素有：新鲜气量增加；合成塔的温度下降；合成回路中的气体组成偏离了最适宜的氢氮比[（2.5～3.0）:1]；循环气中氨含量增加；循环气中惰性气体含量增加：循环气量减少；触媒衰老。

b. 触媒的温度：能单独地或综合地使触媒温度升高的主要因素有：新鲜气量增加；循环气量减少；氢氮比比较接近于最适比值[（2.5～3.0）:1]；循环气中氨含量降低；合成系统的压力升高；进入合成塔的冷气（冷激）流量减少；循环气中惰性气的含量降低；由于合成气不纯引起触媒暂时中毒之后，接着触媒活性又恢复。

稳定操作时的最适宜温度就是使氨产量最高时的最低温度，但温度还是要足够高以保证压力波动时操作的稳定性，超高温会使触媒衰老并使触媒的活性很快下降。

c. 氢氮比：能单独地或者综合地使循环气中的氢氮比变化的主要因素：从转化及净化系统来的合成气的组成有变化；新鲜气量变化；循环气中氨的含量有变化；循环气中惰性气的含量有变化。

进合成塔的循环气中氢氮比应控制在（2.5～3.0）:1.0 左右，氢氮比变化太快会使温度发生急剧变化。

d. 循环气中氨含量：能单独地或综合地使合成塔进气氨浓度变化的因素：高压氨分离器 106-F 前面的氨冷器中冷却程度的变化；系统的压力。

预期的合成塔出口气中的氨浓度约为 1%～3.9%，循环气与新鲜气混合以后，氨浓度变为 4.15%，经过氨冷及 106-F 把氨冷凝和分离下来以后，进合成塔时混合气中的氨浓度约为 2.42%。

e. 循环气中的循环性气含量：循环气中惰性气体的主要成分是氩及甲烷，这些气体会逐步地积累起来而使系统的压力升高，从而降低了合成气的有效分压，反映出来的就是单程的合成率下降，控制系统中惰性气体浓度的方法就是引出一部分气体经 125-C 与吹出气分离罐 108-F 后放空，合成塔入口气中惰性气体（甲烷和氩）的设计浓度约为 13.6%（分子），但是，经验证明：惰性气体的浓度再保持得高一些，可以减少吹出气带走的氢气，氨的总产量还可以增加。

从上面的合成氨操作的讨论中可以看出：合成的效率是受以上列出的各种控制条件的影响的，所有这些条件都是相互联系的，一个条件发生变化对其他条件都会有影响，所以好的操作就是要把操作经验以及对影响系统操作的各种因素的认识这两者很好结合起来，如果其中有一个条件发生了急剧的变化，经验会作出判断为了弥补这个变化应当采取什么步骤，从而使系统的操作保持稳定，任何变化都要缓慢地进行以防引起大的波动。

⑧ 合成触媒的性能

触媒的活化：合成触媒是由熔融的铁的氧化物制成的，它含有钾、钙和铝的氧化物作为稳定剂与促进剂，而且是以氧化态装到合成塔中去的，在进行氨的生产以前，触媒必须加以活化，把氧化铁还原成基本上是纯的元素铁。

触媒的还原是在这样的条件下进行的：即在氧化态的触媒上面通以氢气，并逐步提高压力及温度，氢气与氧化铁中的氧化合生成水，在气体再次循环到触媒床以前要尽可能地把这些水除净，活化过程中的出水量是触媒还原进展情况的一个良好的指标，在还原的开始阶段生成的水量是很少的，随着触媒还原的进行，生成的水量就增加，为促进触媒的还原需要采用相当高的温度并控制在一定的压力，出水量会达到一个高峰，然后逐步减少直至还原结束。

还原的温度应当始终保持在触媒的操作温度以下，避免由于以下的原因而脱活，即：循环气中的水汽浓度过高；过热，但是温度太低，触媒的还原就进行得太慢，如果温度降得过分低，还原就会停止。

在触媒的还原期间，压力与（或）压力变化的影响是一个关键，当还原向下移动时，如果各层触媒的活化是不均匀的，则提高压力就可能产生沟流：即在触媒床的局部地方还原较彻底的触媒会促进氢与氮生成氨的反应，反应放出的热量会使局部触媒的温度变得太高而难以控制。触媒还原期间应当维持这样的压力：即使还原能够均匀地进行而且在触媒床的同一个水平面上的温度差不要太大，提高压力时，生成氨的反应加速，降低压力时，生成氨的反应会减慢。

触媒的还原可以在相当低的空速下进行，但是空速愈高，还原的时间愈短，而且在较高的空速下可以消除沟流。

触媒还原期间，合成气是循环通过合成塔的，当反应已经开始进行时，非常重要的是循环气要尽可能地加以冷却（但设备中不能结冰），把气体中的水分加以冷凝除去以后再重新进入合成塔，否则，水汽浓度高的气体将进入已经还原了的触媒床，使已经还原过的触媒的活性降低或中毒，一旦合成氨的反应开始进行，生成的氨就会使冰点下降，这就可以在更低的温度下把气流中的水分除去。

精心控制触媒活化时的条件，可以使还原均匀地进行，这就有助于延长触媒的使用寿命。

合成触媒的还原是在工厂的原始开车时进行的，推荐的指导程序见第三部分。

触媒的热稳定性：即使采用纯的合成气，氨触媒也不能无限期地保持它的活性。一些数据表明，采用纯的气体时，温度低于550℃对触媒没有影响，而当温度更高时，就会损害触媒，这些数据还表明：经受过轻度过热的触媒，在400℃时活性有所下降，而在500℃时，活性不变，但是应当着重指出：不存在一个固定的温度极限，低于这个温度触媒就不受影响。在温度一定，但是压力与空速的条件变得苛刻时，也会使触媒的活性比较快地降低。

触媒的衰老首先表现在温度较低、压力与（或）空速较高的条件下操作时效率下降，已经发现：触媒的活性和开始时相比下降得越多，则进一步受到损坏所需要的时间就会越长或者所需要的条件也会越苛刻。

触媒的毒物：合成气中能够使触媒的活性或寿命降低的化合物称为毒物，这些物质通常能够与触媒的活性组分形成稳定程度不同的化合物，永久性的毒物会使触媒的活性不可逆地永久下降，这些毒物能够与触媒的活性部分形成稳定的表面化合物，另一些毒物可以使活性暂时下降，在这些毒物从气体中除去以后，在一个比较短的时间之内就可以恢复到原有的活性。

合成氨触媒最主要的毒物是氧的化合物，这些化合物不能看作暂时性毒物，也不是永久性毒物，当合成气中含有少量的氧化物，例如 CO 时，触媒的一些活性表面就与氧结合使触媒的活性降低，当把这种氧的化合物从合成气中除去以后，触媒就再一次完全还原，但是并不能使所有的活性中心都完全恢复到原始的状态，或者恢复到它最初的活性，因此，氧的化合物能引起严重的暂时性中毒以及轻微的永久性中毒，通常能使触媒中毒的氧的化合物有：水蒸气、CO_2 及分子 O_2。其他的较重要的毒物有 H_2S（永久性的）及油雾的沉积物，后者并不是真正的毒物，但是由于能覆盖和堵塞触媒表面，从而使触媒的活性降低。

触媒的机械强度：合成触媒的机械强度是很好的，但是操作人员也不应该掉以轻心，错误的操作会引起十分急速的温度波动，从而使触媒碎裂，在触媒还原期间，任何急剧的温度变化都应小心防止，在此期间，触媒对机械粉碎及急剧变化都是特别敏感的。

在工厂的原始开车期间，合成触媒的还原是在工厂前面的工序已经接近于设计的条件和设计的流量时才进行的。

详细的触媒装填程序详见触媒生产厂氨合成塔的触媒装填方法。极其重要的是：在触媒装填之前，必须先进行一些试验，氯化物与不锈钢的触媒接触会引起合成塔内件的应力腐蚀脆裂，所以在装填之前，每一批触媒的氯含量都必须加以检验，触媒中允许的最高的水溶性氯的含量为 10.0ppm，在装触媒的容器有损坏的情况下，可能会带入杂质，所以每一个容器都应当进行检查。

⑨ 合成气中无水液氨的分离

在合成塔中生成的氨会很快地达到不利于反应的程度，所以必须连续地从进塔的合成循环气中把它除去，这时用系列的冷却器和氨冷器来冷却循环气，从而把每次通过合成塔时生成的净氨产品冷却下来，循环气进入高压氨分离器时的温度为 −21.3℃，在 11.7MPa 的压力下，合成回路中气体里的氨冷凝并过冷到 −23.3℃ 以后，循环气中的氨就降至 2.42%，冷凝下来的液氨收集在高压氨分离器（106-F）中，用液位调节器（LC-13）调节后就送去进行产品的最后精制。

（2）氨合成主要设备

① 合成塔

a.结构特点

氨合成塔是合成氨生产的关键设备，其作用是氢氮混合气在塔内催化剂层中合成为氨。

由于反应在高温高压下进行，因此要求合成塔不仅要有较高的机械强度，而且应有高温下抗蠕变和松弛的能力。同时在高温、高压下，氢、氮对碳钢有明显的腐蚀作用，使合成塔的工作条件更为复杂。

氢对碳钢的腐蚀作用包括氢脆和氢腐蚀。所谓氢脆是氢溶解于金属晶格中，使钢材在缓慢变形时发生脆性破坏。所谓氢腐蚀是氢渗透到钢材内部，使碳化物分解并生成甲烷：

$$FeC + 2H_2 \longrightarrow Fe + CH_4 + Q$$

反应生成的甲烷积聚于晶界原有的微观空隙内，导致局部压力过高、应力集中、出现裂纹，并在钢材中聚集而形成鼓泡，从而使钢的结构遭到破坏，机械强度下降。

在高温高压下，氮与钢材中的铁及其他很多合金元素生成硬而脆的氮化物，使钢材的机械性能降低。

为了适应氨合成反应条件，合理解决存在的矛盾，氨合成塔由内件和外筒两部分组成，内件置于外筒之内。进入合成塔的气体（温度较低）先经过内件与外筒之间的环隙，内件外面设有保温层，以减少向外筒散热。因而，外筒主要承受高压（操作压力与大气压之差），但不承受高温，可用普通低合金钢或优质碳钢制成。内件在 500℃ 左右高温下操作，但只承受环系气流与内件气流的压差，一般只有 1～2MPa，即内件只承受高温不承受高压，从而降低对内件材料和强度的要求。内件一般用合金钢制作，塔径较小的内件也可用纯铁制作。内件由催化剂筐、热交换器、电加热器三个主要部分组成，大型氨合成塔的内件一般不设电加热器，而由塔外加热炉供热。

b. 分类和结构

由于氨合成反应最适宜温度随氨含量的增加而逐渐降低，因而随着反应的进行要在催化剂层采取降温措施。按降温方法不同，氨合成塔可分为以下三类。

（a）冷管式。在催化剂层中设置冷却管，用反应前温度较低的原料气在冷管中流动，移出反应热，降低反应温度，同时将原料气预热到反应温度。根据冷管结构不同，又可分为双套管、三套管、单管等不同形式。冷管式合成塔结构复杂，一般用于小型合成氨塔。

（b）冷激式。将催化剂分为多层，气体经过每层绝热反应温度升高后，通入冷的原料气与之混合，温度降低后再进入下一层催化剂。冷激式合成塔结构简单，但加入未反应的冷原料气，降低了氨合成率，一般用于大型氨合成塔。

（c）中间换热式。将催化剂分为几层，在层间设置换热器，上一层反应后的高温气体进入换热器降温后，再进入下一层进行反应。

② 合成压缩机

大型氨厂的合成压缩机均采用以汽轮机驱动的离心式压缩机，其机组主要由压缩机主机、驱动机、润滑油系统、密封油系统和防喘振装置组成。

a. 离心式压缩机工作原理

离心式压缩机的工作原理和离心泵类似，气体从中心流入叶轮，在高速转动的叶轮的作用下，随叶轮作高速旋转并沿半径方向甩出来。叶轮在驱动机械的带动下旋转，把所得到的机械能通过叶轮传递给流过叶轮的气体，即离心压缩机通过叶轮对气体做功。气体一方面受到旋转离心力的作用增加了气体本身的压力，另一方面又得到了很大的动能。气体离开叶轮后，这部分速度能在通过叶轮后的扩压器、回流弯道的过程中转变为压力能，进一步使气体的压力提高。

离心式压缩机中，气体经过一个叶轮压缩后压力的升高是有限的。因此在要求升压较高的情况下，通常都有许多级叶轮一个接一个、连续地进行压缩，直到最末一级出口达到所要求的压力为止。压缩机的叶轮数越多，所产生的总压也越大。气体经过压缩后温度升高，当要求压缩比较高时，常常将气体压缩到一定的压力后，从缸内引出，在外设冷却器冷却降温，然后再导入下一级继续压缩。这样依冷却次数的多少，将压缩机分成几段，一个段可以是一级或多级。

b.离心式压缩机的喘振现象及防止措施

离心压缩机的喘振是操作不当、进口气体流量过小时产生的一种不正常现象。当进口气体流量不适当地减小到一定值时，气体进入叶轮的流速过低，气体不再沿叶轮流动，在叶片背面形成很大的涡流区，甚至充满整个叶道而把通道塞住，气体只能在涡流区打转而流不出来。这时系统中的气体自压缩机出口倒流进入压缩机，暂时弥补进口气量的不足。虽然压缩机似乎恢复了正常工作，重新压出气体，但当气体被压出后，由于进口气体仍然不足，上述倒流现象重复出现。这样一种在出口处时而倒吸时而吐出的气流，引起出口管道低频、高振幅的气流脉动，并迅速波及各级叶轮，于是整个压缩机产生噪音和振动，这种现象称为喘振。喘振对机器是很不利的，振动过分会产生局部过热，时间过久甚至会造成叶轮破碎等严重事故。

当喘振现象发生后，应设法立即增大进口气体流量。方法是利用防喘振装置，将压缩机出口的一部分气体经旁路阀回流到压缩机的进口，或打开出口放空阀，降低出口压力。

c.离心式压缩机的结构

离心式压缩机由转子和定子两大部分组成。转子由主轴、叶轮、轴套和平衡盘等部件组成。所有的旋转部件都安装在主轴上，除轴套外，其他部件用键固定在主轴上。主轴安装在径向轴承上，以利于旋转。叶轮是离心式压缩机的主要部件，其上有若干个叶片，用以压缩气体。

气体经叶片压缩后压力升高，因而每个叶片两侧所受到气体压力不一样，产生了方向指向低压端的轴向推力，可使转子向低压端窜动，严重时可使转子与定子发生摩擦和碰撞。为了消除轴向推力，在高压端外侧装有平衡盘和止推轴承。平衡盘一边与高压气体相通，另一边与低压气体相通，用两边的压力差所产生的推力平衡轴向推力。

离心式压缩机的定子由气缸、扩压室、弯道、回流器、隔板、密封、轴承等部件组成。气缸也称机壳，分为水平剖分和垂直剖分两种形式。水平剖分就是将机壳分成上下两部分，上盖可以打开，这种结构多用于低压。垂直剖分就是筒形结构，由圆筒形本体和端盖组成，多用于高压。气缸内有若干隔板，将叶片隔开，并组成扩压器和弯道、回流器。为了防止级间窜气或向外漏气，都设有级间密封和轴密封。

离心式压缩机的辅助设备有中间冷却器、气液分离器和油系统等。

d.汽轮机的工作原理

汽轮机又称为蒸汽透平，是用蒸汽做功的旋转式原动机。进入汽轮的高压、高温蒸汽，由喷嘴喷出，经膨胀降压后，形成的高速气流按一定方向冲动汽轮机转子上的动叶片，带动转子按一定速度均匀地旋转，从而将蒸汽的能量转变成机械能。

由于能量转换方式不同，汽轮机分为冲动式和反动式两种，在冲动式中，蒸汽只在喷嘴中膨胀，动叶片只受到高速气流的冲动力。在反动式汽轮机中，蒸汽不仅在喷嘴中膨胀，而且在叶片中膨胀，动叶片既受到高速气流的冲动力，又受到蒸汽在叶片中膨胀时产生的反作用力。

根据汽轮机中叶轮级数不同，可分为单级或多级两种。按热力过程不同，汽轮机可分为背压式、凝气式和抽气凝气式。背压式汽轮机的蒸汽经膨胀做功后以一定的温度和压力排出汽轮机，可继续供工艺使用；凝气式蒸汽轮机的进气在膨胀做功后，全部排入冷凝器凝结为水；抽气凝气式汽轮机的进气在膨胀做功时，一部分蒸汽在中间抽出去作为其他用，其余部分继续在气缸中做功，最后排入冷凝器冷凝。

2.装置流程说明

① 合成系统

从甲烷化来的新鲜气（40℃、2.6MPa、$H_2/N_2=3:1$）先经压缩前分离罐（104-F）进合成气压缩机（103-J）低压段，在压缩机的低压缸将新鲜气体压缩到合成所需的最终压力的二分之一左右，出低压段的新鲜气先经106-C用甲烷化进料气冷却至93.3℃，再经水冷器（116-C）冷却至38℃，最后经氨冷器（129-C）冷却至7℃，后与氢回收来的氢气混合进入中间分离罐（105-F），从中间分离罐出来的氢氮混合气再进合成气压缩机高压段。

合成回路来的循环气与经高压段压缩后的氢氮混合气混合进压缩机循环段，从循环段出来的合成气进合成系统水冷器（124-C）。高压合成气自最终冷却器124-C出来后，分两路继续冷却，第一路串联通过原料气和循环气一级和二级氨冷器117-C和118-C的管侧，冷却介质都是冷冻用液氨，另一路通过MIC-23节流后，在合成塔进气和循环气换热器120-C的壳侧冷却，两路会合后，又在新鲜气和循环气三级氨冷器119-C中用三级液氨闪蒸槽112-F来的冷冻用液氨进行冷却，冷却至-23.3℃。冷却后的气体经过水平分布管进入高压氨分离器（106-F），在前几个氨冷器中冷凝下来的循环气中的氨就在106-F中分离出，分离出来的液氨送往冷冻中间闪蒸槽（107-F）。从氨分离器出来后，循环气就进入合成塔循环气换热器120-C的管侧，从壳侧的工艺气体中取得热量，然后又进入合成塔进出气换热器（121-C）的管侧，再由HCV-11控制进入合成塔（105-D），在121-C管侧的出口处分析气体成分。

SP-35是一专门的双向降爆板装置，是用来保护121-C的换热器，防止换热器的一侧卸压导致压差过大而引起破坏。

合成气进气由合成塔105-D的塔底进入，自下而上地进入合成塔，经由MIC-13直接到第一层触媒的入口，用以控制该处的温度，这一进路有一个冷激管线，和两个进层间换热器副线可以控制第二、第三层的入口温度，必要时可以分别用MIC-14、MIC-15和MIC-16进行调节。气体经过最底下一层触媒床后，又自下而上地把气体导入内部换热器的管侧，把热量传给进来的气体，再由105-D的顶部出口引出。

合成塔出口气进入合成塔锅炉给水换热器123-C的管侧，把热量传给锅炉给水，接着又在121-C的壳侧与进塔气换热而进一步被冷却，最后回到103-J高压缸循环段（最后一个叶轮）而完成了整个合成回路。

合成塔出来的气体有一部分是从高压吹出气分离缸108-F经MIC-18调节并用FI-63指示流量后，送往氢回收装置或送往一段转化炉燃料气系统。从合成回路中排出气是为了控制气体中的甲烷化和氩的浓度，甲烷和氩在系统中积累多了会使氨的合成率降低。吹出气在进入分离罐108-F以前先在氨冷器125-C冷却，由108-F分出的液氨送低压氨分离器107-F回收。

合成塔备有一台开工加热炉（102-B），它用于开工时把合成塔引温至反应温度，开工加热炉的原料气流量由FI-62指示，另外，它还设有一低流量报警器FAL-85与FI-62配合使用，MIC-17可调节102-B燃料气量。

② 冷冻系统

合成的液氨进入冷冻中间闪蒸槽（107-F），闪蒸出的不凝性气体通过PICA-8排出作为燃料气送一段炉燃烧。分离器107-F装有液面指示器LI-12。液氨减压后由液位调节器

LICA-12 调节进入三级液氨闪蒸罐（112-F）进一步闪蒸，闪蒸后作为冷冻用的液氨进入系统中。冷冻的一、二、三级液氨闪蒸罐操作压力分别为：0.4MPa（G）、0.16MPa（G）、0.0028MPa（G），三台闪蒸罐与合成系统中的第一、二、三氨冷器相对应，它们是按热虹吸原理进行冷冻蒸发循环操作的。液氨由各闪蒸罐流入对应的氨冷器，吸热后的液氨蒸发形成的气液混合物又回到各闪蒸罐进行气液分离，气氨分别进氨压缩机（105-J）各段气缸，液氨分别进各氨冷器。

　　由液氨接收槽（109-F）来的液氨逐级减压后补入到各闪蒸罐。一级液氨闪蒸罐（110-F）出来的液氨除送循环气第一氨冷器（117-C）外，另一部分作为合成气压缩机（103-J）一段出口的段间氨冷器（129-C）和闪蒸罐氨冷器（126-C）的冷源。氨冷器（129-C）和（126-C）蒸发的气氨进入二级液氨闪蒸罐（111-F），110-F 多余的液氨送往 111-F。111-F 的液氨除送循环气第二氨冷器（118-C）和弛放气氨冷器（125-C）作为冷冻剂外，其余部分送往三级液氨闪蒸罐（112-F）。112-F 的液氨除送 119-C 外，还可以由冷氨产品泵（109-J）作为冷氨产品送液氨贮槽贮存。

　　由三级液氨闪蒸罐（112-F）出来的气氨进入氨压缩机（105-J）一段压缩，一段出口与 111-F 来的气氨汇合进入二段压缩，二段出口气氨先经氨压机中间冷却器（128-C）冷却后，与 110-F 来的气氨汇合进入三段压缩，三段出口的气氨经氨冷凝器（127-CA、CB），冷凝的液氨进入液氨接收槽（109-F）。109-F 中的闪蒸气去闪蒸气氨冷器（126-C），冷凝分离出来的液氨流回 109-F，不凝气作燃料气送一段炉燃烧。109-F 中的液氨一部分减压后送至一级闪蒸罐（110-F），另一部分作为热氨产品经热氨产品泵（1-3P-1，2）送往尿素装置。

【设备列表】

序号	设备位号	设备名称	序号	设备位号	设备名称
1	105-D	氨合成反应器	15	125-C	吹出气氨冷器
2	102-B	开工加热炉	16	126-C	闪蒸气氨冷器
3	103-J	合成气压缩机	17	127-C	氨冷凝器
4	109-J	冷氨产品泵	18	128-C	氨压机中间冷却器
5	1-3P	热氨产品泵	19	129-C	段间氨冷器
6	106-C	甲烷化进料气冷却器	20	104-F	压缩前分离罐
7	116-C	段间水冷器	21	105-F	中间分离罐
8	117-C	循环气一级氨冷器	22	106-F	高压氨分离器
9	118-C	循环气二级氨冷器	23	107-F	冷冻中间闪蒸槽
10	119-C	循环气三级氨冷器	24	108-F	高压吹出气分离缸
11	120-C	循环气换热器	25	109-F	液氨接收槽
12	121-C	合成塔进出气换热器	26	110-F	一级液氨闪蒸槽
13	123-C	锅炉给水换热器	27	111-F	二级液氨闪蒸槽
14	124-C	合成系统水冷器	28	112-F	三级液氨闪蒸槽

【工艺卡片】

表 6-1　温度设计值

序号	位号	说明	设计值/℃
1	TR6 _ 15	出 103-J 二段工艺气温度	120
2	TR6 _ 16	入 103-J 一段工艺气温度	40
3	TR6 _ 17	工艺气经 124-C 后温度	38
4	TR6 _ 18	工艺气经 117-C 后温度	10
5	TR6 _ 19	工艺气经 118-C 后温度	−9
6	TR6 _ 20	工艺气经 119-C 后温度	−23.3
7	TR6 _ 21	入 103-J 二段工艺气温度	38
8	TI1 _ 28	工艺气经 123-C 后温度	166
9	TI1 _ 29	工艺气进 119-C 温度	−9
10	TI1 _ 30	工艺气进 120-C 温度	−23.3
11	TI1 _ 31	工艺气出 121-C 温度	140
12	TI1 _ 32	工艺气进 121-C 温度	23.2
13	TI1 _ 35	107-F 罐内温度	−23.3
14	TI1 _ 36	109-F 罐内温度	40
15	TI1 _ 37	110-F 罐内温度	4
16	TI1 _ 38	111-F 罐内温度	−13
17	TI1 _ 39	112-F 罐内温度	−33
18	TI1 _ 46	合成塔一段入口温度	401
19	TI1 _ 47	合成塔一段出口温度	480.8
20	TI1 _ 48	合成塔二段中温度	430
21	TI1 _ 49	合成塔三段入口温度	380
22	TI1 _ 50	合成塔三段中温度	400
23	TI1 _ 84	开工加热炉 102-B 炉膛温度	800
24	TI1 _ 85	合成塔二段中温度	430
25	TI1 _ 86	合成塔二段入口温度	419.9
26	TI1 _ 87	合成塔二段出口温度	465.5
27	TI1 _ 88	合成塔二段出口温度	465.5
28	TI1 _ 89	合成塔三段出口温度	434.5
29	TI1 _ 90	合成塔三段出口温度	434.5
30	TR1 _ 113	工艺气经 102-B 后进塔温度	380
31	TR1 _ 114	合成塔一段入口温度	401
32	TR1 _ 115	合成塔一段出口温度	480
33	TR1 _ 116	合成塔二段中温度	430

序号	位号	说明	设计值/℃
34	TR1_117	合成塔三段入口温度	380
35	TR1_118	合成塔三段中温度	400
36	TR1_119	合成塔塔顶气体出口温度	301
37	TRA1_120	循环气温度	144
38	TR5_(13-24)	合成塔105-D塔壁温度	140.0

表 6-2　重要压力设计值

序号	位号	说明	设计值/MPA
1	PI59	108-F罐顶压力	10.5
2	PI65	103-J二段入口压力	6.0
3	PI80	103-J二段出口压力	12.5
4	PI58	109-J/JA后压	2.5
5	PR62	1_3P-1/2后压	4.0
6	PDIA62	103-J二段压差	5.0

表 6-3　重要流量设计值

序号	位号	说明	设计值/(kg/h)
1	FR19	104-F的抽出量	11000
2	FI62	经过开工加热炉的工艺气流量	60000
3	FI63	弛放氢气量	7500
4	FI35	冷氨抽出量	20000
5	FI36	107-F到111-F的液氨流量	3600

表 6-4　控制设定值

回路名称	回路描述	工程单位元	设定值	输出
PIC182	104-F压力控制	MPA	2.6	50
PRC6	103-J转速控制	MPA	2.6	50
PIC194	107-F压力控制	MPA	10.5	50
FIC7	104-F抽出流量控制	KG/H	11700	50
FIC8	105-F抽出流量控制	KG/H	12000	50
FIC14	压缩机总抽出控制	KG/H	67000	50
LICA14	121-F罐液位元控制	%	50	50
PIC7	109-F压力控制	MPA	1.4	50
PICA8	107-F压力控制	MPA	1.86	50
PRC9	112-F压力控制	KPA	2.8	50
FIC9	112-F抽出氢气体流量控制	KG/H	24000	0

回路名称	回路描述	工程单位元	设定值	输出
FIC10	111-F 抽出氨气体流量控制	KG/H	19000	0
FIC11	110-F 抽出氨气体流量控制	KG/H	23000	0
FIC18	109-F 液氨产量控制	KG/H	50	50
LICA15	109-F 罐液位元控制	%	50	50
LICA16	110-F 罐液位元控制	%	50	50
LICA18	111-F 罐液位元控制	%	50	50
LICA19	112-F 罐液位元控制	%	50	50
LICA12	107-F 罐液位元控制	%	50	50

【复杂控制说明】

在装置发生紧急事故，无法维持正常生产时，为控制事故的发展，避免事故蔓延发生恶性事故，确保装置安全，并能在事故排除后及时恢复生产，可进行以下操作。

① 在装置正常生产过程中，自保切换开关应在"AUTO"位置，表示自保投用。

② 开车过程中，自保切换开关在"BP（Bypass）"位置，表示自保摘除。

自保名称	自保值
LSH109	90
LSH111	90
LSH116	80
LSH118	80
LSH120	60
PSH840	25.9
PSH841	25.9
FSL85	25000

【联锁系统】

略

【操作规程】

1. 冷态开车

① 合成系统开车

投用 104F 液位联锁 LSH109→投用 105F 液位联锁 LSH111→显示合成塔压力的仪表换为低量程表 L（现场合成塔旁）→全开 VX0015，投用 124-C→全开 VX0016，投用 123-C→开防爆阀 SP35 前阀 VV077→开 SP35 后阀 VV078 投用 SP35→开 SP71，引氢氮气→在辅助控制面板上按复位按钮后启动 103-J（现场启动按钮）→打开 PRC6 调节压缩机转速→开泵 117-J 注液氨（在冷冻系统图的现场画面）→开 MIC23，把工艺气引入合成塔 105-D，合成塔充压→开 HCV11，把工艺气引入合成塔 105-D，合成塔充压→开 SP1 副线阀 VX0036→逐渐关小防喘振阀 FIC7→逐渐关小防喘振阀 FIC8→逐渐关小防喘振阀 FIC14→开 SP72（在合成塔图画面上）→开 SP72 前旋塞阀 VX0035→压力达到 1.4MPa 后换高量程压力表 H→开

SP1→关 SP1 副线阀 VX0036→关 SP72→关 SP72 前旋塞阀 VX0035→关 HCV-11→打开 PIC194 前阀 MIC18→PIC-194，投自动（108-F 出口调节阀）→PIC-194 设定值设定在 10.5MPa→开 102-B 旋塞阀 VV048→开 SP70→开 SP70 前旋塞阀 VX0034，使工艺气循环起来→开 108-F 顶 MIC18 阀（开度为 100）→投用 102-B 联锁 FSL85→102B 点火→打开 MIC17 调整炉膛温度→开阀 MIC14 控制二段出口温度在 420℃→开阀 MIC15 控制三段入口温度在 380℃→开阀 MIC16 控制三段入口温度在 380℃→停泵 117-J，停止向合成系统注液氨→PICA-8 投自动。→PICA-8 设定值设定在 1.68MPa。→LICA-14 投自动→LICA-14 设定值设定在 50％→LICA-13 投自动。→LICA-13 设定值设定在 50％。→合成塔入口温度达到 380℃后，关闭 MIC17→102-B 熄火→开 HCV11→关入 102-B 旋塞阀→开 MIC-13 调节合成塔入口温度在 401℃

② 冷冻系统开车

投用 110F 液位联锁 LSH116→投用 111F 液位联锁 LSH118→投用 112F 液位联锁 LSH120→投用 PSH840 联锁→投用 PSH841 联锁→全开 VX0017，投用 127-C→PIC-7 投自动→PIC-7SP 设定 1.4MPa→打开氨库来阀门 VV066，109F 引氨，建立 50％液位→开制冷阀 VX0005→开制冷阀 VX0006→开制冷阀 VX0007→在辅助控制面板上按复位按钮后启动 105-J→开出口总阀 VV084→开 127-C 壳侧排放阀 VV067→打开 LICA15 建立 110-F 液位→开 VV086→开阀 LCV16（打开 LICA16）建立 111-F 液位→开阀 LCV16（打开 LICA16）建立 111-F 液位→开阀 LCV18（LICA18）建立 112-F 液位→开阀 LCV18（LICA18）建立 112-F 液位→开阀 VV085，投用 125-C→开 MIC-24，向 111-F 送氨→开 LICA12 向 112-F 送氨→关制冷阀 VX0005→关制冷阀 VX0006→关制冷阀 VX0007→启动 109-J→启动 1-3P

③ 扣分步骤

106-F 液位高于 90％→109-F 液位高于 90％→107-F 液位高于 90％→110-F 液位高于 90％→111-F 液位高于 90％→112-F 液位高于 90％

④ 质量评分

一段入口温度控制→二段入口温度控制→三段入口温度控制→106-F 液位控制→109-F 液位控制→107-F 液位控制→110-F 液位控制→111-F 液位控制→112-F 液位控制→109-F 压力控制→104-F 压力控制→112-F 压力控制

2.正常操作规程

合成岗位主要指标如表 6-5～表 6-8 所示。

表 6-5　温度设计值

序号	位号	说明	设计值/℃
1	TR6_15	出 103-J 二段工艺气温度	120
2	TR6_16	入 103-J 一段工艺气温度	40
3	TR6_17	工艺气经 124-C 后温度	38
4	TR6_18	工艺气经 117-C 后温度	10
5	TR6_19	工艺气经 118-C 后温度	−9
6	TR6_20	工艺气经 119-C 后温度	−23.3
7	TR6_21	入 103-J 二段工艺气温度	38
8	TI1_28	工艺气经 123-C 后温度	166
9	TI1_29	工艺气进 119-C 温度	−9

序号	位号	说明	设计值/℃
10	TI1_30	工艺气进120-C温度	-23.3
11	TI1_31	工艺气出121-C温度	140
12	TI1_32	工艺气进121-C温度	23.2
13	TI1_35	107-F罐内温度	-23.3
14	TI1_36	109-F罐内温度	40
15	TI1_37	110-F罐内温度	4
16	TI1_38	111-F罐内温度	-13
17	TI1_39	112-F罐内温度	-33
18	TI1_46	合成塔一段入口温度	401
19	TI1_47	合成塔一段出口温度	480.8
20	TI1_48	合成塔二段中温度	430
21	TI1_49	合成塔三段入口温度	380
22	TI1_50	合成塔三段中温度	400
23	TI1_84	开工加热炉102-B炉膛温度	800
24	TI1_85	合成塔二段中温度	430
25	TI1_86	合成塔二段入口温度	419.9
26	TI1_87	合成塔二段出口温度	465.5
27	TI1_88	合成塔二段出口温度	465.5
28	TI1_89	合成塔三段出口温度	434.5
29	TI1_90	合成塔三段出口温度	434.5
30	TR1_113	工艺气经102-B后进塔温度	380
31	TR1_114	合成塔一段入口温度	401
32	TR1_115	合成塔一段出口温度	480
33	TR1_116	合成塔二段中温度	430
34	TR1_117	合成塔三段入口温度	380
35	TR1_118	合成塔三段中温度	400
36	TR1_119	合成塔塔顶气体出口温度	301
37	TRA1_120	循环气温度	144
38	TR5_(13-24)	合成塔105-D塔壁温度	140.0

表6-6 重要压力设计值

序号	位号	说明	设计值/MPa
1	PI59	108-F罐顶压力	10.5a
2	PI65	103-J二段入口压力	6.0
3	PI80	103-J二段出口压力	12.5
4	PI58	109-J/JA后压	2.5
5	PR62	1_3P-1/2后压	4.0
6	PDIA62	103-J二段压差	5.0

表 6-7　重要流量设计值

序号	位号	说明	设计值/（kg/h）
1	FR19	104-F 的抽出量	11000
2	FI62	经过开工加热炉的工艺气流量	60000
3	FI63	弛放氢气量	7500
4	FI35	冷氨抽出量	20000
5	FI36	107-F 到 111-F 的液氨流量	3600

表 6-8　中英对照表

FUEL GAS	燃料气	VENT	排放
RECYCLE GAS	循环气	RAW GAS	原料气
LP PURGE GAS	低压闪蒸气	AMMOINA STORAGE	氨库

3.正常停车

指系统因故障或大修计划性长期停车，按照切气、停泵、泄压、置换的原则。

① 合成系统停车

关 MIC18，关弛放气→停泵 1-3P-1→工艺气由 MIC-25 放空，103-J 降转速→打开 FIC14，注意防喘振→打开 FIC7，注意防喘振→打开 FIC8，注意防喘振→合成塔降温→106-F LICA-13 达 5％时，关 LICA-13→108-F LICA-14 达 5％时，关 LICA-14→关 SP-1→关 SP-70→关 125-C→关 129-C→停 103-J

② 冷冻系统停车

105-J 退转速，打开 FIC9→105-J 退转速，打开 FIC10→105-J 退转速，打开 FIC11→关 MIC-24→LICA-12 达 5％时关 LCV-12→稍开制冷阀 VX0005，提高温度，蒸发剩余液氨→稍开制冷阀 VX0006，提高温度，蒸发剩余液氨→稍开制冷阀 VX0007，提高温度，蒸发剩余液氨→待 LICA-19 达 5％时，停泵 109-J→停 105-J

③ 扣分步骤

106-F 液位高于 90％→109-F 液位高于 90％→107-F 液位高于 90％→110-F 液位高于 90％→111-F 液位高于 90％→112-F 液位高于 90％

【事故及处理方法】

序号	事故名称	现象	原因	处理方法
1	105-J 跳车	① FIC-9、FIC-10、FIC-11 全开。② LICA-15、LICA-16、LICA-18、LICA-19 逐渐下降。	105-J 跳车	① 停 1-3P-1/2，关出口阀。② 全开 FCV14，7，8，开 MIC25 放空，103-J 降转速（此处无需操作）。③ 按 SP-1A，SP-70A。④ 关 MIC-18、MIC-24，氢回收去 105-F 截止阀。⑤ LCV13，LCV 14，LCV 12 手动关掉。⑥ 关 MIC13，MIC14，MIC15，MIC16，HCV1，MIC23。⑦ 停 109-J，关出口阀。⑧ LCV15，LCV16A/B，LCV18A/B，LCV19 置手动关
2	1-3P-1 (2) 跳车	109-F 液位 LICA15 上升	1-3P-1（2）跳车	① 打开 LCV15，调整 109-F 液位。② 启动备用泵

序号	事故名称	现象	原因	处理方法
3	103-J 跳车	① SP-1，SP-70 全关。 ② FIC-7，FIC-8，FIC-14 全开。 ③ PCV-182 开大	103-J 跳车	① 打开 MIC25，调整系统压力。 ② 关闭 MIC18、MIC24，氢回收去 105-F 截止阀。 ③ 105-J 降转速，冷冻调整液位。 ④ 停 1-3P，关出口阀。 ⑤ 关 MIC13，MIC14，MIC15，MIC16，HCV1，MIC23。 ⑥ 切除 129-C，125-C。 ⑦ 停 109-J，关出口阀

【主要操作组画面】

1. DCS 用户画面设计

① DCS 画面的颜色、显示及操作方法均与真实 DCS 系统保持一致，

② 一般调节阀的流通能力按正常开度为 50% 设计。

2. 现场画面设计

3. 现场操作画面设计

（1）现场操作画面是在 DCS 画面的基础上改进而完成的，大多数现场操作画面都有与之对应的 DCS 流程图画面。

（2）现场画面均以 C 字母作为结束符。

（3）现场画面上光标变为手形处为可操作点。

（4）现场画面上的模拟量（如手操阀）、开关量（如开关阀和泵）的操作方法与 DCS 画面上的操作方法相同。

（5）一般现场画面上红色的阀门、泵及工艺管线表示这些设备处于"关闭"状态，绿色表示设备处于"开启"状态。

（6）单工段运行时，对换热器另一侧物流的控制通过在现场画面上操作该换热器来实现；全流程运行时，换热器另一侧的物流由在其他工段进行的操作来控制。冷却水及蒸汽量的控制在各种情况下均在现场画面上完成。

现场操作画面列表见表 6-9。合成工段 DCS 图见图 6-1，合成工段现场图见图 6-2，氨合成塔 DCS 图见图 6-3，冷冻工段 DCS 图见图 6-4，冷冻工段现场图见图 6-5，仪表盘图见图 6-6。

表 6-9　现场操作画面列表

画面名称	说明
A0401F	合成系统现场图
A0601F	冷冻系统现场图
A0401	合成系统 DCS 图
A0601	冷冻系统 DCS 图
A0403	合成塔 DCS 图
AUXILIARY	辅助控制盘

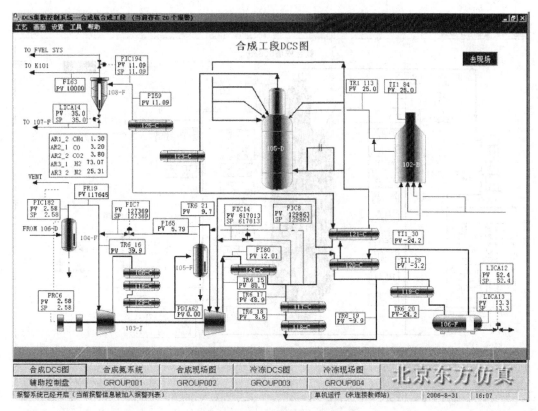

图 6-1 合成工段 DCS 图

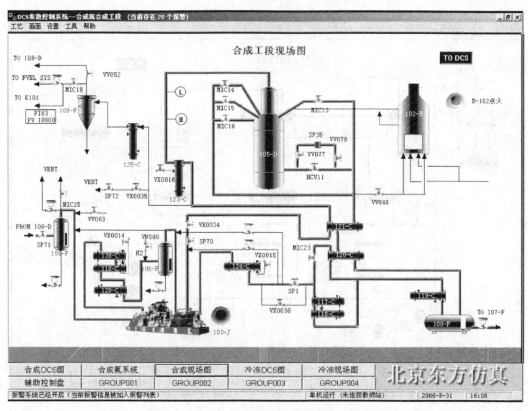

图 6-2 合成工段现场图

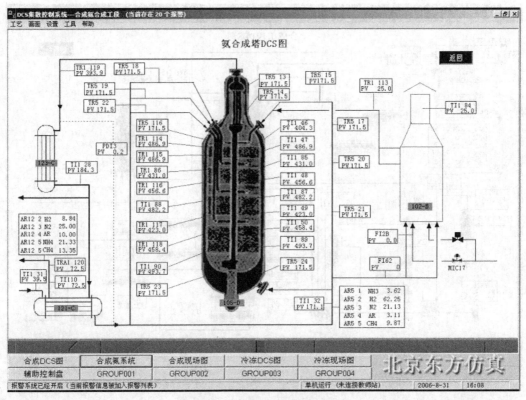

图 6-3　氨合成塔 DCS 图

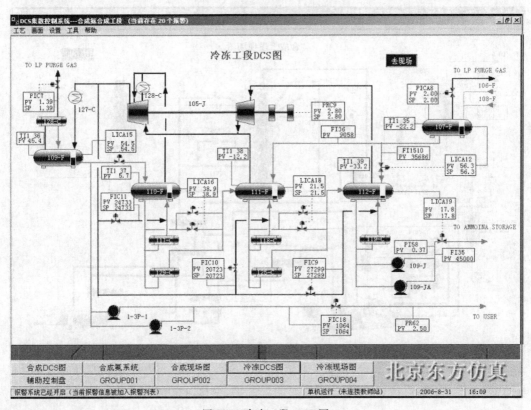

图 6-4　冷冻工段 DCS 图

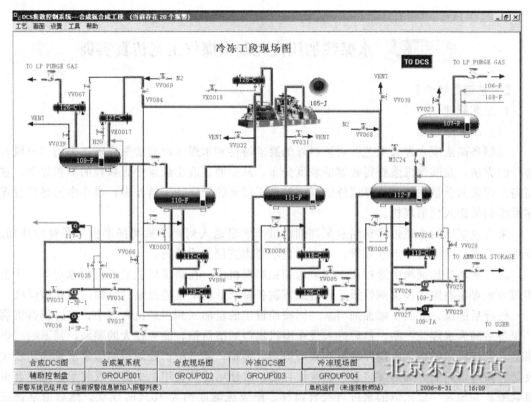

图 6-5　冷冻工段现场图

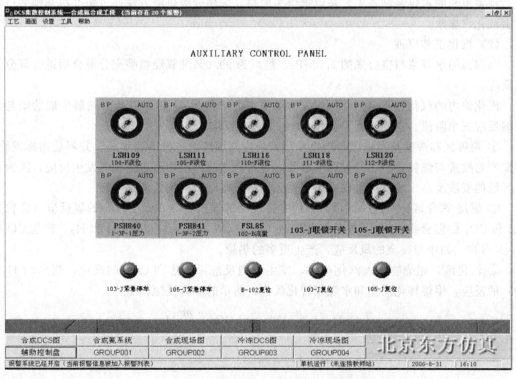

图 6-6　仪表盘图

实训 7 水煤浆加压汽化制水煤气工艺仿真实训

【工艺流程简介】

1. 工艺原理

（1）制浆原理

煤制备高浓度水煤浆工艺针对原料煤的磨矿特性和水煤浆产品质量要求，采用"分级研磨"的方法，能够使煤浆获得较宽的粒度分布，从而明显改善煤浆中煤颗粒的堆积效率，进而提高煤浆的质量浓度。从界区外的煤预处理工段来的碎煤加入料斗中，煤斗中的煤经过煤称重给料机送入粗磨煤机。

来自废浆槽的水通过磨机给水泵和细磨机给水泵送入到粗磨机和细磨机前稀释搅拌桶。所用冲洗水直接来自生产水总管，本工艺包不考虑其储存或输送。

添加剂从添加剂槽中通过添加剂泵送到粗磨煤机中。在磨煤机上装有控制水煤浆 pH 值和调节水煤浆黏度的添加剂管线。经过细浆制备系统后的细浆通过泵计量输送至粗磨煤机。

破碎后的煤、细浆、添加剂与水一同按照设定的量加入到粗磨机入口中，经过粗磨机磨矿制备后的为水煤浆产品，然后进入设在磨机出口的滚筒筛，滤去较大的颗粒，筛下的水煤浆进入磨煤机出料槽，由搅拌槽自流入高剪切处理桶，经过剪切处理后的煤浆质量得到较大改善。高剪切后的大部分煤浆泵送煤浆储存槽，以便后续汽化用；少部分煤浆泵送至细磨机粗浆槽，并加入一定比例的水进行稀释搅拌，配置成浓度约为 40％的煤浆，然后由泵送至细磨机进行磨矿，细磨机磨制后的煤浆自流入旋振筛，除去大颗粒后的细浆用泵送入粗磨机。制浆单元的水煤浆制备工艺是以褐煤为原料，采用分级研磨方法通过粗磨机和细磨机制备出汽化水煤浆。

（2）汽化工艺原理

53.4％的水煤浆与空分来的 5.5MPa、纯度为 99.6％纯氧经喷嘴充分混合后进行部分氧化反应。

汽化炉内的汽化过程包括：干燥（水煤浆中的水汽化）、热解以及由热解生成的碳与汽化剂反应三个阶段。主要是碳与汽化剂 O_2 之间的反应。

① 裂解区和挥发分燃烧区：当煤粒喷入炉内高温区域将被迅速加热，并释放出挥发物，挥发产物数量与煤粒大小、升温速度有关，裂解产生的挥发物迅速与氧气发生反应，因为这一区域的氧浓度高，所以挥发物的燃烧是完全的，同时产生大量的热量。

② 燃烧-汽化区：在这一区域内，脱去挥发物的煤焦，一方面与残余的氧反应（产物是 CO 和 CO_2 的混合物），另一方面煤焦与 H_2O（g）和 CO_2 反应生成 CO 和 H_2，产物 CO 和 H_2 又可在气相中与残余的氧反应，产生更多的热量。

③ 汽化区：燃烧物进入汽化区后，发生下列反应：煤焦和 CO_2 的反应，煤焦和 H_2O（g）的反应，甲烷转化反应和水煤浆转化反应，简单的综合反应如下：

$$C_n H_m + \frac{n}{2} O_2 \longrightarrow nCO + \frac{m}{2} H_2$$

$$C_n H_m + n H_2O \longrightarrow nCO + \left(n + \frac{m}{2}\right) H_2$$

$$CH_4 \longrightarrow C + 2H_2$$

$$C_n H_m + (n + \frac{m}{4}) O_2 \longrightarrow n\, CO_2 + \frac{m}{2} H_2O$$

$$C + CO_2 \longrightarrow 2CO$$

$$CH_4 + H_2O \longrightarrow CO + 3H_2$$

$$CO + H_2O \longrightarrow CO_2 + H_2$$

上述反应产物主要为 $CO + H_2$（一般在 74% 以上）和少量的 $H_2O(g)$ 及 CO_2、H_2S 等。以上反应因煤浆浓度不同、气体成分也不相同，在相同的反应条件下，煤浆浓度越高，一氧化碳加氢的浓度越高。其主要原因是水煤浆中的水在汽化反应过程要消耗大量的热，这部分热量要靠煤完全燃烧来维持，所以二氧化碳浓度相对要高。一般 CO 和 CO_2 的含量之和为 66%。

2. 装置流程说明

（1）制浆系统

由煤贮运系统来的小于 6mm 的碎煤进入磨煤机出料槽（V101）后，经带式称重给料器（W101A）称量送入磨煤机（M101）。粉末状的添加剂由人工送至添加剂槽（V103）中溶解成一定浓度的水溶液，由添加剂地下池储料泵（P103）送至添加剂槽（V102）中贮存，并由添加剂给料泵（P102A）送至磨煤机（M101）中。添加剂槽（V102）可以贮存若干天的添加剂供使用。在添加剂槽（V102）底部设有蒸汽盘管，在冬季维持添加剂温度在 20～30℃，以防止冻结。

废水、冷凝液和灰水送入磨机集水槽（V104），正常用灰水来控制研磨水槽液位，用灰水不能维持磨机集水槽（V104）液位时，才用新鲜水来补充。工艺水由磨煤机给水泵（P104A）加压经磨机给水阀 FV1004 来控制送至磨煤机（M101）。煤、工艺水和添加剂一同送入磨煤机（M101）中研磨成一定粒度分布的浓度约为 53.4% 的合格水煤浆。水煤浆经滚筒筛（S102A）滤去 3mm 以上的大颗粒后溢流至磨煤机出料槽（V101）中，由磨煤机出料槽泵（P101）送至煤浆槽（V201）。磨煤机出料槽（V101）和煤浆槽（V201）均设有搅拌器（M102A、M201A），使煤浆始终处于均匀悬浮状态。

（2）汽化炉系统

来自煤浆槽（V201）浓度为 53.4% 的水煤浆，由高压煤浆泵（P201）加压，投料前经煤浆循环阀（XXV2001A）循环至煤浆槽（V201）。投料后经煤浆切断阀（XXV2002A、2003A）送至主烧嘴的环隙。

空分装置送来的纯度为 99.6% 的氧气，由 FV2007A 控制氧气压力为 5.5～5.8MPa，在准备投料前打开氧气手动阀，由氧气调节阀（FV2007A）控制氧气流量（FIA2007A），经氧气放空阀（XXV2007A）送至氧气消音器（N201A）放空。投料后由氧气调节阀（FV2007A）控制氧气流量经氧气上、下游切断阀（XXV2005A、XXV2006A）分别送入主烧嘴的中心管、外环隙。

水煤浆和氧气在工艺烧嘴（Z201A）中充分混合雾化后进入汽化炉（R201）的燃烧室中，在约 4.0MPa、1200℃ 条件下进行汽化反应。生成以 CO 和 H_2 为有效成分的粗煤气。粗煤气和熔融态灰渣一起向下，经过均匀分布激冷水的激冷环沿下降管进入激冷室的水浴中。大部分的熔渣经冷却固化后，落入激冷室底部。粗煤气从下降管和导气管的环隙上升，出激冷室去洗涤塔（T201）。在激冷室合成气出口处设有工艺冷凝液冲洗，以防止灰渣在出口管累积堵塞。由冷凝液冲洗水调节阀（FV2022A）控制冲洗水量为 23m³/h。

激冷水经激冷水过滤器（S201A、B）滤去可能堵塞激冷环的大颗粒，送入位于下降管上部的激冷环。激冷水呈螺旋状沿下降管壁流下进入激冷室。激冷室底部黑水，经黑水排放阀（FV2014A）送入黑水处理系统，激冷室液位控制在 60%～65%。在开车期间，黑水经黑水开工排放阀（LV2001A）排向沉降槽 V309。

在汽化炉预热期间，激冷室出口气体由开工抽引器（J201A）排入大气。开工抽引器底部通入低压蒸汽，通过调节预热烧嘴风门和抽引蒸汽量来控制汽化炉的真空度，汽化炉配备了预热烧嘴（Z201A）。

（3）粗煤气洗涤系统

从激冷室出来的粗煤气与激冷水泵（P203A、B）送出的激冷水充分混合，使粗煤气夹带的固体颗粒完全湿润，以便在洗涤塔（T201）内能快速除去。

水蒸气和粗煤气的混合物进入洗涤塔（T201），沿下降管进入塔底的水浴中。合成气向上穿过水层，大部分固体颗粒沉降到塔底部与粗煤气分离。上升的粗煤气沿下降管和导气管的环隙向上穿过四块冲击式塔板，与冷凝液循环泵（P401A）送来的冷凝液逆向接触，洗涤掉剩余的固体颗粒。粗煤气在洗涤塔顶部经过丝网除沫器，除去夹带气体中的雾沫，然后离开洗涤塔（T201）进入变换工序。

粗煤气水气比控制在 1.4～1.6 之间，含尘量小于 $1mg/nm^3$。在洗涤塔（T201）出口管线上设有在线分析仪，分析合成气中 CH_4、O_2、CO、CO_2、H_2 等含量。

在开车期间，粗煤气经背压前阀（HV2002A）和背压阀（PV2013A）排放至开工火炬来控制系统压力（PIRCA2013A）在 3.74MPa。火炬管线连续通入 LN 使火炬管线保持微正压。当洗涤塔（T201）出口粗煤气压力温度正常后，经压力平衡阀（即 HV2004A 的旁路阀）使汽化工序和变换工序压力平衡，缓慢打开粗煤气手动控制阀（HV2004A）向变换工序送粗煤气。

洗涤塔（T201）底部黑水经黑水排放阀（FV2011A）排入高压闪蒸罐（D301）处理。除氧器（D305）的灰水由高压灰水泵（P304A）加压后进入洗涤塔（T201），由洗涤塔的液位控制阀（LV2008A）控制洗涤塔的液位（LICA2008A）在 60%。工艺冷凝液缓冲罐（D406）的冷凝液由工艺冷凝液循环泵（P401A）加压后经洗涤塔补水控制阀（FV2017A）控制塔板上补水流量，另外当工艺冷凝液缓冲罐液位（LICA4017）高时，由洗涤塔塔板下补水阀（FV2016A）来降低工艺冷凝液缓冲罐液位（LICA4017）。当除氧器的液位（LIC3008）低时，由除氧器的补水阀（LV3008）来补充工业水（PW2），用除氧器压力调节阀（PV3005）控制低压蒸汽量从而控制除氧器的压力（PIC3005）。从洗涤塔（T201）中下部抽取的灰水，由激冷水泵（P203A、B）加压作为激冷水和进入洗涤塔（T201）的洗涤水。

（4）烧嘴冷却水系统

汽化炉烧嘴（Z201A）在 1200℃ 的高温下工作，为了保护烧嘴，在烧嘴上设置了冷却水盘管和头部水夹套，防止高温损坏烧嘴。脱盐水（DNW）经烧嘴冷却水槽（V202）的液位调节阀（LV2012）控制烧嘴冷却水槽的液位（LICA2012）为 80%，烧嘴冷却水槽的水经烧嘴冷却水泵（P202A）加压后，送至烧嘴冷却水冷却器（E201）用循环水冷却后，去烧嘴。烧嘴经烧嘴冷却水进口切断阀（XXV2018A）送入烧嘴冷却水盘管，出烧嘴冷却水盘管的冷却水经出口切断阀（XXV02019A）进入烧嘴冷却水分离罐（V203）。分离掉气体后的冷却水靠重力流入烧嘴冷却水槽（V202）。烧嘴冷却水分离罐（V203）通入低压氮气（LPN），作为 CO 分析的载气，由放空管排入大气。在放空管上安装 CO 监测器（AIRA2012A），通过监测 CO 含量来判断烧嘴是否被烧穿，正常 CO 含量为 0ppm。

烧嘴冷却水系统设置了一套单独的联锁系统，在判断烧嘴头部水夹套和冷却水盘管泄漏的情况下，汽化炉应立即停车，以保护烧嘴不受损坏。烧嘴冷却水泵（P202A）设置了自启动功能，当出口压力低（PIA2030）则备用泵自启动。如果备用泵启动后仍不能满足要求，事故冷却水槽（D203）的事故阀（XV2017）打开向烧嘴提供烧嘴冷却水。

（5）锁斗系统

激冷室底部的渣和水，在收渣阶段经锁斗收渣阀（XXV2008A）、锁斗安全阀（XXV2009A）进入锁斗（D201）。锁斗安全阀（XXV2009A）处于常开状态，仅当由激冷室液位低（LI2002/03/04A）引起的汽化炉停车，锁斗安全阀（XXV2009A）才关闭。锁斗循环泵（P204A、B）从锁斗顶部抽取相对洁净的水送回激冷室底部，帮助将渣冲入锁斗。

锁斗循环分为泄压、清洗、排渣、充压、收渣五个阶段，由锁斗程序自动控制。循环时间一般为30min，可以根据具体情况设定。锁斗程序启动后，锁斗泄压阀（XV2015A）打开，开始泄压，锁斗内压力泄至渣池（V310）。泄压后，泄压管线清洗阀（XV2016A）打开清洗泄压管线，清洗时间到后清洗阀（XV2016A）关闭。锁斗冲洗水阀（XV2014A）和锁斗排渣阀（XV2010A）及泄压管线清洗阀（XV2016A）打开，开始排渣。当冲洗水罐液位（LICA2007A）低时，锁斗排渣阀（XXV2010A）、泄压管线清洗阀（XV2016A）和冲洗水阀（XV2014A）关闭。锁斗排渣阀（XXV2010A）关5min后，渣池溢流阀（XV3001A）、（XV3002A）打开。锁斗充压阀（XV2013A）打开，用高压灰水泵（P304A）来的灰水开始为锁斗进行充压。当汽化炉与锁斗压差（PDI2021A）（小于180kPa）低时，锁斗收渣阀（XXV2008A）打开，锁斗充压阀（XV2013A）关闭，锁斗循环泵进口阀（XV2011A）打开，锁斗循环泵循环阀（XV2012A）关闭，锁斗开始收渣，收渣计时器开始计时。当收渣时间到和冲洗水罐液位（LICA2007A）高时，锁斗循环泵循环阀（XV2012A）打开，锁斗循环泵进口阀（XV2011A）关闭，锁斗循环泵（P204A、B）自循环。锁斗收渣阀（XXV2008A）关闭，渣池溢流阀（XV3001A）、（XV3002A）关闭，锁斗泄压阀（XV2015A）打开，锁斗重新进入泄压步骤。如此循环。

从灰水槽（V301）来的灰水，由低压灰水泵（P302A）加压后经锁斗冲洗水冷却器（E202）冷却后，送入锁斗冲洗水罐（V204）作为锁斗排渣时的冲洗水，多余部分经废水冷却器（E304）冷却后送入污水处理工序。锁斗排出的渣水排入渣池（V310），渣水由渣池泵P310A送入真空闪蒸罐D303，粗渣经沉降分离后，由抓斗起重机（L301）抓入干渣槽分离掉水后由灰车送出界区。

（6）黑水处理系统

来自汽化炉激冷室（R201）和洗涤塔（T201）的黑水分别经减压阀（PV3001A1、A2）（PV3002A1、A2）减压后进入高压闪蒸罐（D301），由高压闪蒸压力调节阀（PV3003A）控制高压闪蒸系统压力在0.5MPa。黑水经闪蒸后，一部分水被闪蒸为蒸汽，少量溶解在黑水中的粗煤气解析出来，同时黑水被浓缩，温度降低。从高压闪蒸罐（D301）顶部出来的闪蒸汽经灰水加热器（E301A）与高压灰水泵（P304A）送来的灰水换热冷却后，再经高压闪蒸冷凝器（E302）冷凝进入高压闪蒸分离罐（D302），分离出的不凝气送至火炬，冷凝液经液位调节阀（LV3004A）进入除氧器（D305）循环使用。

高压闪蒸罐（D301）底部出来的黑水经液位调节阀（LV3002A）减压后，进入真空闪蒸罐（D303）在0.05MPa（A）下进一步闪蒸，浓缩的黑水自流入沉降槽（V309）。真空闪蒸罐（D303）顶部出来的闪蒸汽经真空闪蒸罐顶冷凝器（E303）冷凝后进入真空闪蒸罐顶分离器（D304），冷凝液进入灰水槽（V301）循环使用，顶部出来的闪蒸汽用闪蒸真空泵（P301A）抽取再保持真空度后排入大气，液体自流入灰水槽（V301）循环使用。闪蒸真空泵（P301A）的密封水由PW2提供。

【设备列表】

表 6-10 设备一览表

序号	设备位号	设备名称	序号	设备位号	设备名称
1	R201	汽化炉	44	P203AB	激冷水泵
2	T201	合成气洗涤塔	45	P204AB	锁斗循环泵
3	V201	煤浆槽	46	M201A	破渣机
4	V202	冷却水槽	47	J201A	开工抽引器
5	V203	冷却水气液分离器	48	N201A	氧气放空消音器
6	V204	锁斗冲洗水槽	49	Z201A	工艺烧嘴
7	V205	汽化炉密封水槽	50	Z203A	预热烧嘴
8	V207	开工抽引气分离罐	51	M201A	煤浆槽搅拌器
9	D201	锁斗	52	S201AB	激冷水过滤器
10	D202	高压氮罐	53	P301A	闪蒸真空泵
11	D203	事故烧嘴冷却水罐	54	P302A	低压灰水泵
12	D301	高压闪蒸罐	55	P303A	沉降槽底泵
13	D302	高压闪蒸分离罐	56	P304A	高压灰水泵
14	D303	真空闪蒸罐	57	P305A	阳离子絮凝剂泵
15	D304	真空闪蒸分离罐	58	P306A	分散剂泵
16	D305	除氧器	59	P307A	阴离子絮凝剂泵
17	V301	灰水槽	60	P308A	过滤机真空泵
18	V302	阳离子絮凝剂配制槽	61	P309A	滤液槽泵
19	V303	阳离子絮凝槽	62	P310AB	渣池泵
20	V304	阴离子絮凝剂配制槽	63	M301	沉降槽耙灰器
21	V305	阴离子絮凝槽	64	M302	配制槽搅拌器
22	V306	分散剂槽	65	M303	配制槽搅拌器
23	V307	过滤槽	66	M304	搅拌罐搅拌器
24	V308	搅拌罐	67	L301A	刮板输送机
25	V309	沉降槽	68	S301	带式真空过滤机
26	V310	渣池	69	P101A	磨煤机出料槽泵
27	V101	磨煤机出料槽	70	P102A	添加剂给料泵
28	V102	添加剂槽	71	P103	添加剂地下池储料泵
29	V103	添加剂地下槽	72	P104A	磨煤机给水泵
30	V104	磨机集水槽	73	P105	废水泵
31	V105	细磨机粗浆槽	74	P106A/B/C/D	粗浆槽出料泵
32	V107	细浆槽	75	P107A	细浆槽出料泵
33	V108	废浆槽	76	P108A	细磨机给水泵
34	E201	烧嘴冷却水冷却器	77	P109A	返料泵
35	E202	锁斗冲洗水冷却器	78	P110	冲洗水泵
36	E203	密封水冷却器	79	M101A	磨煤机
37	E301	灰水加热器	80	M102A	磨煤机出料槽搅拌器
38	E302	高压闪蒸冷凝器	81	M103	添加剂槽搅拌器
39	E302	高压闪蒸冷凝器	82	M104	添加剂地下池搅拌器
40	E303	真空闪蒸罐顶冷凝器	83	M105	细磨机粗浆槽搅拌器
41	E304	废水冷却器	84	M106	细浆槽搅拌器
42	P201A	高压煤浆泵	85	M109A/B/C/D	细磨机
43	P202A	烧嘴冷却水泵	86	S101A	旋振筛

从真空闪蒸罐（D303）底部自流入沉降槽（V309）的黑水，为了加速在沉降槽（V309）中的沉降，在黑水流入沉降槽（V309）处加入絮凝剂。粉末状的絮凝剂加 PW2 溶解后贮存在阳离子絮凝剂槽（V303）、阴离子絮凝剂槽（V305）中，由阳离子絮凝剂泵（P305A）和阴离子絮凝剂泵（P307A）送入混合器和黑水充分混合后进入沉降槽（V309）。沉降槽（V309）沉降下来的细渣由沉降槽耙灰器（M301）刮入底部，经沉降槽底泵（P303A）送入带式真空过滤机（S301），上部的澄清水溢流到灰水槽（V301）循环使用。

液态分散剂贮存在分散剂槽（V306）中，由分散剂泵（P306A）加压并调节适当流量加入低压灰水泵进口，防止管道及设备结垢。

【工艺卡片】

表 6-11　设备项目位号及指标

设备名称	项目及位号	正常指标	单位
汽化炉	汽化炉外壁温度（TIA2019A）	250～270	℃
	汽化炉温度（TIA2003A）	1150～1250	℃
	托砖板温度（TIA2007A）	202～222	℃
	激冷室液位（LIA2002A）	45～55	%
	激冷室流量（FT2008A）	104～114	m^3/h
	氧煤比（FFC2007A）	605～625	Nm^3/m^3
洗涤塔	洗涤塔压力（PIRCA2013A）	3.7～3.9	MPa（表）
	洗涤塔温度（TI1016A）	210～220	℃
	洗涤塔液位（LIA2009A）	70～90	%

【顺控】

锁斗循环逻辑步骤

排渣顺序控制是一个步进联锁，按顺序一步一步运行。每执行下一步时首先确认各阀门是否动作到位，各执行条件是否满足。不论锁斗处于什么状态，必须保证锁斗入口阀、循环泵入口阀、锁斗充压阀中任一阀不能与锁斗出口阀、锁斗泄压阀、锁斗冲洗阀中任一阀同时打开。

锁斗循环投运步骤

在渣池之间的渣池溢流阀（XV-3001）、锁斗入口阀（XV-2008）、锁斗出口阀（XV-2010）、锁斗充压阀（XV-2013）、锁斗冲洗水阀（XV-2014）关闭的条件下，按运行按钮系统进行第一步。

第一步：锁斗泄压

如果上面的条件满足，锁斗泄压阀（XV-2015）打开泄压，当锁斗泄压阀（XV-2015）阀位指示全开，锁斗压力低于 0.28MPa 时，执行第二步。

第二步：清洗泄压管线

打开锁斗泄压管线冲洗水阀（XV-2016），清洗泄压管道，若泄压管线冲洗水阀（XV-2016）阀位指示全开，执行第三步。

第三步：清洗完成

关闭泄压管线冲洗水阀（XV-2016）和锁斗泄压阀（XV-2015），若冲洗水槽液位（LI-

2007）高，执行第四步。

第四步：锁斗冲洗

打开锁斗冲洗水阀（XV-2014），如果冲洗水槽液位高，执行第五步。

第五步：锁斗排渣、冲洗

打开锁斗出口阀（XV-2010）、泄压管线冲洗水阀（XV-2016），若冲洗水槽液位降至指定位置或锁斗出口阀打开到一定时间，执行第六步。

第六步：排渣完成，锁斗注水

关闭锁斗出口阀（XV-2010）。关闭约5min，打开渣池溢流阀（XV-3001）。锁斗液位（LS2006）高或关闭一定时间以后，执行第七步。

第七步：关闭锁斗冲洗水阀（XV-2014），关闭后，执行第八步。

第八步：锁斗充压

打开锁斗充压阀（XV-2013），当锁斗和汽化炉之间压差低于280kPa时，执行第九步。

第九步：准备集渣

打开锁斗入口阀（XV-2008），锁斗入口阀（XV-2008）阀位指示全开后，执行第十步。

第十步：关锁斗充压阀

关闭锁斗充压阀（XV-2013），锁斗充压阀（XV-2013）阀位指示全开后，执行第十一步。

第十一步：开始集渣

打开锁斗循环泵入口阀（XV-2011），关闭锁斗循环泵循环阀（XV-2012），锁斗循环泵开始循环。集渣计时器开始计时，集渣计时器时间到和锁斗冲洗水槽液位（LI2007）高同时满足时，执行第十二步。

第十二步：打开锁斗循环泵循环阀

打开锁斗循环泵循环阀（XV-2012），关闭锁斗循环泵入口阀（XV-2011），锁斗循环泵循环阀（XV-2012）阀位指示全开，锁斗循环泵入口阀（XV-2011）阀位指示全关后，执行第十三步。

第十三步：结束集渣

关闭锁斗入口阀（XV-2008）、渣池溢流阀（XV-3001），执行第一步。

系统停运：在按下锁斗停车或汽化炉安全系统停车时，锁斗停止运行，进入停车状态，锁斗各联锁阀门恢复初始状态。

锁斗系统初始化状态阀位表如表6-12所示。

表 6-12　锁斗系统初始化状态阀位表

锁斗阀门	阀位	锁斗阀门	阀位
锁斗进口阀 XV-2008	关	锁斗充压阀 XV-2013	关
锁斗出口阀 XV-2010	关	锁斗循环泵吸入阀 XV-2011	关
泄压管线冲洗水阀 XV-2016	关	锁斗循环泵循环阀 XV-2012	开
锁斗泄压阀 XV-2015	关	渣池溢流阀 XV-3001	开
锁斗冲洗水阀 XV-2014	关		

【操作规程】

1.冷态开车

1-1　100♯开车前准备

系统安装完毕，设备、管道清洗合格，临时盲板已拆除→仪表控制系统能正常运行，联锁已调试合格→各运转设备单体试车合格→循环冷却水、原水、仪表空气等公用工程供应正常→煤斗下方闸板阀已打开，且料位处于高料位→石灰石斗下方闸板阀已打开，且料位处于高料位→按要求配置好添加剂已送入添加剂槽 V102 待用→各运转设备按规定的规格和数量加注润滑油→关闭管线上所有阀门

1-2　100#开车

现场打开截止阀 VA1004，向磨机集水槽 V104 加原水→液位控制在 50% 左右→启动磨煤机 M101，检查磨煤机运行情况，应无异常响声、振动、电流→打通 V103 到 M101 的所有阀门和泵→调节流量在 1.2m³/h，向磨机加入 5% 添加剂→打开磨机给水流量调节阀 FV1004 前阀 VD1019A→打开磨机给水流量调节阀 FV1004 后阀 VD1019B→启动磨机给水泵 P104A 前阀 VD1015→启动磨机给水泵 P104A→启动磨机给水泵 P104A 后阀 VD1017→投用磨机给水流量调节阀 FV1004 给磨机加水→启动煤称重给料机，向磨机供煤→流量控制在 20t/h，启动石灰石螺旋给料输送机，向磨机供石灰石，流量控制在 0.3t/h→磨机出料槽 V101 液位达到 30% 后，启动磨机出料槽 V101 搅拌器 M102A→V101 液位未达到 30% 时，不可启动 M102A→启动磨机出料槽泵 P101，投循环运行→磨机出料槽 V101 液位 LISCA101 达 80% 时，打开磨机出料槽泵 P101 去渣池的球阀 VD2002→打开 VD1002→关闭循环阀 VD1003→在煤浆入煤池处取样分析煤浆浓度，并随时调整给煤量和给水量，尽快使煤浆浓度合格→在煤浆浓度达到 53.4% 时，打开磨机出料槽泵 P101 出口阀 VA2003→关闭去煤池球阀 VD2002→合格煤浆送入大煤浆槽 V201 待用→冲洗磨机出料槽泵 P101 到煤池管线→冲洗磨机出料槽泵 P101 循环线→冲洗 5min 后，冲洗液在低点排放

1-3　200#开车前准备

确定仪表空气压力正常→联系仪表供电

1-4　仪表、阀门联调

正确投用各仪表和阀门，调试合格后点击"仪表阀门调试完成"

1-5　汽化炉安全联锁空试

汽化炉具备空试条件后，点击"初始化"→动作正确到位后，点击"复位"，此时可以调试受限制阀门→确认顺控动作正确到位，相关阀门能正常使用后，点击"氮气置换"→点击"开车运行"，查看汽化炉顺控动作是否符合时序→确认顺控无误后，点击"停车"，查看动作是否符合时序

1-6　锁斗逻辑关系空试

锁斗运行条件具备后，点击"开始"，查看动作是否正确到位→确认无误后，点击"充水"→点击"冲洗水槽液位假信号"，锁斗液位 90%→点击"锁斗液位假信号"，锁斗液位 100%，并查看动作是否正确到位→确认无误后，点击"复位"，查看动作是否正确到位→按操作规程启动 P204A，此时"初始条件满足"变绿→确认无误后，点击"运行"，查看各步序运行是否正确→当运行到"锁斗排渣、冲洗"时，再次点击"冲洗水槽液位假信号"→当锁斗运行到"集渣"阶段，计时器开始计时，即可点击"暂停"，查看锁斗顺控是否停在当前状态→确认无误后，点击"停止"，检查系统各阀门动作是否正确到位→点击"摘除假信号"→停锁斗循环泵 P204A→关闭循环阀 XV2012A

1-7　煤浆泵压力试验

打开煤浆切断阀 XXV2002A→打开煤浆截断阀 XXV2003A→确认煤浆入炉手阀 VA2001 关→阀后盲板 MB2001 倒通→煤浆入炉冲洗水排放管线手阀 VD2010 打开→煤浆入炉冲洗水

排放管线手阀 VA2002 打开→煤浆循环管线去地沟排放阀 VD2004 开→去煤浆槽手阀 VD2003 关→煤浆循环阀 XXV2001A 关→关闭煤浆槽 V201 底部柱塞阀 VD2005→高压煤浆泵 P201 出口阀 VD2006 开→打开高压煤浆泵 P201 进口冲洗水阀 VD2007→点击汽化炉"初始化"按钮→确认水流入地沟后,按规程启动高压煤浆泵 P201→总控缓慢提高煤浆泵转速,现场调节煤浆入炉冲洗水排放管线手阀开度,缓慢提高泵出口压力 PIA2003A 到 4.0MPa→压力每升高 1.0MPa,保持 5min→现场检查泵运行情况、现场检查各缸打量情况、现场检查煤浆管线是否有漏点、现场检查煤浆泵出口倒淋、煤浆循环阀是否内漏→总控检查流量与转速是否对应、总控检查仪表测量元件是否准确→检查一切正常后减压,降转速,停泵→关泵进口冲洗水阀 VD2007→用高压煤浆泵 P201 出口倒淋 VD2012 排水,冬季要注意防冻排水→关闭煤浆切断阀 XXV2002A→关闭煤浆切断阀 XXV2003A→关闭 VD2010→关闭 VA2002→煤浆入炉冲洗水排放管线盲板 MB2001 倒盲→关闭 VD2004→关闭 VD2006→关闭 VD2012

1-8 系统气密

按要求进行系统气密

1-9 建立预热水循环

打开渣池泵 P310A 入口手阀 VD3701→确认 P310A 出口阀 VD30703 关闭→打开 FV3001A 前阀 VD3706A→打开 FV3001A 后阀 VD3706B→打开 VD3707→打开 VA2511→打开 FV2008A 前阀 VD2515A→打开 FV2008A 后阀 VD2515B→打开 S201A 激冷水进口阀 VA2305→打开 S201A 激冷水出口阀 VD2309→关闭 S201A 反洗水进口阀 VA2307→关闭 S201A 反洗水出口阀 VD2311→倒通密封水槽 V205 盲板 MB2005→打开 V205 入口阀 VA2301→打开 V205 出口阀 VD2301→打开 LV2001A 前手阀 VD2303→打开 LV2001A 去渣池手阀 VD2305→打开 FV2014A 前手阀 VD2302A→打开 FV2014A 后手阀 VD2302B→确认 VD2306 关闭→确认 VD2304 关闭→确认 HV3001A 关闭→确认 FV3001A 关闭→确认 FV2008A 关闭→确认 FV2014A 关闭→确认 LV2001A 关闭→打开 HV3001A 向渣池 V310 充水→液位达到 50%时,准备向激冷室送水→液位达到 50%时,启动 P310A→打开出口阀 VD3703→液位未达到 50%时,不可启动 P310A→打开 FV3001A→打开 FV2008A,向激冷室充水→通过密封水槽进入向渣池 V310A 排水。如果密封水槽不能满足要求,打开调节阀 FV2014A、液位调节阀 LV2001A 向渣池 V310 排水。→渣池 V310 水温不能大于 80℃,如大于 80℃可用新鲜水来调节

1-10 启动开工抽引器

说明语句:联系调度送低压蒸汽,并通过排污阀排净蒸汽管线内冷凝液→将汽化炉出口烟气管线上的大"8"字盲板 MB2003 倒通→打开手动截止大阀 VD2202→关闭抽引器分离罐 V207 底部排放阀→确认蒸汽总管大阀开启,压力指示 0.6~0.8MPa,缓慢打开蒸汽截止阀,暖管后调节其开度,使汽化炉维持微量负压

1-11 点火

确认汽化炉内低温热偶已装好,表面热偶投用→用炉顶电动葫芦将预热烧嘴吊起,对准汽化炉炉口约 1.0m 高度上,将预热烧嘴缓慢降低安放在炉口上。→将汽化炉预热用燃料气管线上"8"字盲板 MB2014 倒通。→说明语句:用耐压软管将预热烧嘴燃气接口与燃气管接上,火焰监测器、点火枪、仪表空气连接好,并稍开预热烧嘴风门。→打开燃料气总管上手动截止阀 VA2708→打开燃料气副线调节阀 HV2025A→确认 PICA2046A 为 0.05~0.06MPa(G)→确认燃料气调节阀 FV2025A 关闭→打开燃料气入汽化炉前手阀 VA2709,对入汽化炉管线进行置换,置换合格后手阀关闭。→总控调出烘炉画面→确认火焰监测器、

点火装置一切正常后，先启动点火装置→稍开入汽化炉前手动阀，调整仪表空气，点燃预热烧嘴→说明语句，调节燃料气调节阀 FV2025A 开度与仪表空气流量，调节抽负蒸汽调节阀 HV2006A，调整火焰形状到最佳→点燃后保证汽化炉不灭→按照升温曲线对汽化炉进行预热烘炉，升至 1200℃ 或规定温度。→炉温不能过高→随着炉温升高时，应相应增加激冷水调节阀 FT2008A 流量，使出激冷室气体温度 TIA2011A1、A2、A3 不超过 224℃→托板温度不应超过 250℃

1-12　启动密封水系统

开循环水 CW 密封水冷却器 E203 手动截止阀 VA2315，打开排气阀，排气后关闭→开循环水 CW 密封水冷却器 E203 手动截止阀 VD2315→打开锅炉水调节阀 PICA2057 前截止阀 VD2313A→打开锅炉水调节阀 PICA2057 后截止阀 VD2313B→旁路阀 VA2309 关闭→打开锅炉水调节阀 PV2057→进入密封水冷却器 E203 冷却后，分别送往液位计、流量计、泵

1-13　启动破渣机

按规程启动破渣机

1-14　投用锁斗

打开灰水槽 V301 加原水阀 VA3201，建立灰水槽 V301 液位→打开低压灰水泵 P302A 去锁斗冲洗水冷却器 E202 管线的手动截止阀 VA2401→打开低压灰水泵 P302A 去锁斗冲洗水冷却器 E202 管线的手动截止阀 VD2407→关锁斗冲洗水罐加水流量调节阀 FV2003A 副线阀 VA2402→打开 FV2003A 前截止阀 VD2408A→打开 FV2003A 后截止阀 VD2408B→打开 P302A 前阀 VD3201→V301 液位大于 30％后，启动低压灰水泵 P302A→打开 P302A 后阀 VD3203→V301 液位小于 30％时，不可启动低压灰水泵 P302A→通知总控开锁斗冲洗水罐加水流量调节阀 FV2003A→开循环水 CW 进锁斗冲洗水冷却器 E202 手动截止阀 VA2403，打开排气阀，排气后关闭→开循环水 CW 进锁斗冲洗水冷却器 E202 手动截止阀 VD2410→锁斗冲洗水罐 V204 液位 LICA2007A 至 90％时投自动→FICA2003A 投串级→控制 V204 液位 LICA2007A 在 90％左右→打开锁斗循环泵 P204A 循环管线截止阀 VD2405→打开泵入口阀 VD2401→启动锁斗循环泵 P204A，等待汽化炉投料→打开泵出口阀 VD2403→打开充压阀 XV2013A 后阀 VD2406→确认锁斗逻辑系统阀门均在自动状态，按开始（start）按钮，除 XV2012A 打开，其余阀门均关闭→锁斗冲洗水罐液位 LIA2007A≥70％后，按充水按钮，打开 XV2014A、XV2015A，锁斗液位 LS2006A 高或冲水时间到一定时间返回到开始按钮。→锁斗冲洗水罐液位 LIA2007A＜70％时，不可按充水按钮→按开始（start）按钮后，按复位（reset）按钮：打开 XXV2009A。→点击锁斗运行按钮，使锁斗处于渣收集状态→打开锁斗循环泵出口到汽化炉手阀 VA2311

1-15　启动捞渣机

按规程启动捞渣机

1-16　建立烧嘴冷却水循环

现场打开烧嘴冷却水槽液位调节阀 LV2012 的前阀 VD2601A→现场打开烧嘴冷却水槽液位调节阀 LV2012 的后阀 VD2601B→总控调节 LV2012 接收脱盐水 DNW 到烧嘴冷却水槽 V202→当烧嘴冷却水槽液位 LICA2012 达 80％后，总控将烧嘴冷却水槽液位 LICA2012 投自动→控制烧嘴冷却水槽液位 LICA2012 在 80％左右→打开循环冷却水进烧嘴冷却水冷却器 E201 手阀 VA2604→打开循环冷却水出烧嘴冷却水冷却器 E201 手阀 VD2614，打开排气阀，排完气后关闭→打开转子流量计前手阀 VA2710，调节低压氮气流量为 $10Nm^3/h$，并投用 CO 报警仪 AIRA2003→用高压软管将工艺烧嘴 Z201 冷却水管相连→倒通盲板 MB2008

→倒通盲板 MB2009→打开 VA2704→VD2701 切换到临时通路→VD2702 切换到临时通路→打开 VD2703→打开 VD2711→打开烧嘴冷却水泵 P202A 前阀 VD2603→启动烧嘴冷却水泵 P202A→打开后阀 VD2605→打开 VA2602→现场打开进工艺烧嘴冷却水单系列总阀，调节冷却水流量 FIA2019A/B 为 18m³/h。→打开烧嘴冷却水阀 XV2017 或旁路阀，向事故烧嘴冷却水槽 D203 注水→打开事故烧嘴冷却水槽 D203 安全阀 PSV205 前的排气阀 VA2606，直到水从排气阀溢出→关闭注水阀→关闭排气阀 VA2606→打开事故烧嘴冷却水槽 D203 低压氮气阀 VA2605→充压到 0.4MPa 后关闭 VA2605→压力未到 0.4MPa 时，不可关闭 VA2605→烧嘴冷却水泵 P202 备用泵投自启动

1-17 高、低闪氮气置换

总控关闭压力调节阀 PV3003A→现场打开灰水换热器 E301 闪蒸汽进口阀 VD3006→打开 PV3003A 前手阀 VD3008A→打开 PV3003A 后手阀 VD3008B→低压氮气去高压闪蒸罐 D301 盲板 MB3001 倒为"通"→打开高压闪蒸罐 D301 底部低压氮气截止阀 VD3014→充压后，打开压力调节阀 PV3003A 放空泄压→在短时间内反复充压和泄压来置换高压闪蒸系统，取样分析 O_2 含量小于 0.2％为合格。→打开 P301A 前导淋 PV3004A 前阀 VD3101A→打开 P301A 前导淋 PV3004A 后阀 VD3101B→打开 LV3002A→冲压后，打开 P301A 前导淋 PV3004A 放空→在短时间内反复充压和泄压来置换高压闪蒸系统，取样分析 O_2 含量小于 0.2％为合格。→启动闪蒸真空泵 P301A 前阀 VA3102→启动闪蒸真空泵 P301A→用闪蒸真空泵前导淋控制 PICA3004A 压力为-0.05MPa

1-18 火炬系统置换

火炬系统置换

1-19 启动真空闪蒸系统

打开真空闪蒸冷凝器 E303 循环水进口手动阀 VA3104→打开真空闪蒸冷凝器 E303 循环水出口手动阀 VD3102，打开排气阀，排完气后关闭→打开真空闪蒸罐 D303 冷锅炉给水冲洗液位计进水阀，建立液位→当液位达 20％，关冷锅炉给水阀→打开渣池泵入真空闪蒸罐球阀 VA3702，向真空闪蒸罐送水→真空闪蒸罐液位 LIA3005A 达 50％时，开真空闪蒸罐至沉降槽手阀 VA3105

1-20 沉降槽建立液位

黑水系统开车后，由真空闪蒸罐 D303 来的黑水进入沉降槽 V309，当液位达到 30％时开启沉降槽耙灰器

1-21 启动除氧器系统

打开除氧器 D305 液位调节阀 LV3008 前阀 VD3401A→打开除氧器 D305 液位调节阀 LV3008 后阀 VD3401B→打开低压蒸汽调节阀 PV3005 前阀 VD3402A→打开低压蒸汽调节阀 PV3005 后阀 VD3402B→打开蒸汽阀 VD3410→打开除氧器 D305 液位调节阀 LV3008，使工业水进入槽内→控制除氧器液位 LIC3008 在 50％，稳定后投自动→控制除氧器液位 LIC3008 在 50％→打开低压蒸汽调节阀 PV3005 向除氧器 D305 加入低压蒸汽→控制除氧器压力表 PT3005 在 0.05MPa 后投自动→打开泵 P304A 前阀 VD3403→启动泵 P304A→打开 VD3405→打开 VD3407，建立泵罐循环→温度保持在 100～104℃

1-22 切换激冷水

打开灰水槽液位调节阀 LV3007A 前阀 VD3206A→打开灰水槽液位调节阀 LV3007A 后阀 VD3206B→打开灰水槽液位调节阀 LV3007，向除氧器 D305 供水→打开高压灰水泵 P304A 至灰水换热器 E301 前手动阀 VA3005→打开高压灰水泵 P304A 至灰水换热器 E301

后手动阀 VD3009→确认灰水换热器 E301 旁路阀关→打开合成气塔液位调节阀 LV2008 前阀 VD2507A→打开合成气塔液位调节阀 LV2008 后阀 VD2507B→打开合成气塔液位调节阀 LV2008A，建立洗涤塔 T201 液位→关闭高压灰水泵到除氧器循环手阀 VD3407→当洗涤塔液位达 60％时，洗涤塔液位调节阀 LICA2008A 投自动→控制洗涤塔液位在 60％左右→现场开激冷水泵进口手阀 VD2509→当合成气洗涤塔液位达 60％时，启动激冷水泵 P203A→合成气洗涤塔液位未达 60％时，不可启动激冷水泵 P203A→打开激冷水泵回流手阀 VD2513 以避免激冷水泵 P203A 气蚀→现场开激冷水泵出口手阀 VD2511 向激冷环供水，确认激冷水流 FICA2008A 变大→现场缓慢关闭渣池泵 P310A 到激冷水管线的手阀 VA2511，确认激冷水流量 FICA2008A 大于 40m³/h→保持汽化炉液位在升温液位（低液位），调整汽化炉激冷室液位调节阀 LV2001A，将汽化炉激冷室排出的黑水引到沉降池 V309→关闭预热水至汽化炉密封水槽 V205 的截止阀 VA2301→关闭密封水槽 V205 的出口阀 VD2301→将到汽化炉密封水槽 V205 的隔离盲板 MB2005 倒盲

1-23 烧嘴切换

当炉温升至 1200℃或规定温度后，关闭 VA2707→关闭 VA2708→关闭 FV2025A→关闭 VA2709→盲板 MB2014 倒盲→将烘炉烧嘴吊出，更换为工艺烧嘴→关闭 HV2006A，停开工抽负系统→关闭 VD2202→打开 VD2204→MB2003 倒盲

1-24 汽化炉开车前氮气置换

倒通碳洗塔出口煤气管线上盲板 MB2006→打开背压阀 PV2013A 后手阀 VD2502→总控手动打开背压前阀 HV2002A→总控手动打开背压阀 PV2013A→将中压氮气置换氧气管线的盲板 MB2002 倒通→将中压氮气置换激冷室盲板 MB2004 倒通→将中压氮气置换洗涤塔盲板 MB2007 倒通→打开中压氮气置换氧气管线阀 PV2058 前阀 VD2105A→打开中压氮气置换氧气管线阀 PV2058 后阀 VD2105B→并打开入氧气管线氮气手阀 VD2104→调节中压氮气流量 FI2009A 为 2100Nm³/h，对氧气管线及燃烧室进行置换→打开中压氮气置换激冷室的截止阀 VA2313→调节中压氮气流量 FI2010A 为 2100Nm³/h，对激冷室进行置换→现场打开洗涤塔氮气置换手阀 VD2514→用流量前手阀调节低压氮气流量为 1000Nm³/h（无流量计），对洗涤塔进行置换→10min 后洗涤塔出口取样分析，氧含量小于 0.2％为合格→关闭中压氮气置换氧气管线阀 PV2058 前阀 VD2105A→关闭中压氮气置换氧气管线阀 PV2058 后阀 VD2105B→关闭中压氮气置换氧气管线阀 PV2058→关氧气管线氮气置换阀 VD2104→关闭激冷室氮气置换阀 VA2313→关闭洗涤塔氮气置换阀 VD2514→盲板 MB2002 倒盲→盲板 MB2004 倒盲→盲板 MB2007 倒盲→打开汽化炉取压管高压氮气手阀 VA2202，控制氮气流量 FI2036A 为 2Nm³/h

1-25 建立煤浆流量

确认煤浆泵假信号摘除→确认煤浆循环管线去煤浆槽 V201 手阀 VD2003 关→确认煤浆循环管线去地沟阀 VD2004 开→打开 XXV2001A→打开 P201A 出口阀 VD2006→煤浆入炉阀 XXV2002A 关→煤浆入炉阀 XXV2003A 关→确认大煤浆槽 V201 液位大于 50％，关闭高压煤浆泵 P201A 入口前冲洗水→打开高压煤浆泵 P201 入口柱塞阀 VD2005→打开泵前导淋 VD2011→确认入口管线有煤浆流出，并取样分析煤浆浓度，要求煤浆浓度高于 53.4％，关闭泵前导淋→启动高压煤浆泵 P201→总控缓慢调节煤浆泵变频百分数达 28％左右→确认地沟有煤浆流出后，打开去大煤浆槽 V201 手阀 VD2003→关闭去地沟阀 VD2004→总控缓慢调节煤浆泵变频百分数达 70％左右→检查流量计 FIA2001A、FIA2023A 与泵频率对应流量一致，降低泵转速，使高压煤浆泵出口流量 FIA2001A、FIA2023A 稳定在 17.3m³/h

1-26　建立氧气流量

确认空分操作正常，氧气纯度≥99.6％→氧气压力 PIA2002A 为 5.5～5.8MPa→确认氧气切断阀 XXV2005A 关闭→确认氧气切断阀 XXV2006A 关闭→确认放空阀 XXV2007A 开启→通知调度，空分单元送合格的氧气→通知现场打开氧气管线充氮阀手阀 VD2101，观察高压氮气单向阀后就地压力表→当压力与氧总管压力相当时即氧气管线压力 PIA2009A 高于 5.5MPa，关闭氧气管线充氮阀 VD2101→手动缓慢打开氧气第一道手阀→通知现场人员撤离，总控通过 FRCA2007A 调节氧气流量，使之达到 8800m³/h，在氧气放空阀 XXV2007A 排放

1-27　汽化炉激冷室提液位

调节激冷水流量调节阀 FV2008A 开度，加大激冷水量→调节汽化炉流量调节阀 FV2014A 和液位调节阀 LV2001A，使激冷室液位逐渐上升→控制激冷室液位在操作液位（50％）

1-28　投料前确认、操作

按汽化炉投料前现场阀门确认表确认现场阀门在正确位置→总控检查大、小烧嘴冷却水正常→仪表空气正常→氧气流量正常→煤浆流量正常→汽化炉出口温度正常→仪表电源正常→煤浆泵运行正常→确认汽化炉炉温高于 1000℃→汽化炉 R201 液位高于 50％→碳洗塔 T201 液位高于 50％→激冷水流量 FICA2008A 高于 140m³/h→HV2004A 关→HV2021A 全开→高压氮罐出口阀开→现场打开氧气炉头阀 VD2103→现场打开煤浆炉头阀 VA2001→再次确认 XV2004A 打开→再次确认 XXV2020A 前阀打开→总控全开碳洗塔出口放空阀前阀 HV2002A→总控全开碳洗塔出口放空阀 PV2013A→现场确认控制柜阀门开关在自动位置→总控再次确认中心氧流量调节阀 HV2021A 全开→确认置换合格，按氮气置换按钮→现场再次确认碳洗塔出口放空阀前阀 HV2002A 全开→现场再次确认碳洗塔出口放空阀 PV2013A 全开

1-29　汽化炉投料开车

通知所有人员撤离现场，准备投料→通知调度、空分，准备投料→确认汽化炉炉温在 1000℃ 以上，否则需更换烧嘴重新升温→按下"煤浆运行"按钮→确定氧气入炉后（同时确认 FIA2002A 正常），总控人员应通过下列现象来判断点火是否成功：汽化温度急剧上升；火炬有大量合成气放出燃烧；汽化炉压力突增；汽化炉液位降低→如投料失败，应立即按下"紧急停车"按钮实施手动停车，停后按车处理步骤进行处理，条件成熟后重新开车

1-30　开车成功后操作

确认汽化炉温度、压力、液位等操作条件正常→适当提高高压煤浆泵 P201 转速→通过 FRCA2007A 调节入炉氧气量，控制汽化炉温升速度，不能过快或过慢，（一般应在 20min 左右升至 1200℃）→通过 HIC2021A 调节开度，使中心氧量占总氧量的 10％～20％。→及时调节汽化炉液位调节阀 LV2001A、激冷水流量调节阀 FV2008A，维持激冷室在操作液位→汽化炉合成气出口温度 TIA2011A 低于 230℃。→在黑水切换前，视碳洗塔液位 LICA2008A 具体情况，通知现场岗位开导淋现场排放→总控操作人员应密切注意水系统运行，精心调节，保证稳定，防止过大的波动现场，关闭大煤浆槽 V201 球阀 VD2003→打开去地沟球阀 VD2004→启动冲洗水泵 P110 前阀 VD1020→启动冲洗水泵 P110→启动冲洗水泵 P110 后阀 VD1021→确认煤浆循环阀 XXV2001A 后阀开→打开煤浆循环阀 XXV2001A 后冲洗水阀 VD2013→打开 P110 到 200♯ 冲洗水总阀 VD1022→关闭阀间导淋，冲洗 5min，现场观察地沟水变清后关闭两道冲洗水阀，切记打开阀间导淋，停冲洗水泵 P110→关煤浆循环阀 XXV2001A 后阀→随着汽化炉压力的升高，调节各泵及破渣机 M202A 的密封水量

1-31　汽化炉升压

将背压控制器 PIRCA2013A 切换成手动模式，按照 0.1MPa/min 的升压速率逐步提高系统压力→升压过程中，要注意炉温，炉压等工况的变化情况→汽化炉升压至 0.5MPa 时，投用锁斗顺控程序→汽化炉升压至 0.5MPa 时，将合成气甲烷分析仪和色谱仪投入使用→当压力升至 1.5MPa 时，现场检查系统的气密性→通知制浆岗位人员冲洗煤浆管道→当压力升至 2.5MPa 时，现场检查系统的气密性→压力升至 3.8MPa，最后检查系统的气密性

1-32　黑水切换到高闪

当系统压力升至 1.0MPa，应进行汽化炉黑水的切换操作→打开高压闪蒸冷凝器 E302 循环水进口手动阀 VA3004→打开高压闪蒸冷凝器 E302 循环水出口手动阀 VD3011，打开排气阀，排完气后关闭→打开汽化炉黑水排放管线上去高压闪蒸罐 D301 的手阀 VD2306→打开汽化炉黑水排放管线上去高压闪蒸罐 D301 的手阀 VD3001→打开汽化炉黑水排放管线上去高压闪蒸罐 D301 的手阀 VD3002→打开洗涤塔黑水排放管线上去高压闪蒸罐 D301 的手阀 VD3003→打开洗涤塔黑水排放管线上去高压闪蒸罐 D301 的手阀 VD3004→确认 FV2014A 前手阀 VD2302A 打开→确认 FV2014A 后手阀 VD2302B 打开→打开 FV2011A 前手阀 VA2501→全开 FV2014A→全开 FV2011A→全开 PV3001A1→全开 PV3001A2→全开 PV3002A1→全开 PV3002A2→打开除氧器加蒸汽调节阀 FV3006A 前阀 VD3005A→打开除氧器加蒸汽调节阀 FV3006A 后阀 VD3005B→手动缓慢打开除氧器加蒸汽调节阀 FV3006A

1-33　向变换导气

当汽化炉压力 PI2013A 达 4.0MPa，洗涤塔出口温度 TI2016A＞200℃时，且取样分析水煤气合格后→总控按下粗煤气手动调节阀 HV2004A 控制按钮→打开 HV2004A 后大阀 VD2503→打开粗煤气导气旁路阀 VA2504，向变换工序导气→待粗煤气控制阀 HV2004A 前后压力平衡后，总控缓慢打开粗煤气控制阀 HV2004A→同时缓慢关小背压阀 PV2013A 及前阀 HV2002A 直至全关→视情况调节 HV2004 开度，关闭粗煤气导气旁路阀→确认系统稳定后，总控视情况将氧煤比自动控制系统投入运行→通过负荷调节系统，调节 RAT201A 将负荷提高到设定值→增加负荷时，总控应密切注意炉温、系统压力、激冷室和洗涤塔液位变化情况。同时调整水系统与负荷相匹配，以维持工况稳定→通过调整氧煤比控制炉温在 1200℃±50℃→当变换工序有高、低温冷凝液时，现场打开高、低温冷凝液入汽化工序手动阀，接收高、低温变换冷凝液，将洗涤塔塔板下补水阀 LV2008A/B 与除氧器液位 LIC3008 投串级

1-34　絮凝沉降操作

打开阴离子絮凝剂配制槽 V304 的工业水入口阀 VA3505 向槽内加水→启动搅拌器→在槽顶加料口向槽内加阴离子絮凝剂，配制成浓度为 0.05% 的溶液（以上三步须在系统投料前 1h 完成）→打开阴离子絮凝剂配制槽出料根部阀 VA3506 排放至阴离子絮凝剂槽 V305 中→启动絮凝剂泵 P307A 向沉降槽以及沉降槽底泵管线送入絮凝剂，同时调节计量手轮，以达到良好的絮凝效果→阴离子絮凝剂运行槽和备用槽应交替配制的输送→打开阳离子絮凝剂配制槽 V302 的工业水入口阀 VA3501 向槽内加水→启动搅拌器→在槽顶加料口向槽内加阳离子絮凝剂，配制成浓度为 0.05wt 的溶液（以上三步须在系统投料前 1h 完成）→打开阳离子絮凝剂配制槽出料根部阀 VA3502 排放至阴离子絮凝剂槽 V303 中→启动阳离子絮凝剂泵 P305A 向沉降槽以及沉降槽底泵管线送入絮凝剂，同时调节计量手轮，以达到良好的絮凝效果→阳离子絮凝剂运行槽和备用槽应交替配制的输送

1-35　分散剂系统开车操作

关闭分散剂泵出口阀→开工业水阀 VA3509 向分散剂槽 V306 内加入新鲜水→待分散剂槽液位升至 0.5m 时，向分散剂槽 V306 内加入 3 桶（75kg）分散剂，加药的速度尽量要慢，

加药量根据水系统的不同情况应酌情增减，具体增减幅度由生产办负责通知→待分散剂槽液位升至 1.2 米时，关工业水阀（以上四步须在系统投料前 1h 完成）→打开分散剂泵进口阀 VD3513→打开分散剂泵出口阀 VD3515→打开分散剂灰水槽低压灰水段阀门 VA3205→启动分散剂泵 P306A。

1-36 滤布机系统操作

滤布机系统的开车通常在系统投料后 2h 运行，当现场操作人员发现沉降槽的取样口出水变黑变浓时，应进行此步操作→启动过滤机真空泵 P308→启动真空带式过滤机→打开沉降槽底泵入口阀 VD3301→启动沉降槽底泵→开泵出口阀 VD3303 向对应的真空带式过滤机供料→V308 液位达到 20% 以上启动搅拌器 M304→调节入压滤机的最后一道黑浆阀门 VA3601，使供料量刚好可以给真空带式过滤机吸干→当滤液槽 V307 液位达到 60% 时，开滤液槽泵 P309A 向沉降槽 V309 供滤液

1-37 调整到正常

加大进料煤质量到 25.95t/h→控制下渣口压差为 0.01MPa→控制汽化炉外壁温度为 260℃→控制托砖板温度为 212℃→控制激冷室液位为 50%→控制激冷水流量为 109.01m^3/h→控制氧煤比为 615.94Nm^3/m^3→控制洗涤塔液位为 60%→控制洗涤塔出口温度为 215.6℃→控制洗涤塔出口压力为 3.82MPa→控制除氧器出口温度为 104℃→控制除氧器出口压力为 0.05MPa→控制煤浆浓度为 53.4%

1-38 扣分步骤

汽化炉出口压力超高→锁斗出口压力超高→烧嘴冷却水槽压力超高→闪蒸塔压力超高→除氧器压力超高

2. 正常停车

A. 停车前准备

逐渐降负荷至正常操作值的 50%→缓慢降低系统压力 PIRCA2013A 设定值，使之略低于操作压力背压阀 PV2013A 自行打开→手动稍开背压前阀 HV2002A，粗煤气排入开工火炬→缓慢关闭粗煤气出口手动调节阀 HV2004A，用背压阀 PV2013A 和背压前阀 HV2002A 控制系统压力 PIRCA2013→解除激冷水泵 P203A/B 备用泵自启动联锁

B. 正常停车步骤

接调度汽化炉可以停车的指令后，按下"紧急停车"按钮→氧气切断阀 XXV2005A 关闭→氧气切断阀 XXV2006A 关闭→氧气流量调节阀 FV2007A 关闭→中心氧气流量调节阀 HV2021A 保持原来阀位开度→高压煤浆泵停车→煤浆切断阀 XXV2002A 延时 1s 关闭→煤浆切断阀 XXV2003A 延时 1s 关闭→合成气出口阀 HV2004A 关闭→高压氮程控吹扫程序启动→氧气吹扫阀 XXV2020A 阀开→吹扫氧气管道 20s 关闭→延时 7s，煤浆吹扫阀 XV2004A 阀开→吹扫煤浆管道 10s 后关闭→延时 30s，氧气管道阀间氮气保护阀 XXV2021A 打开

C. 烧嘴吹扫后的操作

减少激冷水流量，但不能小于 40m^3/h，防止泵汽蚀→关闭氧气管道手阀 VA2101→关闭氧气管道炉头手阀 VD2103→总控手动关闭氧气流量调节阀 FV2007A→总控手动关闭合成气出口阀 HV2004A→现场关闭煤浆吹扫阀 XXV2004A 前阀 VD2009，氧气管道阀间氮气保护阀 XXV2021A 前阀未接到通知禁止关闭，总控关闭除氧器压力调节阀 PV3005A，以降低除氧器温度

D. 汽化炉减压

确认洗涤塔出口放空阀 PV2013A 打手动关闭→打开 HV2002A→汽化炉炉膛压力降到

0.5MPa 时，通知现场打开煤浆泵出口导淋 VD2012，给煤浆泵出口管线泄压→通知现场倒煤浆泵出口试压阀后盲板 MB2001 为"通"→倒氧气管线中压氮气置换盲板 MB2002 为"通"→倒激冷室中压氮气置换盲板 MB2004 为"通"

E. 切水

汽化炉炉内压力降到 0.5MPa 时，预热水回水阀后盲板 MB2005 倒为"通"→打开黑水去沉降槽管线所有阀门→打开汽化炉液位调节阀 LV2001A→关高压闪蒸罐管线手动阀 VD2306→关闭高压闪蒸罐压力调节阀 PV3OO3A→关闭高压闪蒸罐压力调节阀 PV3OO3A 前阀 VD3008A→关闭高压闪蒸罐压力调节阀 PV3OO3A 后阀 VD3008B→汽化炉炉内压力降到 0.2MPa 时，渣池补水阀 HV3001A 打开→打开 VD3707→打开 VA2511→关闭 VA3702，切换渣池水至激冷水管线，向激冷环供预热水→按规程停激冷水泵 P203A→按规程停高压灰水泵 P304A→按规程停低压灰水泵 P302A→汽化炉炉内压力降至常压时，联系现场倒去开工吸引器工艺盲板 MB2003 为"通"

F. 氮气置换

打开中压氮气管线上 VD2104→置换汽化炉燃烧室，氮气流量不低于 $600m^3/h$→确认激冷室中压氮气盲板为通→打开截止阀 VA2313，置换激冷室

G. 吊出工艺烧嘴

将激冷室液位降到升温液位→打开工艺气去抽引器大阀 VD2202→排净蒸汽管线凝液，打开蒸汽阀向抽引器供蒸汽，真空度保持在 50mm 以上。准备更换低温热偶→倒通烧嘴冷却水软管路上盲板 MB2008→倒通烧嘴冷却水软管路上盲板 MB2009→打开烧嘴冷却水软管前手阀 VA2704→将三通阀 VD2701 切至软管→将三通阀 VD2702 切至软管→打开 VD2703→关闭烧嘴冷却水硬管手阀 VA2701→总控关闭 XXV2018A（此前应把 SIS 联锁全部解除，并复位）→总控关闭 XXV2019A，并确认烧嘴冷却水正常→吊出大、小烧嘴

H. 清洗煤浆管线

关闭高压煤浆泵进口柱塞阀 VD2005→确认煤浆炉头阀 VA2001 关闭→确认煤浆循环管线去煤浆槽手阀 VD2003 关→去地沟阀 VD2004 开→联系仪表打开煤浆切断阀 XXV2002A→联系仪表打开煤浆切断阀 XXV2003A→打开高压煤浆泵 P201 出口导淋 VD2012，排净管线煤浆→确认高压煤浆泵 P201 试压后盲板 MB2001 通→打开煤浆试压阀 VD2010→打开煤浆试压阀 VA2002→打开高压煤浆泵 P201 入口管线阀前导淋 VD2011→关闭高压煤浆泵 P201 出口导淋 VD2012→打开入口管线上的冲洗水阀 VD2007。确认煤浆试压阀管线地沟处有水流出，必要时启动高压煤浆泵→清洗 10min，至地沟处排出水变清为止，关闭试压阀门 VD2010→打开煤浆循环阀 XXV2001A，冲洗煤浆循环阀 XXV2001A 前短节，确认煤浆循环管线去地沟处有水流出→清洗完毕后，关闭高压煤浆泵 P201 入口管线冲洗水水阀 VD2007

I. 黑水排放

当激冷室出口水温 TIA2011＜85℃时，倒汽化炉密封水槽 V205 前盲板为"通"→打开汽化炉密封水槽 V205A 前手动球阀→关闭激冷室黑水开工排放阀 LV2001A→关闭 VD2303→关闭 VD2304→打开 VD2301→总控关洗涤塔液位调节阀 LV2008A→打开洗涤塔底部排污阀 VD2517，排尽塔内余水

J. 锁斗系统停车

按暂停按钮，按停车按钮，停锁斗程序→检查锁斗系统，各程控阀回到初始状态后按下复位按钮→按单体操作规程停锁斗循环泵 P204A→关闭锁斗冲洗水罐进口流量调节阀 FV2003A→手动打开锁斗排渣阀 XXV2010A→手动打开锁斗冲洗阀 XV2014A→将锁斗冲洗

水罐 V204 中水放干净

K. 100♯停车

煤排净后，停煤称重给料机→按规程停添加剂给料泵 P102→待磨机出料槽 V101 液位降到 5%，按规程停磨机出料槽泵 P101→打开进口冲洗水阀 VD1033，冲洗泵体和进出管线进地沟→1min 后关冲洗水阀 VD1033→打开泵出口导淋 VD1035 排净出口管线→调节磨机给水流量 FIC1004，直至磨机出口干净，按规程停磨机 M101→关闭磨机给水流量调节阀 FV1004→按规程停磨煤机给水泵 P104A→用临时管线冲洗磨机出料槽，直到干净。磨机出料槽 V101 液位现场排放→关磨机出料槽 V101 底部柱塞阀

L. 扣分步骤

汽化炉出口压力超高→锁斗出口压力超高→烧嘴冷却水槽压力超高→闪蒸塔压力超高→除氧器压力超高→汽化炉温度超高→托板温度超高→除氧器温度超高

【事故及处理方法】

常见事故及处理方法见表 6-13。

表 6-13　常见事故及处理方法

序号	事故名称	现象	处理方法
1	全厂停电	全厂停电造成系统跳车，现场机泵停车；烧嘴冷却水及激冷水中断	停车处理
2	烧嘴冷却水故障停车	汽化系统跳车	紧急停车处理
3	激冷水过滤器堵塞	过滤器压差变大，甚至报警	切换过滤器，清理或更换滤芯
4	激冷室出口合成气温度高	激冷室合成气出口温度高	检查激冷水流量和激冷水温度，若不正常，调至正常；检查汽化炉工况和负荷，并调节
5	洗涤塔液位不正常	洗涤塔液位偏高或偏低	调节系统压力；调节灰水进水量；调节黑水排放量；调节激冷水量

【主要操作组画面】

主要操作组画面见图 6-7～图 6-11。

总貌图

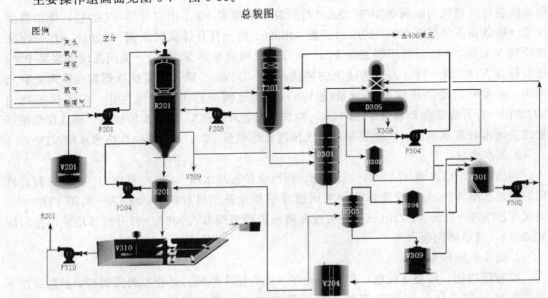

图 6-7　总貌图

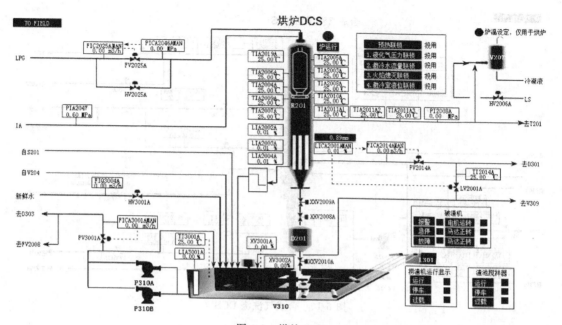

图 6-8 烘炉 DCS

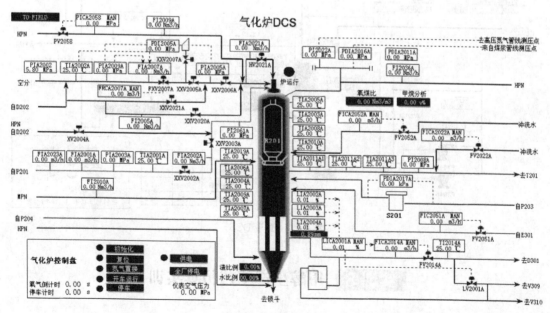

图 6-9 汽化炉 DCS

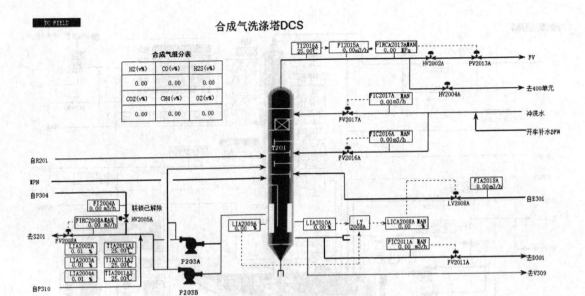

图 6-10　合成气洗涤 DCS

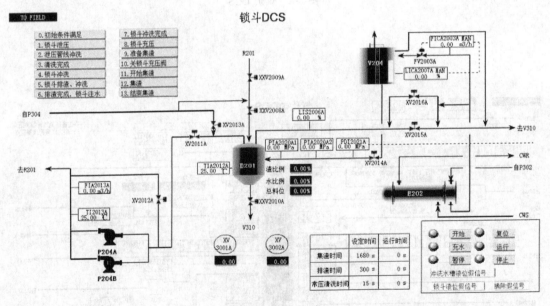

图 6-11　锁斗 DCS

实训 8　甲醇生产工艺仿真实训

甲醇生产工艺包括甲醇合成和甲醇精制两大工段。

1. 甲醇概述

甲醇（分子式：CH_3OH）又名木醇或木酒精，是一种透明、无色、易燃、有毒的液体，略带酒精味。熔点 $-97.8℃$，沸点 $64.8℃$，闪点 $12.22℃$，自燃点 $47℃$，相对密度

0.7915，爆炸极限下限 6%，上限 36.5%，能与水、乙醇、乙醚、苯、丙酮和大多数有机溶剂相混溶。它是重要有机化工原料和优质燃料。主要用于制造二甲醛、醋酸、氯甲烷、甲氨、硫酸二甲酯等多种有机产品，也是农药、医药的重要原料之一。甲醇亦可代替汽油作为燃料使用。

甲醇是重要的化工产品与原料，并定位于未来清洁能源之一，随着世界石油资源的减少和甲醇生产成本的降低，发展使用甲醇等新的替代燃料，已成为一种趋势。从我国能源需求及能源环境的现实看，生产甲醇为新的替代燃料，减少对石油的依赖，也是大势所趋。合成法生产甲醇，以天然气、石油和煤作为主要原料。中国是资源和能源相对匮乏的国家，少气，缺油，但煤炭资源相对丰富，大力发展煤化工，合理开发利用煤炭资源已成共识。发展煤制甲醇，以煤代替石油，是国家能源安全的需要，也是化学工业高速发展的需求。

煤制甲醇主要由煤炭汽化、净化、合成、精制等部分组成。煤炭汽化工艺为甲醇生产的首要环节，对煤炭产气效率及后续工艺产生影响，并最终影响产品质量和产量。煤炭汽化工艺及汽化炉设备可按压力、汽化剂、供热方式等分类，通常按炉内煤料与汽化剂接触方式区分，主要有固定床、流化床与气流床 3 种主要形式，德国鲁奇、美国德士古、荷兰壳牌技术、德国 GSP 技术等煤炭汽化技术已先后进入中国市场并有了较好的业绩。

2. 工艺概述

甲醇生产的总流程长，工艺复杂。甲醇的合成是在高温、高压、催化剂存在下进行的，是典型的复合气-固相催化反应过程。随着甲醇合成催化剂技术的不断发展，目前总的趋势是由高压向低、中压发展。

高压工艺流程一般指的是使用锌铬催化剂，在 300～400℃、30MPa 高温高压下合成甲醇的过程。自从 1923 年第一次用这种方法合成甲醇成功后，差不多有 50 年的时间，世界上合成甲醇生产都沿用这种方法，仅在设计上有某些细节不同，例如甲醇合成塔内移热的方法有冷管型连续换热式和冷激型多段换热式两大类；反应气体流动的方式有轴向和径向或者二者兼有的混合型式；有副产蒸汽和不副产蒸汽的流程等。近几年来，我国开发了 25～27MPa 压力下在铜基催化剂上合成甲醇的技术，出口气体中甲醇含量 4% 左右，反应温度230～290℃。

ICI 低压甲醇法为英国 ICI 公司在 1966 年研究成功的甲醇生产方法。从而打破了甲醇合成的高压法的垄断，这是甲醇生产工艺上的一次重大变革，它采用 51-1 型铜基催化剂，合成压力 5MPa。ICI 法所用的合成塔为热壁多段冷激式，结构简单，每段催化剂层上部装有菱形冷激气分配器，使冷激气均匀地进入催化剂层，用以调节塔内温度。低压法合成塔的型式还有联邦德国 Lurgi 公司的管束型副产蒸汽合成塔及美国电动研究所的三相甲醇合成系统。20 世纪 70 年代，我国轻工部四川维尼纶厂从法国 Speichim 公司引进了一套以乙炔尾气为原料日产 300 吨低压甲醇装置（英国 ICI 专利技术）。20 世纪 80 年代，齐鲁石化公司第二化肥厂引进了联邦德国 Lurgi 公司的低压甲醇合成装置。

中压法是在低压法研究基础上进一步发展起来的，由于低压法操作压力低，导致设备体积相当庞大，不利于甲醇生产的大型化。因此发展了压力为 10MPa 左右的甲醇合成中压法，它能更有效地降低建厂费用和甲醇生产成本。例如 ICI 公司研究成功了 51-2 型铜基催化剂，其化学组成和活性与低压合成催化剂 51-1 型差不多，只是催化剂的晶体结构不相同，制造成本比 51-1 型贵。由于这种催化剂在较高压力下也能维持较长的寿命，从而使 ICI 公司有可能将原有的 5MPa 的合成压力提高到 10MPa，所用合成塔与低压法相同也是四段冷激式，其流程和设备与低压法类似。

【鲁奇甲醇合成装置】

1. 合成工段介绍

本仿真系统是对低压甲醇合成装置中管束型副产蒸汽合成系统的甲醇合成工段进行的。

2. 工艺路线及合成机理

(1) 工艺仿真范围

由于本仿真系统主要以仿 DCS 操作为主，因而，在不影响操作的前提下，对一些不很重要的现场操作进行简化，简化主要内容为：不重要的间歇操作、部分现场手阀、现场盲板拆装、现场分析及现场临时管线拆装等。另外，根据实际操作需要，对一些重要的现场操作也进行了模拟，并根据 DCS 画面设计一些现场图，在此操作画面上进行部分重要现场阀的开关和泵的启动停止。对 DCS 的模拟，以化工厂提供的 DCS 画面和操作规程为依据，并对重要回路和关键设备在现场图上进行补充。

(2) 合成机理

采用一氧化碳、二氧化碳加压催化氢化法合成甲醇，在合成塔内主要发生的反应是：

$$CO_2 + 3H_2 \Longleftrightarrow CH_3OH + H_2O + 49kJ/mol$$
$$CO + H_2O \Longleftrightarrow CO_2 + H_2 + 41kJ/mol$$

两式合并后即可得出 CO 生成 CH_3OH 的反应式：

$$CO + 2H_2 \Longleftrightarrow CH_3OH + 90kJ/mol$$

(3) 工艺路线

甲醇合成装置仿真系统的设备包括蒸汽透平（K601）、循环气压缩机（C601）、甲醇分离器（V602）、精制水预热器（E602）、中间换热器（E601）、最终冷却器（E603）、甲醇合成塔（R601）、蒸汽包（F601）以及开工喷射器（X601）等。甲醇合成是强放热反应，进入催化剂层的合成原料气需先加热到反应温度（＞210℃）才能反应，而低压甲醇合成催化剂（铜基触媒）又易过热失活（＞280℃），就必须将甲醇合成反应热及时移走，本反应系统将原料气加热和反应过程中移热结合，反应器和换热器结合连续移热，同时达到缩小设备体积和减少催化剂层温差的作用。低压合成甲醇的理想合成压力为 4.8～5.5MPa，在本仿真中，假定压力低于 3.5MPa 时反应即停止。

从上游低温甲醇洗工段来的合成气通过蒸汽驱动透平带动压缩机运转，提供循环气连续运转的动力，并同时往循环系统中补充 H_2 和混合气（CO+H_2），使合成反应能够连续进行。反应放出的大量热通过蒸汽包 F601 移走，合成塔入口气在中间换热器 E601 中被合成塔出口气预热至 46℃后进入合成塔 R601，合成塔出口气由 255℃依次经中间换热器 E601、精制水预热器 E602、最终冷却器 E603 换热至 40℃，与补加的 H_2 混合后进入甲醇分离器 V602，分离出的粗甲醇送往精馏系统进行精制，气相的一小部分送往火炬，气相的大部分作为循环气被送往压缩机 C601，被压缩的循环气与补加的混合气混合后经 E601 进入反应器 R601。

合成甲醇流程控制的重点是反应器的温度、系统压力以及合成原料气在反应器入口处各组分的含量。反应器的温度主要是通过汽包来调节的，如果反应器的温度较高并且升温速度较快，这时应将汽包蒸汽出口开大，增加蒸汽采出量，同时降低汽包压力，使反应器温度降低或温升速度变小；如果反应器的温度较低并且升温速度较慢，这时应将汽包蒸汽出口关小，减少蒸汽采出量，慢慢升高汽包压力，使反应器温度升高或温降速度变小；如果反应器温度仍然偏低或温降速度较大，可通过开启开工喷射器 X601 来调节。系统压力主要靠混合气入口量 FIC6001、H_2 入口量 FIC6002、放空量 PIC6004 以及甲醇在分离罐中的冷凝量来控制；在原料气进入反应塔前有一安全阀，当系统压力高于 5.7MPa 时，安全阀会自动打开，当系统压力降回 5.7MPa 以下时，安全阀自动关闭，从而保证系统压力不会过高。合成原料气在反应器入口处各组分的含量是通过混合气入口量 FIC6001、H_2 入口量 FIC6002 以及循环量来控制的，冷态开车时，由于循环气的组成没有达到稳态时的循环气组成，需要慢慢调节才能达到稳态时的循环气的组成。调节组成的方法是：①如果增加循环气中 H_2 的含量，应开大 FIC6002、增大循环量并减小 FIC6001，经过一段时间后，循环气中 H_2 含量会明显增大；②如果减小循环气中 H_2 的含量，应关小 FIC6002、减小循环量并增大 FIC6001，经过一段时间后，循环气中 H_2 含量会明显减小；③如果增加反应塔入口气中 H_2 的含量，应关小 FIC6002 并增加循环量，经过一段时间后，入口气中 H_2 含量会明显增大；④如果降低反应塔入口气中 H_2 的含量，应开大 FIC6002 并减小循环量，经过一段时间后，入口气中 H_2 含量会明显增大。循环量主要通过透平来调节。由于循环气组分多，所以调节起来难度较大，不可能一蹴而就，需要一个缓慢的调节过程。调平衡的方法是：通过调节循环气量和混合气入口量使反应入口气中 H_2/CO（体积比）在 7～8 之间，同时通过调节 FIC6002，使循环气中 H_2 的含量尽量保持在 79% 左右，同时逐渐增加入口气的量直至正常（FIC6001 的正常量为 14877Nm^3/h，FIC6002 的正常量为 13804Nm^3/h），达到正常后，新鲜气中 H_2 与 CO 之比（FFI6002）在 2.05～2.15 之间。

（4）设备简介（表 6-14）

表 6-14 设备列表

序号	设备名称	设备位号
1	蒸汽透平	K601
2	循环压缩机	C601
3	废热锅炉	V601
4	甲醇分离器	V602
5	中间换热器	E601
6	精制水预热器	E602
7	最终冷却器	E603
8	甲醇合成塔	R601
9	开工喷射器	X601

（5）主要工艺控制指标

① 控制指标（表 6-15）

表 6-15 控制指标及说明

序号	位号	正常值	单位	说明
1	FIC6101		Nm^3/h	压缩机 C601 防喘振流量控制
2	FIC6001	14877	Nm^3/h	H_2、CO 混合气进料控制
3	FIC6002	13804	Nm^3/h	H_2 进料控制
4	PIC6004	4.9	MPa	循环气压力控制
5	PIC6005	4.3	MPa	汽包 F601 压力控制

序号	位号	正常值	单位	说明
6	LIC6001	40	%	分离罐 V602 液位控制
7	LIC6003	50	%	汽包 F601 液位控制
8	SIC6202	50	%	透平 K601 蒸汽进量控制

② 仪表（表 6-16）

表 6-16　仪表设置值及说明

序号	位号	正常值	单位	说明
1	PI6201	3.9	MPa	蒸汽透平 K601 蒸汽压力
2	PI6202	0.5	MPa	蒸汽透平 K601 进口压力
3	PI6205	3.8	MPa	蒸汽透平 K601 出口压力
4	TI6201	270	℃	蒸汽透平 K601 进口温度
5	TI6202	170	℃	蒸汽透平 K601 出口温度
6	SI6201	3.8 13700	r/min	蒸汽透平转速
7	PI6101	4.9	MPa	循环压缩机 C601 入口压力
8	PI6102	5.7	MPa	循环压缩机 C601 出口压力
9	TI6101	40	℃	循环压缩机 C601 进口温度
10	TI6102	44	℃	循环压缩机 C601 出口温度
11	PI6001	5.2	MPa	合成塔 R601 入口压力
12	PI6003	5.05	MPa	合成塔 R601 出口压力
13	TI6001	46	℃	合成塔 R601 进口温度
14	TI6003	255	℃	合成塔 R601 出口温度
15	TI6006	255	℃	合成塔 R601 温度
16	TI6001	91	℃	中间换热器 E601 热物流出口温度
17	TI6004	40	℃	分离罐 V602 进口温度
18	FI6006	13904 13456	kg/h	粗甲醇采出量
19	FI6005	5.5	t/h	汽包 F601 蒸汽采出量
20	TI6005	250	℃	汽包 F601 温度
21	PDI6002	0.15	MPa	合成塔 R601 进出口压差
22	AI6011	3.5	%	循环气中 CO_2 的含量
23	AI6012	6.29	%	循环气中 CO 的含量
24	AI6013	79.31	%	循环气中 H_2 的含量
25	FFI6001	1.07		混合气与 H_2 体积流量之比
26	TI6002	270	℃	喷射器 X601 入口温度

序号	位号	正常值	单位	说明
27	TI6003 TI6012	104	℃	汽包 F601 入口锅炉水温度
28	LI6001	40/50	%	分离罐 V602 现场液位显示
29	LI6003	50	%	分离罐 V602 现场液位显示
30	FFI6001	1.07		H_2 与混合气流量比
31	FFI6002	2.05～2.15		新鲜气中 H_2 与 CO 比

③ 现场阀说明（表6-17）

表 6-17　阀门位号及说明

序号	位号	说明	序号	位号	说明
1	VD6001	FIC6001 前阀	16	V6002	PIC6004 副线阀
2	VD6002	FIC 6001 后阀	17	V6003	LIC6001 副线阀
3	VD6003	PIC 6004 前阀	18	V6004	PIC6005 副线阀
4	VD6004	PIC 6004 后阀	19	V6005	LIC6003 副线阀
5	VD6005	LIC6001 前阀	20	V6006	开工喷射器蒸汽入口阀
6	VD6006	LIC6001 后阀	21	V6007	FIC6002 副线阀
7	VD6007	PIC6005 前阀	22	V6008	低压 N_2 入口阀
8	VD6008	PIC6005 后阀	23	V6010	E602 冷物流入口阀
9	VD6009	LIC6003 前阀	24	V6011	E603 冷物流入口阀
10	VD6010	LIC6003 后阀	25	V6012	R601 排污阀
11	VD6011	压缩机前阀	26	V6014	F601 排污阀
12	VD6012	压缩机后阀	27	V6015	C601 开关阀
13	VD6013	透平蒸汽入口前阀	28	SP6001	K601 入口蒸汽电磁阀
14	VD6014	透平蒸汽入口后阀	29	SV6001	R601 入口气安全阀
15	V6001	FIC6001 副线阀	30	SV6002	F601 安全阀

3. 岗位操作

（1）开车准备

① 开工具备的条件

A. 设备、仪表及流程符合要求。

B. 水、电、气、风及化验能满足装置要求。

C. 安全设施完善，排污管道具备投用条件，操作环境及设备要清洁整齐卫生。

② 开工前的准备

A. 仪表空气、中压蒸汽、锅炉给水、冷却水及脱盐水均已引入界区内备用。

B. 盛装开工废甲醇的废油桶已准备好。

C. 仪表校正完毕。

D. 触媒还原彻底。

E. 粗甲醇贮槽皆处于备用状态，全系统在触媒升温还原过程中出现的问题都已解决。

F.净化运行正常，新鲜气质量符合要求，总负荷≥30％。

G.压缩机运行正常，新鲜气随时可导入系统。

H.本系统所有仪表再次校验，调试运行正常。

I.精馏工段已具备接收粗甲醇的条件。

J.总控，现场照明良好，操作工具、安全工具、交接班记录、生产报表、操作规程、工艺指标齐备，防毒面具，消防器材按规定配好。

K.微机运行良好，各参数已调试完毕。

（2）冷态开车

① 引锅炉水

依次开启汽包 F601 锅炉水、控制阀 LIC6003、入口前阀 VD6009，将锅炉水引进汽包；当汽包液位 LIC6003 接近 50％时，投自动，如果液位难以控制，可手动调节；汽包设有安全阀 SV6002，当汽包压力 PIC6005 超过 5.0MPa 时，安全阀会自动打开，从而保证汽包的压力不会过高，进而保证反应器的温度不至于过高。

② N$_2$ 置换

现场开启低压 N$_2$ 入口阀 V6008（微开），向系统充 N$_2$；依次开启 PIC6004 前阀 VD6003、控制阀 PIC6004、后阀 VD6004，如果压力升高过快或降压过程降压速度过慢，可开副线阀 VA6002；将系统中含氧量稀释至 0.25％以下，在吹扫时，系统压力 PI6001 维持在 0.5MPa 附近，但不要高于 1MPa；当系统压力 PI6001 接近 0.5MPa 时，关闭 V6008 和 PIC6004，进行保压；保压一段时间，如果系统压力 PI6001 不降低，说明系统气密性较好，可以继续进行生产操作；如果系统压力 PI6001 明显下降，则要检查各设备及其管道，确保无问题后再进行生产操作。（仿真中为了节省操作时间，保压 30S 以上即可）。

③ 建立循环

手动开启 FIC6101，防止压缩机喘振，在压缩机出口压力 PI6101 大于系统压力 PI6001 且压缩机运转正常后关闭；开启压缩机 C601 入口前阀 VD6011；开透平 K601 前阀 VD6013、控制阀 SIS6202、后阀 VD6014，为循环压缩机 C601 提供运转动力。调节控制阀 SIS6202 使转速不致太大；开启 VD6015，投用压缩机；待压缩机出口压力 PI6102 大于系统压力 PI6001 后，开启压缩机 C601 后阀 VD6012，打通循环回路。

④ H$_2$ 置换充压

通 H$_2$ 前，先检查含 O$_2$ 量，若高于 0.25％（V），应先用 N$_2$ 稀释至 0.25％以下再通 H$_2$。现场开启 H$_2$ 副线阀 V6007，进行 H$_2$ 置换，使 N$_2$ 的体积含量在 1％左右；开启控制阀 PIC6004，充压至 PI6001 为 2.0MPa，但不要高于 3.5MPa；注意调节进气和出气的速度，使 N$_2$ 的体积含量降至 1％以下，而系统压力至 PI6001 升至 2.0MPa 左右。此时关闭 H$_2$ 副线阀 V6007 和压力控制阀 PIC6004。

⑤ 投原料气

依次开启混合气入口前阀 VD6001、控制阀 FIC6001、后阀 VD6002；开启 H$_2$ 入口阀 FIC6002；同时，注意调节 SIC6202，保证循环压缩机的正常运行；按照体积比约为 1：1 的比例，将系统压力缓慢升至 5.0MPa 左右（但不要高于 5.5MPa），将 PIC6004 投自动，设为 4.90MPa。此时关闭 H$_2$ 入口阀 FIC6002 和混合气控制阀 FIC6001，进行反应器升温。

⑥ 反应器升温

开启开工喷射器 X601 的蒸汽入口阀 V6006，注意调节 V6006 的开度，使反应器温度 TI6006 缓慢升至 210℃；开 V6010，投用换热器 E602；开 V6011，投用换热器 E603，使

TI6004 不超过 100℃。当 TI6004 接近 200℃，依次开启汽包蒸汽出口前阀 VD6007、控制阀 PIC6005、后阀 VD6008，并将 PIC6005 投自动，设为 4.3MPa，如果压力变化较快，可手动调节。

⑦ 调至正常

调至正常过程较长，并且不易控制，需要慢慢调节。

反应开始后，关闭开工喷射器 X601 的蒸汽入口阀 V6006。

缓慢开启 FIC6001 和 FIC6002，向系统补加原料气。注意调节 SIC6202 和 FIC6001，使入口原料气中 H_2 与 CO 的体积比约为（7～8）：1，随着反应的进行，逐步投料至正常（FIC001 约为 14877Nm^3/h），FIC6001 约为 FIC6002 的 1～1.1 倍。将 PIC6004 投自动，设为 4.90MPa。

有甲醇产出后，依次开启粗甲醇采出现场前阀 VD6003、控制阀 LIC6001、后阀 VD6004，并将 LIC6001 投自动，设为 40%，若液位变化较快，可手动控制。

如果系统压力 PI6001 超过 5.8MPa，系统安全阀 SV6001 会自动打开，若压力变化较快，可通过减小原料气进气量并开大放空阀 PIC6004 来调节。

投料至正常后，循环气中 H_2 的含量能保持在 79.3%左右，CO 含量达到 6.29%左右，CO_2 含量达到 3.5%左右，说明体系已基本达到稳态。

体系达到稳态后，投用联锁，在 DCS 图上按"V602 液位联锁"按钮和"F601 液位低联锁"按钮。循环气体的正常组成如表 6-18 所示。

表 6-18　循环气体正常组成表

组成	CO_2	CO	H_2	CH_4	N_2	AI	CH_3OH	H_2O	O_2	高沸点物
V%	3.5	6.29	79.31	4.79	3.19	2.3	0.61	0.01	0	0

（3）正常停车

① 停原料气

将 FIC001 改为手动，关闭，现场关闭 FIC6001 前阀 VD6001、后阀 VD6002→将 FIC6002 改为手动，关闭→将 PIC6004 改为手动，关闭。

② 开蒸汽

开蒸汽阀 V6006，投用 X601，使 TI6006 维持在 210℃以上，使残余气体继续反应。

③ 汽包降压

残余气体反应一段时间后，关蒸汽阀 V6006→将 PIC6005 改为手动调节，逐渐降压→关闭 LIC6003 及其前后阀 VD6010、VD6009，停锅炉水。

④ R601 降温

手动调节 PIC6004，使系统泄压→开启现场阀 V6008，进行 N_2 置换，使 H_2+CO_2+CO 小于 1%（体积分数）；→保持 PI6001 在 0.5MPa 时，关闭 V6008→关闭 PIC6004→关闭 PIC6004 的前阀 VD6003、后阀 VD6004。

⑤ 停 C/K601

关 VD6015，停用压缩机→逐渐关闭 SIC6202→关闭现场阀 VD6013→关闭现场阀 VD6014→关闭现场阀 VD6011→关闭现场阀 VD6012。

⑥ 停冷却水

关闭现场阀 V6010，停冷却水→关闭现场阀 V6011，停冷却水。

（4）紧急停车

① 停原料气

将 FIC6001 改为手动，关闭，现场关闭 FIC6001 前阀 VD6001、后阀 VD6002→将 FIC6002 改为手动，关闭→将 PIC6004 改为手动，关闭。

② 停压缩机

关 VD6015，停用压缩机→逐渐关闭 SIC6202→关闭现场阀 VD6013→关闭现场阀 VD6014→关闭现场阀 VD6011→关闭现场阀 VD6012。

③ 泄压

将 PIC6004 改为手动，全开→当 PI6001 降至 0.3MPa 以下时，将 PIC6004 关小。

④ N_2 置换

开 V6008，进行 N_2 置换→当 $CO+H_2<5\%$ 后，用 0.5MPa 的 N_2 保压。

4．事故列表

(1) 分离罐液位高或反应器温度高联锁

事故原因：V602 液位高或 R601 温度高联锁。

事故现象：分离罐 V602 的液位 LIC6001 高于 70%，或反应器 R601 的温度 TI6006 高于 270℃。原料气进气阀 FIC6001 和 FIC6002 关闭，透平电磁阀 SP6001 关闭。

处理方法：等联锁条件消除后，按"SP6001 复位"按钮，透平电磁阀 SP6001 复位；手动开启进料控制阀 FIC6001 和 FIC6002。

(2) 汽包液位低联锁。

事故原因：F601 液位低联锁。

事故现象：汽包 F601 的液位 LIC6003 低于 5% 温度低于 100℃，锅炉水入口阀 LIC6003 全开。

处理方法：等联锁条件消除后，手动调节锅炉水入口控制阀 LIC6003 至正常。

(3) 混合气入口阀 FIC6001 阀卡

事故原因：控制阀 FIC6001 阀卡。

事故现象：混合气进料量变小，造成系统不稳定。

处理方法：开启混合气入口副线阀 V6001，将流量调至正常。

(4) 透平坏

事故原因：透平坏。

事故现象：透平运转不正常，循环压缩机 C601 停。

处理方法：正常停车，修理透平。

(5) 催化剂老化

事故原因：催化剂失效。

事故现象：反应速度降低，各成分的含量不正常，反应器温度降低，系统压力升高。

处理方法：正常停车，更换催化剂后重新开车。

(6) 循环压缩机坏

事故原因：循环压缩机坏。

事故现象：压缩机停止工作，出口压力等于入口，循环不能继续，导致反应不正常。

处理方法：正常停车，修好压缩机后重新开车。

(7) 反应塔温度高报警

事故原因：反应塔温度高报警。

事故现象：反应塔温度 TI6006 高于 265℃但低于 270℃。

处理方法：A.全开气包上部 PIC6005 控制阀，释放蒸汽热量；B.打开现场锅炉水进料旁路阀 V6005，增大气包的冷水进量；C.将程控阀门 LIC6003 手动，全开，增大冷水进量；D.手动打开现场气包底部排污阀 V6014；E.手动打开现场反应塔底部排污阀 V6012；F.待温度稳定下降之后，观察下降趋势，当 TI6006 在 260℃时，关闭排污阀 V6012；G.将 LIC6003 调至自动，设定液位为 50%；H.关闭现场锅炉水进料旁路阀门 V6005；I.关闭现场气包底部排污阀 V6014；J.将 PIC6005 投自动，设定为 4.3MPa。

（8）反应塔温度低报警

事故原因：反应塔温度低报警。

事故现象：反应塔温度 TI6006 高于 210℃但低于 220℃。

处理方法：A.将锅炉水调节阀 LIC6003 调为手动，关闭；B.缓慢打开喷射器入口阀 V6006；C.当 TI6006 温度为 255℃时，逐渐关闭 V6006。

（9）分离罐液位高报警

事故原因：分离罐液位高报警。

事故现象：分离罐液位 LIC6001 高于 65%，但低于 70%。

处理方法：A.打开现场旁路阀 V6003；B.全开 LIC6001；C.当液位低于 50%之后，关闭 V6003；D.调节 LIC6001，稳定在 40%时投自动。

（10）系统压力 PI6001 高报警

事故原因：系统压力 PI6001 高报警。

事故现象：系统压力 PI6001 高于 5.5MPa，但低于 5.7MPa。

处理方法：A.关小 FIC6001 的开度至 30%，压力正常后调回；B.关小 FIC6002 的开度至 30%，压力正常后调回。

（11）汽包液位低报警

事故原因：汽包液位低报警。

事故现象：汽包液位 LIC6003 低于 10%，但高于 5%。

处理方法：A.开现场旁路阀 V6005；B.全开 LIC6003，增大入水量；C.当汽包液位上升至 50%，关现场 V6005D. LIC6003 稳定在 50%时，投自动。

5.评分细则

（1）过程的开始和结束是以起始条件和终止条件来决定的，起始条件满足则过程开始，终止条件满足则过程结束。操作步骤的开始是以操作步骤的起始条件和本操步骤所对应的过程的起始条件来决定的，必须是操作步骤的上一级过程的起始条件和操作步骤本身的起始条件满足，这个操作步骤才可开始操作.如果操作步骤没有组起始条件，那么，只要它上一级过程的起始条件满足即可操作。

（2）操作步骤评定有三级，由评分权区分：对于高级评分，过程基础分给得低，操作步骤分给得高；而低级评分，则是过程基础分给得高，操作步骤分给得低；操作质量的评定与操作步骤有所不同，由于对于不同的工况，各个质量指标开始评定和结束评定的条件不一样，而质量指标的参数是一样的。

（3）过程只给基础分，步骤只给操作分。基础分在整个过程完成后给予操作者，步骤分则视该步骤完成情况给予操作者。

（4）一个过程的起始条件没有满足时，终止条件不予评判，因此也不会满足。

（5）过程终止条件满足时，其子过程及所有过程下的步骤都不再参与评判，也就是这个过程中没有进行完毕的过程或步骤都不会再完成了，分也得不到。

（6）操作步骤起始条件未满足，而动作已经完成，则认为此步骤错误，分数完全扣掉。

（7）步骤起始条件未满足，而动作已经完成，则认为此步骤错误，分数完全扣掉。

（8）对质量指标来说，评判它好与不好是根据指标在设定值上、下的偏差来决定的。质量指标的上下允许范围内的数值不扣分，超过了允许范围要扣分，直至该指标得分为 0 止。

（9）评分时对冷态开车评定步骤和质量，对于正常停车只评定步骤分。

6. 下位机画面设计

（1）DCS 用户画面设计

① DCS 画面的颜色、显示及操作方法均与真实 DCS 系统保持一致。

② 一般调节阀的流通能力按正常开度为 50% 设计。

（2）现场操作画面设计

现场操作画面设计说明如下。

① 现场操作画面是在 DCS 画面的基础上改进而完成的，大多数现场操作画面都有与之对应的 DCS 流程图画面。

② 现场画面上光标变为手形处为可操作点。

③ 现场画面上的模拟量（如手操阀）、开关量（如开关阀和泵）的操作方法与 DCS 画面上的操作方法相同。

④ 一般现场画面上红色的阀门、泵及工艺管线表示这些设备处于"关闭"状态，绿色表示设备处于"开启"状态。

⑤ 单工段运行时，对换热器另一侧物流的控制通过在现场画面上操作该换热器来实现；全流程运行时，换热器另一侧的物流由其他工段进行的操作来控制。冷却水及蒸汽量的控制在各种情况下均在现场画面上完成。

（3）画面图

① 甲醇合成工段总图（图 6-12）

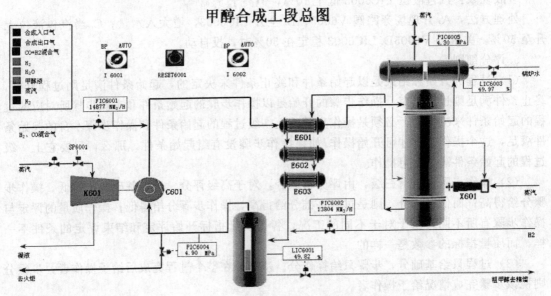

图 6-12　甲醇合成工段总图

② 压缩系统 DCS 图（图 6-13）

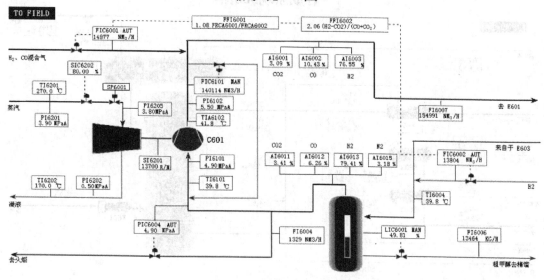

图 6-13　压缩系统 DCS 图

③ 压缩系统现场图（图 6-14）

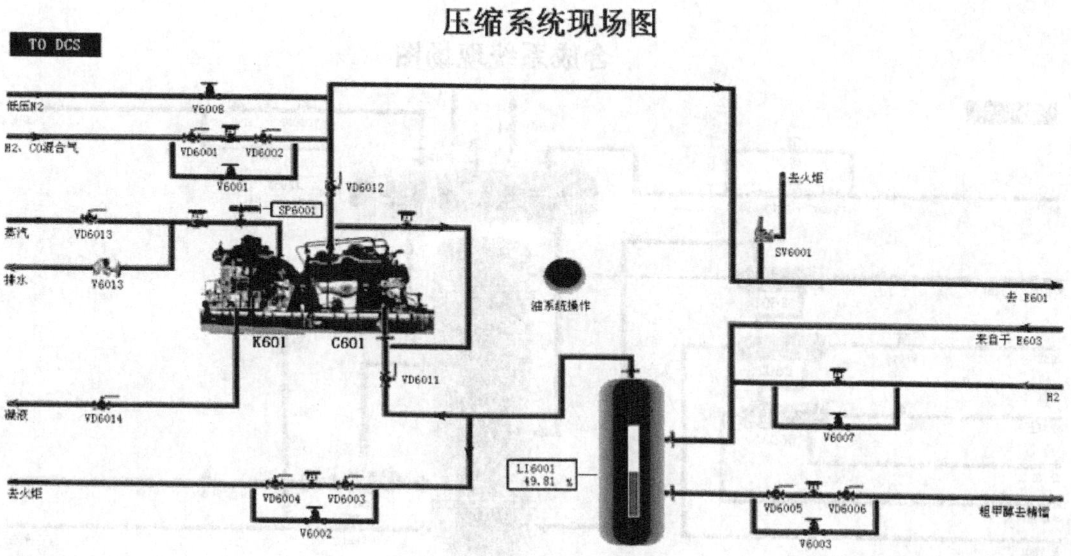

图 6-14　压缩系统现场图

④ 合成系统 DCS 图（图 6-15）

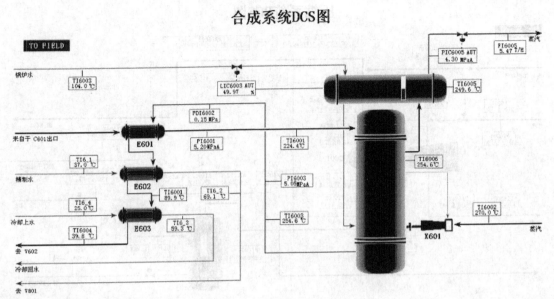

图 6-15　合成系统 DCS 图

⑤ 合成系统现场图（图 6-16）

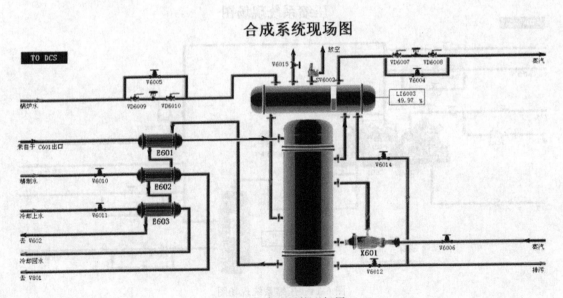

图 6-16　合成系统现场图

⑥ 组成图（图 6-17）

CONTENT

	H$_2$组成(体积分数)/%	混合气组成(体积分数)/%	循环气组成(体积分数)/%	合成塔入口气组成(体积分数)/%	粗甲醇组成/%
CO$_2$	6.69	0.00	3.41	3.08	0.60
CO	4.69	50.1	6.26	10.43	0.08
H$_2$	88.13	49.31	79.41	76.55	0.00
CH$_4$	0.23	0.30	4.81	4.38	0.08
N$_2$	0.15	0.16	3.18	2.90	0.04
Ar	0.11	0.13	2.31	2.11	0.55
CH$_3$OH	0.00	0.00	0.61	0.56	93.71
H$_2$O	0.00	0.00	0.00	0.00	4.90
O$_2$	0.00	0.00	0.00	0.00	0.00
高沸点物	0.00	0.00	0.00	0.00	0.05

图 6-17 气体组成图

【四塔甲醇精馏工艺】

1. 工艺流程简介

（1）煤制甲醇工艺简介

本仿真培训系统为甲醇精制工段。

本软件是根据甘肃某化工厂年产甲醇项目开发的，本工段采用四塔（3+1）精馏工艺，包括预塔、加压塔、常压塔及甲醇回收塔。预塔的主要目的是除去粗甲醇中溶解的气体（如 CO$_2$、CO、H$_2$ 等）及低沸点组分（如二甲醚、甲酸甲酯），加压塔及常压塔的目的是除去水及高沸点杂质（如异丁基油），同时获得高纯度的优质甲醇产品。另外，为了减少废水排放，增设甲醇回收塔，进一步回收甲醇，减少废水中甲醇的含量。

① 工艺特点

三塔精馏加回收塔工艺流程的主要特点是热能的合理利用：采用双效精馏方法，将加压塔塔顶气相的冷凝潜热用作常压塔塔釜再沸器热源。

废热回收：其一是将转化工段的转化气作为加压塔再沸器热源；其二是加压塔辅助再沸器、预塔再沸器冷凝水用来预热进料粗甲醇；其三是加压塔塔釜出料与加压塔进料充分换热。

② 流程简述

从甲醇合成工段来的粗甲醇进入粗甲醇预热器（E701）与预塔再沸器（E702）、加压塔再沸器（E706B）和回收塔再沸器（E714）来的冷凝水进行换热后进入预塔（T701），经 T701 分离后，塔顶气相为二甲醚、甲酸甲酯、二氧化碳、甲醇等蒸汽，经二级冷凝后，不凝气通过火炬排放，冷凝液中补充脱盐水返回 T701 作为回流液，塔釜为甲醇水溶液，经 P703 增压后用加压塔（T702）塔釜出料液在 E705 中进行预热，然后进入 T702。

经 T702 分离后，塔顶气相为甲醇蒸汽，与常压塔（T703）塔釜液换热后部分返回 T702 打回流，部分采出作为精甲醇产品，经 E707 冷却后送中间罐区产品罐，塔釜出料液在 E705 中与进料换热后作为 E703 塔的进料。

在 T703 中甲醇与轻重组分以及水得以彻底分离，塔顶气相为含微量不凝气的甲醇蒸汽，经冷凝后，不凝气通过火炬排放，冷凝液部分返回 T703 打回流，部分采出作为精甲醇产品，经 E710 冷却后送中间罐区产品罐，塔下部侧线采出杂醇油作为回收塔（T704）的进料。塔釜出料液为含微量甲醇的水，经 P709 增压后送污水处理厂。

经 T704 分离后，塔顶产品为精甲醇，经 E715 冷却后部分返回 T704 回流，部分送精甲醇罐，塔中部侧线采出异丁基油送中间罐区副产品罐，底部的少量废水与 T703 塔底废水合并。

（2）复杂控制方案说明

本工段复杂控制回路主要是串级回路的使用，使用了液位与流量串级回路和温度与流量串级回路。

① 串级回路：是在简单调节系统基础上发展起来的。在结构上，串级回路调节系统有两个闭合回路。主、副调节器串联，主调节器的输出为副调节器的给定值，系统通过副调节器的输出操纵调节阀动作，实现对主参数的定值调节。所以在串级回路调节系统中，主回路是定值调节系统，副回路是随动系统。

② 具体实例：预塔 T701 的塔釜温度控制 TIC7005 和再沸器热物流进料 FIC7005 构成一串级回路。温度调节器的输出值同时是流量调节器的给定值，即即流量调节器 FIC7005 的 SP 值由温度调节器 TIC7005 的输出 OP 值控制，TIC7005.OP 的变化使 FIC7005.SP 产生相应的变化。

③ 主要设备（表 6-19）

表 6-19 设备名称及位号

序号	设备名称	设备位号	序号	设备名称	设备位号
1	碱液储罐	V702	18	常压塔	T703
2	注碱泵	P701	19	加压塔回流罐	V705
3	粗甲醇预热器	E701	20	加压塔回流泵	P704
4	预塔再沸器	E702	21	加压塔二级冷凝器	E713
5	预塔	T701	22	常压塔顶冷凝器	E709
6	预塔一级冷凝器	E703	23	常压塔顶回流罐	V706
7	预塔回流泵	P702	24	常压塔顶回流泵	P705
8	预塔回流罐	V703	25	废液泵	P709
9	预塔二级冷凝器	E704	26	废水冷却器	E716
10	预塔塔底泵	P703	27	回收塔底再沸器	E714
11	转化气分离器	V709	28	回收塔进料泵	P706
12	加压塔	T702	29	回收塔	T704
13	加压塔预热器	E705	30	回收塔冷凝器	E715
14	加压塔蒸汽再沸器	E706A	31	回收塔回流罐	V707
15	加压塔转化气再沸器	E706B	32	回收塔回流泵	P711
16	精甲醇冷凝器	E707	33	回收塔产品分液罐	V708
17	冷凝再沸器	E708			

2.甲醇精制工段操作规程

(1) 冷态开车操作规程

装置冷态开工状态为所有装置处于常温、常压下,各调节阀处于手动关闭状态,各手操阀处于关闭状态,可以直接进冷物流。

① 开车前准备

打开预塔一级冷凝器 E703 和二级冷凝器的冷却水阀→打开加压塔冷凝器 E713 和 E707 的冷却水阀门→打开常压塔冷凝器 E709、E710 和 E716 的冷却水阀门→打开回收塔冷凝器 E715 的冷却水阀→打开加压塔的 N_2 进料阀,充压至 0.65atm,关闭 N_2 进口阀。

② 预塔、加压塔和常压塔开车

开粗甲醇预热器 E701 的进口阀门 VA7001 (>50%),向预塔 T701 进料→待塔顶压力大于 0.02MPa 时,调节预塔排气阀 FV7003,使塔顶压力维持在 0.03MPa 左右→预塔 T701 塔底液位超过 80% 后,打开泵 P703A 的入口阀,启动泵→再打开泵出口阀,启动预后泵→手动打开调节阀 FV7002 (>50%),向加压塔 T702 进料→当加压塔 T702 塔底液位超过 60% 后,手动打开塔釜液位调节阀 FV7007 (>50%),向常压塔 T703 进料→通过调节蒸汽阀 FV7005 开度,给预塔再沸器 E702 加热;通过调节阀门 PV7007 的开度,使加压塔回流罐压力维持在 0.65MPa;通过调节 FV7014 开度,给加压塔再沸器 E706B 加热;通过调节 TV7027 开度,给加压塔再沸器 E706A 加热→通过调节阀门 HV7001 的开度,使常压塔回流罐压力维持在 0.01MPa→当预塔回流罐有液体产生时,开脱盐水阀 VA7005,冷凝液中补充脱盐水,开预塔回流泵 P702A 入口阀,启动泵,开泵出口阀,启动回流泵→通过调节阀 FV7004 (开度>40%) 开度控制回流量,维持回流罐 V703 液位在 40% 以上→当加压塔回流罐有液体产生时,开加压塔回流泵 P704A 入口阀,启动泵,开泵出口阀,启动回流泵。调节阀 FV7013 (开度>40%) 开度控制回流量,维持回流罐 V705 液位在 40% 以上→回流罐 V705 液位无法维持时,逐渐打开 LV7014,打开 VA7052,采出塔顶产品→当常压塔回流罐有液体产生时,开常压塔回流泵 P705A 入口阀,启动泵,开泵出口阀。调节阀 FV7022 (开度>40%),维持回流罐 V706 液位在 40% 以上→回流罐 V706 液位无法维持时,逐渐打开 FV7024,采出塔顶产品→维持常压塔塔釜液位在 80% 左右。

③ 回收塔开车

常压塔侧线采出杂醇油作为回收塔 T704 进料,打开侧线采出阀 VD7029~VD7032,开回收塔进料泵 P706A 入口阀,启动泵,开泵出口阀。调节阀 FV7023 (开度>40%) 开度控制采出量,打开回收塔进料阀 VD7033~VD7037→待塔 T704 塔底液位超过 50% 后,手动打开流量调节阀 FV7035,与 T703 塔底污水合并→通过调节蒸汽阀 FV7031 开度,给再沸器 E714 加热→通过调节阀 VA7046 的开度,使回收塔压力维持在 0.01MPa→当回流罐有液体产生时,开回流泵 P711A 入口阀,启动泵,开泵出口阀,调节阀 FV7032 (开度>40%),维持回流罐 V707 液位在 40% 以上→回流罐 V707 液位无法维持时,逐渐打开 FV7036,采出塔顶产品。

④ 调节至正常

通过调整 PIC7003 开度,使预塔 PIC7003 达到正常值→调节 FV7001,进料温度稳定至正常值→逐步调整预塔回流量 FIC7004 至正常值→逐步调整塔釜出料量 FIC7002 至正常值→通过调整加热蒸汽量 FIC7005 控制预塔塔釜温度 TIC7005 至正常值→通过调节 PIC7007 开度,使加压塔压力稳定→逐步调整加压塔回流量 FIC7013 至正常值→开 LIC7014 和 FIC7007 出料,注意加压塔回流罐、塔釜液位→通过调整加热蒸汽量 FIC7014 和 TIC7027 控制加压塔塔釜温度 TIC7027 至正常值→开 LIC7024 和 LIC7021 出料，注意常压塔回流罐、塔釜液位→开 FIC7036 和 FIC7035 出料，注意回收塔回流罐、塔釜液位→通过调整加热蒸汽量 FIC7031 控制回收塔塔釜温度 TIC7065 至正常值→将各控制回路投自动，各参数稳定并与工艺设计值吻合后，投产品采出串级。

（2）正常操作规程

正常工况下的工艺参数如下：

进料温度 TIC7001 投自动，设定值为 72℃；预塔塔顶压力 PIC7003 投自动，设定值为 0.03MPa；预塔塔顶回流量 FIC7004 设为串级，设定值为 16690kg/h，LIC7005 设自动，设定值为 50%；预塔塔釜采出量 FIC7002 设为串级，设定值为 35176kg/h，LIC7001 设自动，设定值为 50%；预塔加热蒸气量 FIC7005 设为串级，设定值为 11200kg/h，TIC7005 投自动，设定值为 77.4℃；加压塔加热蒸气量 FIC7014 设为串级，设定值为 15000kg/h，TIC7027 投自动，设定值为 134.8℃；加压塔顶压力 PIC7007 投自动，设定值为 0.65MPa；加压塔塔顶回流量 FIC7013 投自动，设定值为 37413kg/h；加压塔回流罐液位 LIC7014 投自动，设定值为 50%；加压塔塔釜采出量 FIC7007 设为串级，设定值为 22747kg/h，LIC7011 设自动，设定值为 50%；常压塔塔顶回流量 FIC7022 投自动，设定值为 27621kg/h；常压塔回流罐液位 LIC7024 投自动，设定值为 50%；常压塔塔釜液位 LIC7021 投自动，设定值为 50%；常压塔侧线采出量 FIC7023 投自动，设定值为 658kg/h；回收塔加热蒸气量 FIC7031 设为串级，设定值为 700kg/h，TIC7065 投自动，设定值为 107℃；回收塔塔顶回流量 FIC7032 投自动，设定值为 1188kg/h；回收塔塔顶采出量 FIC7036 投串级，设定值为 135kg/h，LIC7016 投自动，设定值为 50%；回收塔塔釜采出量 FIC7035 设为串级，设定值为 346kg/h，LIC7031 设自动，设定值为 50%；回收塔侧线采出量 FIC7034 投自动，设定值为 175kg/h。

（3）停车操作规程

① 预塔停车

手动逐步关小进料阀 VA7001，使进料降至正常进料量的 70%→在降负荷过程中，尽量通过 FV7002 排出塔釜产品，使 LIC7001 降至 30%左右→关闭调节阀 VA7001，停预塔进料→关闭阀门 FV7005，停预塔再沸器的加热蒸汽→手动关闭 FV7002，停止产品采出→打开塔釜泄液阀 VA7012，排不合格产品，并控制塔釜降低液位→关闭脱盐水阀门 VA7005→停进料和再沸器后，回流罐中的液体全部通过回流泵打入塔，以降低塔内温度→当回流罐液位降至 5%，停回流，关闭调节阀 FV7004→当塔釜液位降至 5%，关闭泄液阀 VA7012→当塔压降至常压后，关闭 FV7003→预塔温度降至 30℃左右时，关冷凝器冷凝水。

② 预塔停车

加压塔采出精甲醇 VA7052 改去粗甲醇贮槽 VA7053→尽量通过 LV7014 排出回流罐中的液体产品，至回流罐液位 LIC7014 在 20%左右→尽量通过 FV7007 排出塔釜产品，使 LIC7011 降至 30%左右→关闭阀门 FV7014 和 TV7027，停加压塔再沸器的加热蒸汽→手动关闭 LV7014 和 FV7007，停止产品采出→打开塔釜泄液阀 VA7023，排不合格产品，并控制塔釜降低液位→停进料和再沸器后，回流罐中的液体全部通过回流泵打入塔，以降低塔内温度→当回流罐液位降至 5%，停回流，关闭调节阀 FV7013→当塔釜液位降至 5%，关闭泄液阀 VA7023→当塔压降至常压后，关闭 PV7007→加压塔温度降至 30℃左右时，关冷凝器冷凝水。

③ 常压塔停车

常压塔采出精甲醇 VA7054 改去粗甲醇贮槽 VA7055→尽量通过 FV7024 排出回流罐中的液体产品，至回流罐液位 LIC7024 在 20％左右→尽量通过 FV7021 排出塔釜产品，使 LIC7021 降至 30％左右→手动关闭 FV7024，停止产品采出→打开塔釜泄液阀 VA7035，排不合格产品，并控制塔釜降低液位→停进料和再沸器后，回流罐中的液体全部通过回流泵打入塔，以降低塔内温度→当回流罐液位降至 5％，停回流，关闭调节阀 FV7022→当塔釜液位降至 5％，关闭泄液阀 VA7035→当塔压降至常压后，关闭 HV7001→关闭侧线采出阀 FV7023→常压塔温度降至 30℃左右时，关冷凝器冷凝水。

④ 回收塔停车

回收塔采出精甲醇 VA7056 改去粗甲醇贮槽 VA7057→尽量通过 FV7036 排出回流罐中的液体产品，至回流罐液位 LIC7016 在 20％左右→尽量通过 FV7035 排出塔釜产品，使 LIC7031 降至 30％左右→手动关闭 FV7036 和 FV7035，停止产品采出→停进料和再沸器后，回流罐中的液体全部通过回流泵打入塔，以降低塔内温度→当回流罐液位降至 5％，停回流，关闭调节阀 FV7032→当塔釜液位降至 5％，关闭泄液阀 FV7035→当塔压降至常压后，关闭 VA7046→关闭侧线采出阀 FV7034→回收塔温度降至 30℃左右时，关冷凝器冷凝水→关闭 FV7021

（4）仪表一览表

相关仪表参数见表 6-20～表 6-23。

表 6-20　预塔控制参数列表

位号	说明	类型	正常值	工程单位
FI7001	T701 进料量	AI	33201	kg/h
FI7003	T701 脱盐水流量	AI	2300	kg/h
FIC7002	T701 塔釜采出量控制	PID	35176	kg/h
FIC7004	T701 塔顶回流量控制	PID	16690	kg/h
FIC7005	T701 加热蒸汽量控制	PID	11200	kg/h
TIC7001	T701 进料温度控制	PID	72	℃
TI7075	E701 热侧出口温度	AI	95	℃
TI7002	T701 塔顶温度	AI	73.9	℃
TI7003	T701 与填料间温度	AI	75.5	℃
TI7004	T701 与填料间温度	AI	76	℃
TI7005	T701 塔釜温度控制	PID	77.4	℃
TI7007	E703 出料温度	AI	70	℃
TI7010	T701 回流液温度	AI	68.2	℃
PI7001	T701 塔顶压力	AI	0.03	MPa
PIC7003	T701 塔顶气相压力控制	PID	0.03	MPa
PI7002	T701 塔釜压力	AI	0.038	MPa
PI7004	P703A/B 出口压力	AI	1.27	MPa
PI7010	P702A/B 出口压力	AI	0.49	MPa

位号	说明	类型	正常值	工程单位
LIC7005	V703 液位控制	PID	50	%
LIC7001	T701 塔釜液位控制	PID	50	%

表 6-21　加压塔控制参数列表

位号	说明	类型	正常值	工程单位
FIC7007	T702 塔釜采出量控制	PID	22747	kg/h
FIC7013	T702 塔顶回流量控制	PID	37413	kg/h
FIC7014	E706B 蒸汽流量控制	PID	15000	kg/h
FI7011	T702 塔顶采出量	AI	12430	kg/h
TI7021	T702 进料温度	AI	116.2	℃
TI7022	T702 塔顶温度	AI	128.1	℃
TI7023	T702 与填料间温度	AI	128.2	℃
TI7024	T702 与填料间温度	AI	128.4	℃
TI7025	T702 与填料间温度	AI	128.6	℃
TI7026	T702 与填料间温度	AI	132	℃
TIC7027	T702 塔釜温度控制	PID	134.8	℃
TI7051	E713 热侧出口温度	AI	127	℃
TI7032	T702 回流液温度	AI	125	℃
TI7029	E707 热侧出口温度	AI	40	℃
PI7005	T702 塔顶压力	AI	0.70	MPa
PIC7007	T702 塔顶气相压力控制	PID	0.65	MPa
PI7011	P704A/B 出口压力	AI	1.18	MPa
PI7006	T702 塔釜压力	AI	0.71	MPa
LIC7014	V705 液位控制	PID	50	%
LIC7011	T702 塔釜液位控制	PID	50	%

表 6-22　常压塔控制参数列表

位号	说明	类型	正常值	工程单位
FIC7022	T703 塔顶回流量控制	PID	27621	kg/h
FI7021	T703 塔顶采出量	AI	13950	kg/h
FIC7023	T703 侧线采出异丁基油量控制	PID	658	kg/h
TI7041	T703 塔顶温度	AI	66.6	℃
TI7042	T703 与填料间温度	AI	67	℃
TI7043	T703 与填料间温度	AI	67.7	℃
TI7044	T703 与填料间温度	AI	68.3	℃

位号	说明	类型	正常值	工程单位
TI7045	T703 与填料间温度	AI	69.1	℃
TI7046	T703 填料与塔盘间温度	AI	73.3	℃
TI7047	T703 塔釜温度控制	AI	107	℃
TI7048	T703 回流液温度	AI	50	℃
TI7049	E709 热侧出口温度	AI	52	℃
TI7052	E710 热侧出口温度	AI	40	℃
TI7053	E709 入口温度	AI	66.6	℃
PI7008	T703 塔顶压力	AI	0.01	MPa
PI7024	V706 平衡管线压力	AI	0.01	MPa
PI7012	P705A/B 出口压力	AI	0.64	MPa
PI7013	P706A/B 出口压力	AI	0.54	MPa
PI7020	P709A/B 出口压力	AI	0.32	MPa
PI7009	T703 塔釜压力	AI	0.03	MPa
LIC7024	V706 液位控制	PID	50	%
LIC7021	T703 塔釜液位控制	PID	50	%

表 6-23   回收塔控制参数列表

位号	说明	类型	正常值	工程单位
FIC7032	T704 塔顶回流量控制	PID	1188	kg/h
FIC7036	T704 塔顶采出量	PID	135	kg/h
FIC7034	T704 侧线采出异丁基油量控制	PID	175	kg/h
FIC7031	E714 蒸汽流量控制	PID	700	kg/h
FIC7035	T704 塔釜采出量控制	PID	347	kg/h
TI7061	T704 进料温度	PID	87.6	℃
TI7062	T704 塔顶温度	AI	66.6	℃
TI7063	T704 与填料间温度	AI	67.4	℃
TI7064	T704 第Ⅱ层填料与塔盘间温度	AI	68.8	℃
TI7056	T704 第14与15间温度	AI	89	℃
TI7055	T704 第10与11间温度	AI	95	℃
TI7054	T704 塔盘6、7间温度	AI	106	℃
TI7065	T704 塔釜温度控制	AI	107	℃
TI7066	T704 回流液温度	AI	45	℃
TI7072	E715 壳程出口温度	AI	47	℃
PI7021	T704 塔顶压力	AI	0.01	MPa

位号	说明	类型	正常值	工程单位
PI7033	P711A/B 出口压力	AI	0.44	MPa
PI7022	T704 塔釜压力	AI	0.03	MPa
LIC7016	V707 液位控制	PID	50	%
LIC7031	T704 塔釜液位控制	PID	50	%

（5）报警说明（表6-24）

表 6-24　报警类型及说明

序号	模入点名称	模入点描述	报警类型
1	FI7001	预塔 T701 进料量	LOW
2	FI7003	预塔 T701 脱盐水流量	HI
3	FI7002	预塔 T701 塔釜采出量	HI
4	FI7004	预塔 T701 塔顶回流量	HI
5	FI7005	预塔 T701 加热蒸汽量	HI
6	TI7001	预塔 T701 进料温度	LOW
7	TI7075	E701 热侧出口温度	LOW
8	TI7002	预塔 T701 塔顶温度	HI
9	TI7003	预塔 T701 Ⅰ与Ⅱ填料间温度	HI
10	TI7004	预塔 T701 Ⅱ与Ⅲ填料间温度	HI
11	TI7005	预塔 T701 塔釜温度	HI
12	TI7007	E703 出料温度	HI
13	TI7010	预塔 T701 回流液温度	HI
14	PI7001	预塔 T701 塔顶压力	LOW
15	PI7010	预塔回流泵 P702A/B 出口压力	LOW
16	LI7005	预塔回流罐 V703 液位	HI
17	LI7001	预塔 T701 塔釜液位	LOW
18	FI7007	加压塔 T702 塔釜采出量	HI
19	FI7013	加压塔 T702 塔顶回流量	HI
20	FI7014	加压塔转化气再沸器 E706B 蒸汽流量	HI
21	FI7011	加压塔 T702 塔顶采出量	LOW
22	TI7021	加压塔 T702 进料温度	LOW
23	TI7022	加压塔 T702 塔顶温度	HI
24	TI7026	加压塔 T702 Ⅱ与Ⅲ填料间温度	HI
25	TI7051	加压塔二冷 E713 热侧出口温度	HI
26	TI7032	加压塔 T702 回流液温度	HI

序号	模入点名称	模入点描述	报警类型
27	PI7005	加压塔 T702 塔顶压力	LOW
28	LI7014	加压塔回流罐 V705 液位	HI
29	LI7011	加压塔 T702 塔釜液位	LOW
30	LI7027	转化器第二分离器 V709 液位	HI
31	FI7022	常压塔 T703 塔顶回流量控制	HI
32	FI7021	常压塔 T703 塔顶采出量	LOW
33	FI7023	常压塔 T703 侧线采出异丁基油量	HI
34	TI7041	常压塔 T703 塔顶温度	HI
35	TI7045	常压塔 T703Ⅳ与Ⅴ填料间温度	HI
36	TI7046	常压塔 T703Ⅴ填料与塔盘间温度	HI
37	TI7047	常压塔 T703 塔釜温度控制	HI
38	TI7048	常压塔 T703 回流液温度	HI
39	TI7049	常压塔冷凝器 E709 热侧出口温度	HI
40	TI7052	精甲醇冷却器 E710 热侧出口温度	HI
41	TI7053	常压塔冷凝器 E709 入口温度	HI
42	PI7008	常压塔 T703 塔顶压力	LOW
43	PI7024	常压塔回流罐 V706 平衡管线压力	LOW
44	LI7024	常压塔回流罐 V706 液位控制	HI
45	LI7021	常压塔 T703 塔釜液位控制	LOW
46	FI7032	回收塔 T704 塔顶回流量控制	HI
47	FI7036	回收塔 T704 塔顶采出量	LOW
48	FI7034	回收塔 T704 侧线采出异丁基油量控制	HI
49	FI7031	回收塔再沸器 E714 蒸汽流量控制	HI
50	FI7035	回收塔 T704 塔釜采出量控制	HI
51	TI7061	回收塔 T704 进料温度	LOW
52	TI7062	回收塔 T704 塔顶温度	HI
53	TI7063	回收塔 T704Ⅰ与Ⅱ填料间温度	HI
54	TI7064	回收塔 T704 第Ⅱ层填料与塔盘间温度	HI
55	TI7056	回收塔 T704 第 14 与 15 间温度	HI
56	TI7055	回收塔 T704 第 10 与 11 间温度	HI
57	TI7054	回收塔 T704 塔盘 6、7 间温度	HI
58	TI7065	回收塔 T704 塔釜温度控制	HI
59	TI7066	回收塔 T704 回流液温度	HI
60	TI7072	回收塔冷凝器 E715 壳程出口温度	HI

序号	模入点名称	模入点描述	报警类型
61	PI7021	回收塔 T704 塔顶压力	LOW
62	LI7016	回收塔回流罐 V707 液位控制	HI
63	LI7031	回收塔 T704 塔釜液位控制	LOW
64	LI7012	异丁基油中间罐 V708 液位	HI

3. 事故操作规程

(1) 回流控制阀 FV7004 阀卡

原因：回流控制阀 FV7004 阀卡。

现象：回流量减小，塔顶温度上升，压力增大。

处理：打开旁路阀 VA7009，保持回流。

(2) 回流泵 P702A 故障

原因：回流泵 P702A 泵坏。

现象：P702A 断电，回流中断，塔顶压力、温度上升。

处理：启动备用泵 P702B。

(3) 回流罐 V703 液位超高

原因：回流罐 V703 液位超高。

现象：V703 液位超高，塔温度下降。

处理：启动备用泵 P702B。

附：仿真界面（图 6-18～图 6-21）

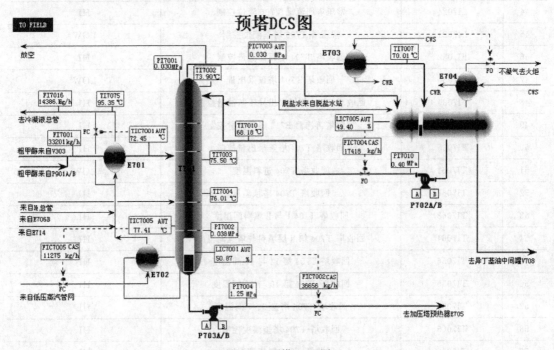

图 6-18　预塔 DCS 图

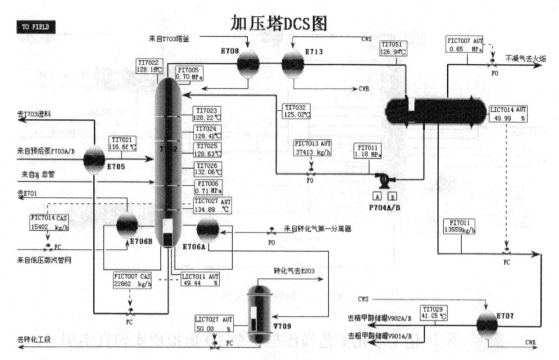

图 6-19　加压塔 DCS 图

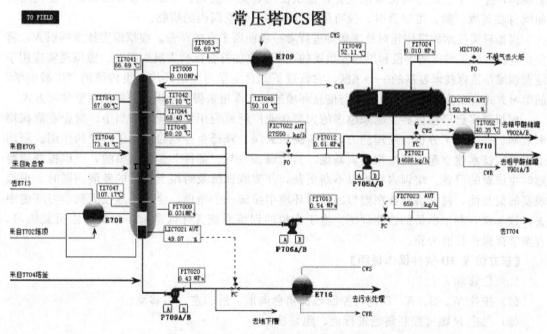

图 6-20　常压塔 DCS 图

回收塔DCS图

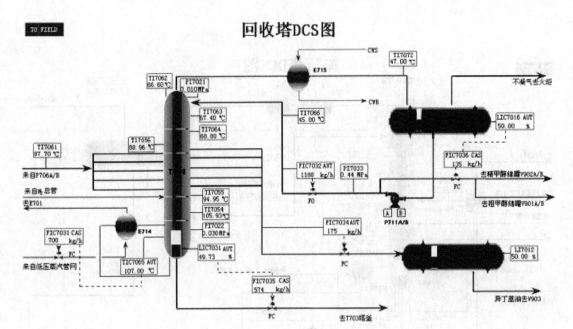

图 6-21　回收塔 DCS 图

实训 9　化工单元工艺操作与安全 3D 虚拟现实仿真实训

【培训系统背景】

虚拟现实技术是近年来出现的高新技术，也称灵境技术或人工环境。虚拟现实是利用电脑模拟产生一个三维空间的虚拟世界，提供使用者关于视觉、听觉等感官的模拟，让使用者如同身临其境一般，可以及时、没有限制地观察三维空间内的事物。

虚拟现实技术的应用正对员工培训进行着一场前所未有的革命。虚拟现实技术的引入，将使企业进行员工培训的手段和思想发生质的飞跃，更加符合社会发展的需要。虚拟现实应用于培训领域是教育技术发展的一个飞跃。它营造了"自主学习"的环境，由传统的"以教促学"的学习方式改变为学习者通过自身与信息环境的相互作用来得到知识、技能的新型学习方式。

虚拟现实已经被世界上越来越多的大型企业广泛地应用到职业培训当中，对企业提高培训效率，提高员工分析、处理能力，减少决策失误，降低企业风险起到了重要的作用。利用虚拟现实技术建立起来的虚拟实训基地，其"设备"与"部件"多是虚拟的，可以根据需要随时生成新的设备。培训内容可以不断更新，使实践训练及时跟上技术的发展。同时，虚拟现实的交互性，使学员能够在虚拟的学习环境中扮演一个角色，全身心地投入到学习环境中去，这非常有利于学员的技能训练。由于虚拟的训练系统无任何危险，学员可以反复练习，直至掌握操作技能为止。

【东方仿真 3D 软件操作说明】

1. 角色移动

（1）按住 W、S、A、D 键可控制当前角色向前、后、左、右移动。

（2）点击 R 键可控制角色进行走、跑切换。

（3）鼠标右键远处地面某处，当前角色可瞬移到该位置。

2. 视野调整

操作者（如小明）在操作软件过程中，所能看到的场景都是由摄像机来拍摄的，摄像机跟随当前控制角色（如操作员1）。所谓视野调整，即摄像机位置的调整。

（1）按住鼠标左键在屏幕上向左或向右拖动，可调整操作者视野即摄像机位置向左转或是向右转，但当前角色并不跟随场景转动。

（2）按住鼠标左键在屏幕上向上或向下拖动，可调整操作者视野即摄像机位置向上转或是向下转，相当于抬头或低头的动作。

（3）滑动鼠标滚轮向前或向后转动，可调整摄像机与角色之间的距离变化。

3. 视角切换

点击空格键即可切换视角，在默认人物视角和全局俯瞰视角间切换。

4. 查找阀门

在查找框内首先输入目标阀门位号，然后点击右侧的搜索按钮，下方的列表栏出现该位号后点击"开始查找"，在箭头的指引下找到该阀门。查找界面截图见图6-22。

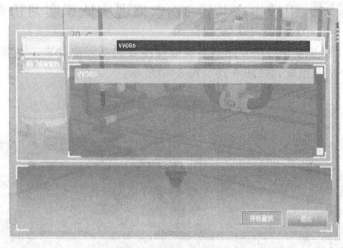

图 6-22　查找界面截图

5. 切换角色

界面上左上角的角色头像为当前控制的角色的头像。角色名称下方为该角色生命值条，正常为红色，生命值减少到一定值，此角色头像变灰，不能继续操作此角色。角色信息栏见图6-23。

点击头像可以弹出人物栏（图6-24），点击人物栏中的人物头像就可以控制相应的角色。

图 6-23　角色信息栏

图 6-24　人物栏

6. 交互操作

当鼠标悬停在某个对象（阀门、仪表、电源、安全帽等）上时，出现闪烁文字或高亮提示，左键双击该对象，可以进行交互操作，如开关阀门、穿戴劳保用具和启停电源等操作。

（1）查看仪表。控制角色移动到仪表附近，鼠标悬停在仪表上，此仪表会闪烁，说明可以查看仪表；如果距离较远，即使将鼠标悬停在仪表位置，仪表也不会闪烁，说明距离太远，不可进行交互操作。左键双击闪烁仪表，可进入操作界面，切换到仪表界面，上面显示有相应的实时数据，如液位、流量和电压等。

（2）开关阀门。控制角色移动到阀门附近，鼠标悬停在阀门上，此阀门会闪烁，说明可以操作阀门；如果距离较远，即使将鼠标悬停在阀门位置，阀门也不会闪烁，说明距离太远，不可进行交互操作。鼠标悬停在阀门位置，会闪烁该阀门位号，双击打开阀门操作界面，调节开度。

（3）鼠标双击可装备的劳保用具，如安全帽、手套等，则该劳保用具直接装备到角色身上。

实训 10　甲醇生产装置 3D 虚拟现实认识实习仿真实训

3D 仿真工艺"认识实习"仿真培训系统软件主要包括漫游动画、专属知识点卡片和通用知识点卡片三个部分组成，如图 6-25～图 6-27 所示。

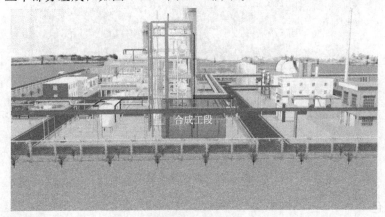

图 6-25　漫游动画

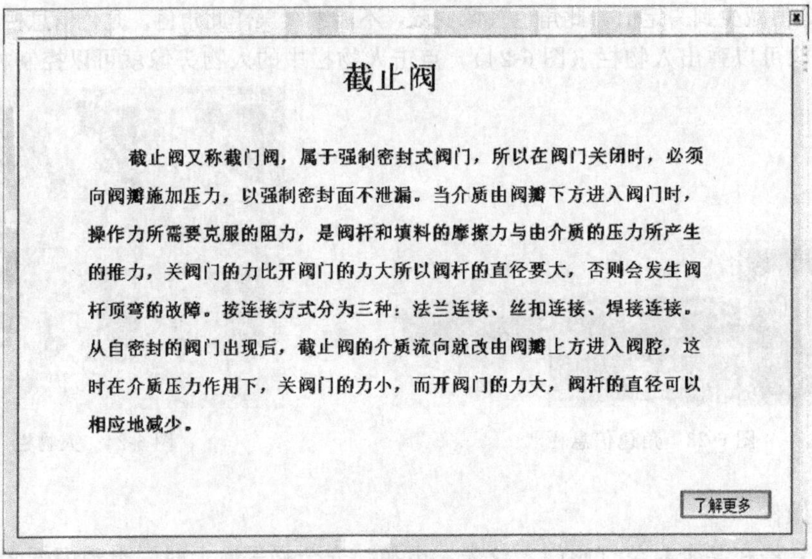

截止阀

截止阀又称截门阀，属于强制密封式阀门，所以在阀门关闭时，必须向阀瓣施加压力，以强制密封面不泄漏。当介质由阀瓣下方进入阀门时，操作力所需要克服的阻力，是阀杆和填料的摩擦力与由介质的压力所产生的推力，关阀门的力比开阀门的力大所以阀杆的直径要大，否则会发生阀杆顶弯的故障。按连接方式分为三种：法兰连接、丝扣连接、焊接连接。从自密封的阀门出现后，截止阀的介质流向就改由阀瓣上方进入阀腔，这时在介质压力作用下，关阀门的力小，而开阀门的力大，阀杆的直径可以相应地减少。

了解更多

图 6-26　专属知识点卡片

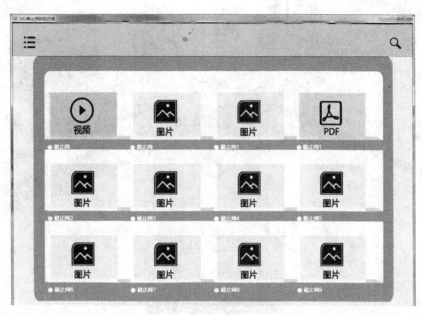

图 6-27　通用知识点卡片

【预备知识】

1.漫游动画

漫游动画主要是以厂区录像的形式,配以录音,加之以管线的流动方向来展现某工厂某工段的工艺,让使用者更直接更鲜明地对该工艺有了一个更直观的了解,以达到让使用者在最短时间内掌握该工艺的目的。漫游-设备区总貌见图 6-28,漫游-管线流动见图 6-29,漫游-区域功能介绍见图 6-30。

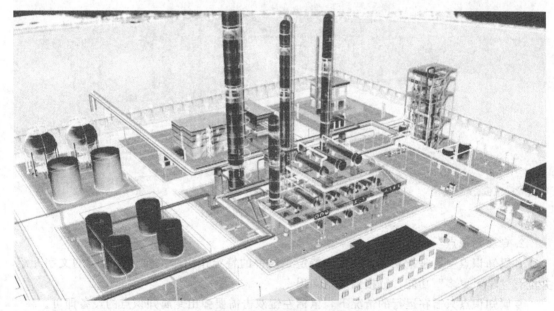

图 6-28　漫游-设备区总貌

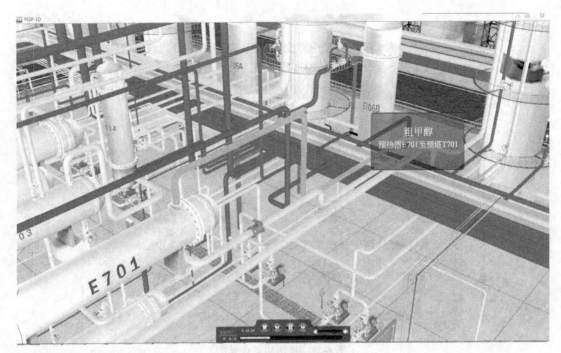

图 6-29　漫游-管线流动

图 6-30　漫游-区域功能介绍

2.专属知识点

专属知识点主要是指某设备在某个特定工段中的特定作用，主要包括设备的文字介绍，并配有"学习更多"功能，链接到通用知识点。

专属知识点只需在运行的情况下，鼠标左键双击需要弹出专属知识点的设备即可。

举例说明如图 6-31 为截止阀的专属知识点。

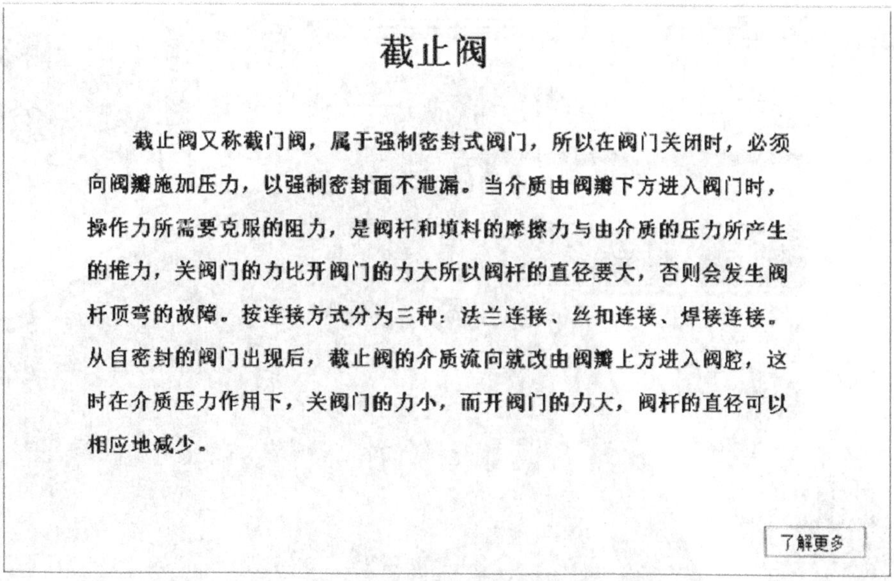

截止阀
截止阀又称截门阀，属于强制密封式阀门，所以在阀门关闭时，必须向阀瓣施加压力，以强制密封面不泄漏。当介质由阀瓣下方进入阀门时，操作力所需要克服的阻力，是阀杆和填料的摩擦力与由介质的压力所产生的推力，关阀门的力比开阀门的力大所以阀杆的直径要大，否则会发生阀杆顶弯的故障。按连接方式分为三种：法兰连接、丝扣连接、焊接连接。从自密封的阀门出现后，截止阀的介质流向就改由阀瓣上方进入阀腔，这时在介质压力作用下，关阀门的力小，而开阀门的力大，阀杆的直径可以相应地减少。
了解更多

图 6-31　专属知识点功能介绍

3. 通用知识点

通用知识点主要是以视频、图片、文档的形式来对某一设备的原理、结构以及分类等进行详细的说明与演示的，目的是让使用者在了解某一设备特定作用的情况下，对与其有关的知识点进行一个扩展性了解，以达到丰富其知识面的目的。通用知识点使用说明见图 6-32。

图片
图片
图片
图片
图片
图片
图片
PDF

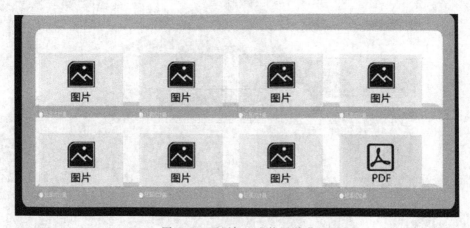

图 6-32　通用知识点使用说明

4. NPC 引导

通在过不同区域触发 NPC 引导，与 NPC 对话学习相关知识点，如图 6-33～图 6-35 所示。

在场景的右上角有任务提示栏，如图 6-36 所示。

图 6-33　NPC 引导图 1

图 6-34　NPC 引导图 2

图 6-35　NPC 引导图 3

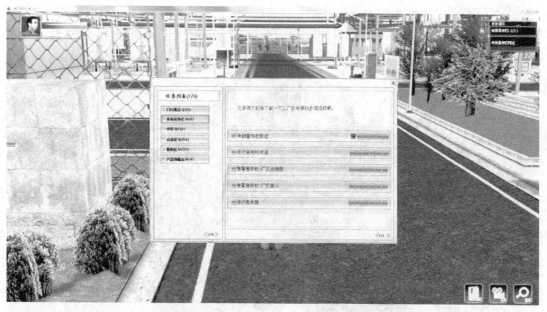

图 6-36　任务提示界面

左边是任务列表（图 6-37），可以查看可做任务数量、内容以及已经完成的任务数量。

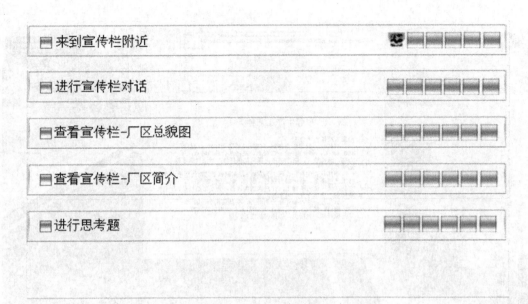

图 6-37 任务列表

右侧列表中，绿色的图标代表引导图或者是思考题。引导图如图 6-38 所示，仿真在线测试图如图 6-39 所示。

图 6-38 引导图

图 6-39　仿真在线测试图

【软件操作方法】

在主场景中，操作者可控制角色移动、浏览场景、操作设备等。操作结果可通过数据库与 PISP 仿真软件关联，经过数学模型计算，将数据变化情况在 DCS 系统或是在 3D 现场仪表上显示出来。

注：在 3D 主场景中所有需要点击的操作（如阀门、仪表、电话、中控界面、思考题等）都为左键双击，退出均为右键单击。

1. 移动方式

（1）按住 W、S、A、D 键可控制当前角色向前、后、左、右移动。

（2）按住 Q、E 键可进行左转弯与右转弯。

（3）点击 R 键或功能钮中"走跑切换"按钮可控制角色进行走、跑切换。

（4）鼠标右键点击一个地点，当前角色可瞬移到该位置。

2. 视野调整

操作者（如某 A）在操作软件过程中，所能看到的场景都是由摄像机来拍摄的，摄像机跟随当前控制角色（如值班长）。所谓视野调整，即摄像机位置的调整。

（1）按住鼠标左键在屏幕上向左或向右拖动，可调整操作者视野即摄像机位置向左转或是向右转，但当前角色并不跟随场景转动。

（2）按住鼠标左键在屏幕上向上或向下拖动，可调整操作者视野即摄像机位置向上转或是向下转，相当于抬头或低头的动作。

滑动鼠标滚轮向前或是向后转动，可调整摄像机与角色之间的距离变化。

3. 操作阀门

当控制角色移动到目标阀门附近时，鼠标悬停在阀门上，此阀门会闪烁，代表可以操作阀门；如果距离较远，即使将鼠标悬停在阀门位置，阀门也不会闪烁，代表距离太远，不能操作。阀门操作信息在小地图上方区域即时显示，同时显示在消息框中。

（1）左键双击闪烁阀门，可进入操作界面，切换到阀门近景。

（2）在操作界面上方有操作框，点击后进行开关操作，同时阀门手轮或手柄会相应转动。

（3）按住上下左右方向键，可调整摄像机以当前阀门为中心进行上下左右的旋转。

（4）滑动鼠标滚轮，可调整摄像机与当前阀门的距离。

（5）单击关闭按钮，退出阀门操作界面。

4.查看仪表

当控制角色移动到目标仪表附近时，鼠标悬停在仪表上，此仪表会闪烁，代表可以查看仪表；如果距离较远，即使将鼠标悬停在仪表位置，仪表也不会闪烁，代表距离太远，不能查看。

（1）左键双击闪烁仪表，可进入查看界面，切换到仪表近景。

（2）在查看界面上方有提示框，提示当前仪表数值，与仪表面板数值对应。

（3）按住上下左右方向键，可调整摄像机以当前仪表为中心进行上下左右的旋转。

（4）滑动鼠标滚轮，可调整摄像机与当前仪表的距离。

（5）单击关闭按钮，退出仪表操作界面。

5.拾取物品

鼠标双击可拾取的物品，则该物品装备到装备栏中，个别物品也可直接装备到角色身上。

6.学习安全条例

采用鼠标直接点击方式，走近中控室墙上的安全条例展板，点击展板后，镜头自动切换到以当前展板为中心，能够看清详细内容，并在展板上方有最小化、关闭按钮，完成一次点击操作，代表学习一个条例内容完毕。

7.佩戴防毒面具

采用鼠标直接点击方式，走近中控室墙另一侧的储物柜，双击储物柜上所摆放的防毒面具，即可佩戴防毒面具。根据不同毒性，选择不同颜色滤毒罐的防毒面具佩戴。

8.佩戴安全帽

采用鼠标直接点击方式，走近中控室墙另一侧的储物柜，双击储物柜上所摆放的安全帽，即可佩戴安全帽。

9.工具栏介绍

点击角色信息栏血条下方的"装备"按钮，就会弹出现在的角色的工具栏，工具栏中会显示出当前角色已佩戴或携带的所有工具。

装备栏主要分为三部分，左侧的部分主要是显示当前人物穿戴的劳保用具（如安全帽、手套、防护服、防护鞋），通过鼠标右击装备可以摘除至右侧的背包栏中；中间一列显示的是当前人物所配备的工具（如图6-40巡检仪等），通过鼠标右击装备可以摘除至右侧的背包栏中；右侧显示的是人物的背包中所携带的物品（如警戒带、安全帽、手套等），通过鼠标左键点击即可佩戴该装备或配备该工具。

10.其他功能

（1）演示功能

：左键点击"巡演"功能钮，会自动进行漫游演示，讲解整个厂区的车间分布和工艺流程，使操作学习者可以对厂区有一个简单的了解。在演示过程中可以通过 Esc 键退出。漫游截图如图6-41所示。

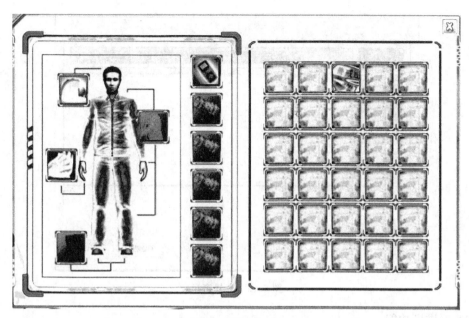

图 6-40　装备栏

图 6-41　漫游截图

（2）查找功能

![查找]：左键点击"查找"功能钮，弹出"查找窗口"，再点击一次按钮，"查找窗口"关闭。

在此界面中可以进行阀门设备查找（图6-42）和区域地点查找，在阀门设备查找区域中选择要查找的设备后，点击"开始查找"，就会在操作人物的上方出现一个红色箭头和文字说明，可以引导你找到查找的设备。在到达查找的相关设备所在的区域后箭头和文字提示会自动消失。

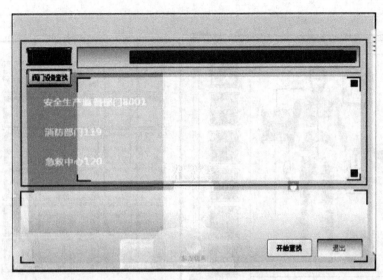

图 6-42　查找窗口

（3）对讲机功能

：左键点击"知识"功能钮，弹出"知识点界面"，在此界面可以查看所有的知识点。通过点击列表中的知识点名称可以查看形影的内容。

参 考 文 献

[1] 张雅明，谷和平，丁健.化学工程与工艺实验.南京：南京大学出版社，2006.

[2] 郝妙莉.化学工程实验.西安：西安交通大学出版社，2014.

[3] 刘瑞栋，王植，刘必武.新型 NCG-6 苯加氢催化剂的工业应用.江苏化工.2004（32），5：33-35.

[4] 王玉清.苯加氢制环己烷工艺及改进.化学工业与工程技术.2007（28），3：44-46.